21 世纪全国高职高专土建立体化系列规划教材

建筑工程招投标
与合同管理

主　编　　程超胜

副主编　　范菊雨　　刘　欣　　王宏伟

参　编　　白　璐　　高　涵　　王　会

北京大学出版社
PEKING UNIVERSITY PRESS

内 容 简 介

本书反映了我国建筑工程招投标与合同管理的最新动态，结合大量工程实例，并参阅国家部委最新联合颁布的法律法规体系，系统地阐述了建筑工程招投标及合同管理的主要内容，包括概述，建筑工程项目招标，建筑工程项目投标，建筑工程投标报价，建筑工程项目开标、评标及定标，建筑工程合同，建筑工程施工合同，施工合同管理和建筑工程施工索赔。

本书采用全新体例编写，除附有大量工程案例外，还增加了学习建议和小知识等模块。此外，每章还附有案例分析及解题思路等供读者参考。通过对本书的学习，读者可以掌握建筑工程招投标、合同与索赔的基本理论和操作技能，具备自行编制工程招投标文件和拟订建设工程施工合同文件的能力，会应对建筑工程中发生的索赔事项和掌握索赔方法。

本书可作为高职高专院校建筑工程类相关专业的教材和指导书，也可作为土建施工类及工程管理类各专业职业资格考试的培训教材，还可为备考从业和执业资格考试的人员提供参考。

图书在版编目(CIP)数据

建筑工程招投标与合同管理/程超胜主编. —北京：北京大学出版社，2012.9

(21 世纪全国高职高专土建立体化系列规划教材)

ISBN 978-7-301-16802-8

Ⅰ. ①建… Ⅱ. ①程… Ⅲ. ①建筑工程—招标—高等职业教育—教材②建筑工程—投标—高等职业教育—教材③建筑工程—合同—管理—高等职业教育—教材 Ⅳ. ①TU723

中国版本图书馆 CIP 数据核字(2012)第 205543 号

书　　　　名：	建筑工程招投标与合同管理
著作责任者：	程超胜　主编
策 划 编 辑：	赖　青　王红樱
责 任 编 辑：	王红樱
标 准 书 号：	ISBN 978-7-301-16802-8/TU · 0277
出 版 者：	北京大学出版社
地　　　　址：	北京市海淀区成府路 205 号　100871
网　　　　址：	http://www.pup.cn　http://www.pup6.cn
电　　　　话：	邮购部 62752015　发行部 62750672　编辑部 62750667　出版部 62754962
电 子 邮 箱：	pup_6@163.com
印 刷 者：	北京京华虎彩印刷有限公司
发 行 者：	北京大学出版社
经 销 者：	新华书店
	787 毫米×1092 毫米　16 开本　15.75 印张　357 千字
	2012 年 9 月第 1 版　2018 年 3 月第 4 次印刷
定　　　　价：	30.00 元

前　言

　　本书为北京大学出版社"21世纪全国高职高专土建立体化系列规划教材"之一。为适应21世纪职业技术教育发展需要,培养建筑行业具备招投标及合同管理与索赔知识的专业技术管理高级应用型人才,我们结合当前招投标与合同管理中最新的一些问题以及相关法律标准编写了本书。

　　本书内容共分9章,主要包括概述,建筑工程项目招标,建筑工程项目投标,建筑工程投标报价,建筑工程项目开标、评标及定标,建筑工程合同,建筑工程施工合同,施工合同管理和建筑工程施工索赔。

　　本书内容可按照61~80学时安排,推荐学时分配:第1章 4~6学时,第2章10~12学时,第3章8~10学时,第4章6~8学时,第5章6~8学时,第6章4~6学时,第7章6~10学时,第8章8~10学时,第9章9~10学时。教师可根据不同的专业灵活安排学时,课堂重点讲解每章主要知识模块,章节中的小知识、案例分析和习题等模块可安排学生课中或课后阅读和练习。

　　本书注重理论与实践相结合,采用全新体例编写,内容丰富,案例翔实,并附有比较典型的实际案例进行配套讲解,使知识融于实际应用中,符合高职学生工作过程的导向学习。

　　本书由湖北城市建设职业技术学院程超胜担任主编,湖北城市建设职业技术学院范菊雨、刘欣、东易日盛装饰公司王宏伟担任副主编,本书具体章节编写分工为:程超胜编写第1、3、4章和第5章;范菊雨编写第2、6、9章;刘欣编写第7章、王宏伟编写第8章;同时白璐、高涵、王会也参与了本书的编写工作。与此同时,武建集团也为此书提供了许多实际案例,在此一并表示感谢!本书在编写过程中,参考和引用了国内外大量文献资料,在此谨向原书作者表示衷心感谢。

　　由于编者水平有限,本书难免存在不足和疏漏之处,敬请各位读者批评指正。

编者

2012年6月

目　录

第 1 章

概　　述

教学目标

　　通过对本章的学习，应了解我国建筑工程实行招投标制度的发展历程、我国招投标制度的演变、建筑工程招投标的原则、我国建筑工程与设备交易市场的发展；熟悉我国建筑工程交易市场的规则、建筑市场的主体与客体的内容，以及建筑工程交易的运作程序。

学习重点

　　(1) 我国建筑工程交易市场的规则。
　　(2) 建筑市场的主体与客体的内容，以及建筑工程交易的运作程序。

学习建议

　　由于本章主要讲述的是建筑工程招投标的宏观性质以及发展历程，因此可以在熟悉相关宏观概念后，走访身边的一些建筑企业、招投标交易中心，实地考察其工作工程，并且可以通过互联网了解教材对应的法规和政策来源，打开视野。

引言

招标投标制度自起源以来，至今已有 220 多年的历史。经过世界各国及国际组织的理论探索和理论总结，现在，招标投标制度已非常成熟，形成了一套行之有效并被国际组织通用的操作规程，在国际工程交易和货物、服务采购中被广泛使用。招标投标制度遵循着公开、公平、公正原则以及择优原则。正因如此，招标投标被看成是市场经济中高层次的、规范的、有组织的交易方式，而招标投标制度也被世界各国推崇为符合市场经济原则的规范和有效的竞争机制，成为实现社会资源优化配置的有力推手。

1.1 我国建筑工程招投标概述

1.1.1 我国建筑工程实行招投标制度的发展历程

我国建筑工程招标投标工作，与整个社会的招标投标工作一样，经历了从无到有，从不规范到相对规范，从起步到完善的发展过程。

1. 建筑工程招标投标的起步与议标阶段

20 世纪 80 年代，我国实行改革开放政策，逐步实行政企分开，引进市场机制，工程招标投标开始进入中国建筑行业。到 20 世纪 80 年代中期，全国各地陆续成立招标投标管理机构。但当时的招标方式基本以议标为主，在纳入的招标项目中约 90%是采用议标方式发包的，工程交易活动比较分散，没有固定场所。这种招标方式很大程度上违背了招标投标的宗旨，不能充分体现竞争机制。因此，建筑工程招标投标很大程度上还流行于形式，招标的公正性得不到有效监督，不能充分体现竞争机制。

2. 建筑工程招标投标的发展阶段

这一阶段是我国招标投标史上最重要的阶段。20 世纪 90 年代初期到中后期，全国各地普遍加强对招标投标的管理和规范工作，也相继出台了一系列法规和规章，招标方式已经从以议标为主转变到已邀请招标为主，招标投标制度得到了长足的发展，全国的招标投标管理体系已基本形成，为完善我国的招标投标制度打下了坚实的基础。1992 年，原建设部第 23 号令颁布《工程建设施工招标投标管理办法》。1998 年，我国正式施行《中华人民建筑法》，部分省、市、自治区颁布实施《建筑市场管理条令》和《工程建设招标投标管理条令》等细则。

1995 年起，全国各地陆续开始建立建设工程交易中心，把管理和服务有效地结合起来，初步形成以招标投标为龙头，相关职能部门相互协作的具有"一站式"管理和"一条龙"服务特点的建筑市场监督管理新模式。同时，工程招标投标专职人员队伍不断壮大，全国已初步形成招标投标监督管理网络，招标投标监督管理水平正在不断提高，为招标投标制度的进一步发展和完善开辟了新的道路。工程交易活动已由无形转为有形，由隐形转为公开。招标工作的信息化、公开化和招标程序的规范化，对遏制工程建设领域的违法行为，为在全国推行公开招标创造了有利条件。

3. 建筑工程招标投标的不断完善阶段

随着建设工程交易中心的有序运作和健康发展，全国各地开始推行建筑工程项目的公开招标。2000年《招标投标法》实施后，招标投标活动步入法制化轨道，全社会依法招标投标意识显著增强，招标采购制度逐渐深入人心，配套法规逐步完备，招标投标活动的主要方面和重要环节基本实现了有法可依、有章可循，标志着我国招标投标的发展进入了全新的历史阶段。《招标投标法》使我国招标投标法律、法规和规章不断完善和细化，招标程序不断规范，必须招标和必须公开招标范围得到了明确，招标覆盖面进一步扩大和延伸，工程招标已从单一的土建安装延伸到道桥、装潢、建筑设备和工程监理等领域。根据我国投资主体的特点，《招标投标法》明确规定了我国的招标方式不再包括议标方式。这是个重大的转变，标志着我国招标投标的发展进入了全新的历史阶段。

1.1.2 我国招投标制度的演变

我国招标制度的发展大致经历了探索与建立、发展与规范和完善与推广3个阶段。

1. 招标投标制度的探索与建立阶段

由于种种历史原因，招标投标制度在我国起步较晚。从建国初期到1978年中国共产党十一届三中全会以前，由于我国实行的一直都是计划经济体制，在这一体制下，政府部门、国有企业及其有关公共部门基础建设和采购任务大部分由主管部门用指令性计划下达，企业的经营活动也大部分由主管部门安排，因此招标投标也一度被终止。

十一届三中全会以后，中国开始实行改革开放政策，计划经济体制也有所松动，相应的招标投标制度开始获得发展。1980年10月17日，国务院在《关于开展和保护社会主义竞赛的暂行规定》中首次提出："为了改革现行经济管理体制，进一步开展社会主义竞争，对一些事与承包的生产建设项目和经营项目，可以实行招标投标的方法。"1981年，吉林省吉林市和深圳特区率先试行了工程招标投标，并取得了良好的效果。这个尝试在全国起到了示范作用，并揭开了我国招标投标的新篇章。

但是，20世纪80年代，我国的招标投标主要侧重在宣传和实践，还处于社会主义计划经济体制下的一种探索阶段。

2. 招标投标体制的发展与规范阶段

20世纪80年代中期到90年代末，我国的招标投标制度经历了试行→推广→兴起的发展过程。1984年9月18日，国务院颁发了《关于改革建筑业和基本建设管理体制若干问题的暂行规定》，提出"大力推行工程招标承包制度"，"要改变单纯用行政手段分配建设任务的老办法，实行招标投标"。就此，我国的招标投标制度迎来了发展的春天。

1984年11月，当时的国家计委和城乡建设环境保护部联合制定了《建设工程招标投标暂行规定》，从此我国全面拉开了招标投标制度的序幕。随着改革开放的深化，以及根据我国加入世界贸易组织的要求，旧有的政策法规已经越来越不能适应市场经济的步伐。1985年，为了改革进口设备层层行政审批的弊端，国家推行"以招代审"的方式，对进口机电设备推行国内招标。经国务院颁发〔1985〕13号文件批准，中国机电设备招标中心于1985年6月29日在北京成立，其职责是统一组织、协调、监管全国机电设备招标工作。当时的国家经济贸易委员会副主席朱镕基同志主持召开了第一届招标中心理事会，我国的机电设备招标工作就此起步。随后，北京、天津、广州、上海、武汉、重庆、西安、沈阳 8 个城市组建起各自的机电设备招标公司，这些招标公司成为我国第一批从事招标事业的专职招标机构。1985 年起，全国各个省、市、自治区以及过去原有关部门，以国家有关规定为依据，相继出台了一系列地方、部门性的招标投标管理办法，极大地推动了我国招标投标行业的发展。1885—1987 年两年间，机电设备招标系统借鉴了世界银行等国际组织的经验和采购程序，结合我国国情开展试点招标，积累了初步经验。1987 年，机电设备招标工作迎来了一个新的发展高潮，招标机构获得了一次难得的发展机遇。国家开始推行进口机电设备国内招标，要求凡国内建设项目需要进口的机电设备，必须先委托中国机电设备招标中心或其下属招标机构在境内进行公开招标。凡国内制造企业能够中标制造供货的，就不再批准进口，国内不能中标的，可以批准进口。在招标工作快速发展的同时，专职招标队伍也不断壮大，全系统一起迈开步伐，齐心协力，不断探索招标理论、业务程序，明确行业技术规范，为我国招标投标行业的发展打下了坚实的基础。

1992 年，国家在进口管理方面采取了一系列重大举措，倡导招标要遵照国际通行规则，按国际惯例行事。从 1992 年开始机电设备招标逐步转向公开的国际招标。1993 年后，国家对机电设备招标系统的管理由为进口审查服务转为面向政府、金融机构和企业，为国民经济运行、优化采购和企业技术进步服务。

20 世纪 90 年代初期到中后期，全国各地普遍加强了对招标投标的管理和规范工作，也相继出台了一系列法规和规章，招标方式已从议标为主转变为以邀请招标为主。这一阶段是我国招标投标发展史上最重要的阶段，招标投标制度得到了长足的发展，全国的招标投标管理体系基本形成，为完善我国的招标投标制度打下了坚实的基础。此后，随着改革开放形势的发展和市场机制的不断完善，我国在基本建设项目、机械成套设备、进口机电设备、科技项目、项目融资、土地承包、城镇土地使用权出让、政府采购等许多政府投资及公共采购领域，都逐步推行了招标投标制度。

1994 年，我国进口体制实行了重大改革，国家将进口机电产品分为三大类：第一类是实行配额管理的机电产品，第二类是实行招标的特定机电产品，第三类是自动登记的进口机电产品。对第二类特定机电产品，国家指定了 28 家招标专门机构进行招标，并由中国机电设备招标中心对这 28 家机构实行管理。从此，专职招标机构开始逐步向市场化的自由竞争转型，这一进步强化了对政府和企业的招标服务职责，至此，我国的招标投标制度已开始与国际接轨。

3. 标投标制度的完善和推广阶段

2000 年 1 月 1 日，《中华人民共和国招标投标法》(以下简称为《招标投标法》)正式颁布实施。《招标投标法》明确规定我国的招标方式分为公开招标和邀请招标两种，不再包括议标。这个重大的转变标志着我国招标投标制度的发展进入了全新的历史阶段，我国的招标投标制度从此走上了完善的轨道。《招标投标法》的制定与颁布为我国公共采购市场、工程交易市场的规范管理并因此逐步走上法制化轨道提供了基本的保证。2003 年，我国又颁布施行了《中华人民共和国政府采购法》(以下简称为《政府采购法》)，使得我国的招标事业和招标系统迎来了一个大的发展时期。从此，我国的招标投标开始多元发展，进入高速增长的态势。

《招标投标法》通过法律手段推行招标投标制度，要求基础设施、公用事业以及使用国有基金投资和国家融资的工程建设项目，包括项目的勘察、设计、施工、监理以及与工程建设有关的重要设备、材料等的采购，应达到国家规定的规模标准。目前，各地方政府已基本建立工程交易中心、政府采购中心和各种评标专家库，基本上能做到公共财政支出实行招标形式。

与此同时，各高校也开设了与招标投标有关的专业和课程，各种招标投标的书籍不断出版，各种关于招标投标的理论和论文不断发表。

1.1.3　建筑工程招投标的原则

1. 合法原则

合法原则是指建设工程招标和投标主体的一切活动，必须符合法律、法规、规章和有关政策的规定，即①主体资格要合法。招标人必须具备一定的条件才能自行组织招标，否则只能委托具有相应资质的招标代理机构组织招标；招标人必须具有与其投标的工程相适应的资格等级，并经招标人资格审查，报建设工程招标投标代理机构进行资格复查。②活动依据要合法。招标投标活动要应按照相应的法律、法规、规章和政策性文件开展。③活动程序要合法。建设工程招标投标活动的程序，必须严格按照有关法规规定的要求进行。当事人不能随意增加或减少招标投标过程中某些法定步骤或环节，更不能颠倒次序、超过时限、任意变通。④对招标投标活动的管理和监督要合法。建设工程招标投标管理机构必须依法监管、依法办事，不能越权干预招(投)标人的正常行为或对招(投)标人的行为包办代替，也不能懈怠职责、玩忽职守。

2. 统一、开放原则

统一原则具体指以下 3 个方面。

(1) 市场必须统一。任何分割市场的做法都是不符合市场经济规律要求的，也是无法形成公平竞争的市场机制的。

(2) 管理必须统一。要建立和实行由建设行政主管部门履行政府统一管理的职责。

(3) 规范必须统一。如市场准入规则的统一，招标文件文本的统一，合同条件的统一，工作程序、办事规则的统一等。只有这样，才能真正发挥市场机制的作用，全面实现建设工程招标投标制度的宗旨。

开放原则要求根据统一的市场准入规则，打破地区、部门和所有制等方面的限制和束缚，向全社会开放建设工程招标投标市场，破除地区和部门保护主义，反对一切人为的对外封闭市场的行为。

3. 公开、公平、公正原则

公开原则是指建设工程招标投标活动应具有较高的透明度。具有以下几层意思：①建设工程招标投标的信息公开。通过建立和完善建设工程项目报建登记制度，及时向社会发布建设工程招标投标信息，让有资格的投标者都能享有到同等的信息。②建设工程招标投标的条件公开。什么情况下可以组织招标，什么机构有资格组织招标，什么样的单位有资格参加投标等，必须向社会公开，便于社会监督。③建设工程招投标的程序公开。在建设工程招标投标的全过程中,招标单位的主要招标活动程序、投标单位的主要投标活动程序和招标投标机构的主要监管程序,必须公开。④建设工程招标投标的结果公开。哪些单位参加了投标,最后哪个单位中了标,应当予以公开。

公平原则是指所有投标人在建设工程招标投标活动中享有均等机会,具有同等的权利,履行相应的义务,任何一方都不受歧视。

公正原则是指在建设工程招标投标活动中,按照同一标准实事求是地对待所有的投标人,不偏袒任何一方。

4. 诚实信用原则

诚实信用原则是指在建设工程招标投标活动中,招(投)标人应当以诚相待、讲求信用、实事求是,做到言行一致、遵守诺言、履行成约,不得见利忘义,投机取巧,弄虚作假,隐瞒欺诈,损害国家、集体和其他人的合法权益。诚实信用原则是市场经济的基本前提,是建设工程招标投标活动中的重要道德规范。

5. 求效、择优原则

求效、择优原则是建设工程招标投标的终极原则。实行建设工程招标投标的目的,就是要追求最佳的投资效益,在众多的竞争者中选出最优秀、最理想的投标人作为中标人。讲求效益的择优定标,是建设工程招标投标活动的主要目标。在建设工程招标投标活动中,除了要坚持合法、公开、公正等前提性、基础性原则外,还必须贯彻求效、择优的目的性原则。贯彻求效、择优原则,最重要的是要有一套科学合理的招标投标程序和评标定标办法。

6. 招标投标权益不受侵犯原则

招标投标权益是当事人和中介机构进行招标投标活动的前提和基础,因此,保护合法的招标投标权益是维护建设工程招标秩序、促进建筑市场健康发展的必要条件。建设工程招标投标活动当事人和中介机构依法享有的招标投标权益,受国家法律的保护和约束。任何单位和个人不得非法干预招标投标活动的正常进行,不得非法限制或剥夺当事人和中介机构享有的合法权益。

小知识

2009年,我国首次对招标师实行了资格考试,标志着我国招标投标持证上岗时代的来临。

1.2 我国建筑工程招标发展概述

1.2.1 我国招投标法需要适应经济和发展要求

我国的一切招标投标行为都受《招标投标法》的指导和约束。自1999年8月30日第九届全国人民代表大会常务委员会第十一次会议通过《招标投标法》并于2000年1月1日起施行以来,国内外经济形势和社会情况发生了很大的改变,特别是随着我国社会主义市场经济的快速发展和招标投标范围的不断扩大,招标投标实践中的新情况、新问题不断出现，例如招标投标监管体制设计得不尽合理，场外交易普遍，虚假和串通招标依然存在，适用领域合范围过窄，招标代理机构运行不规范以及专家库的建立和管理亟待规范等。此外，还有一些方面不能完全适应招标投标市场的需要，急待修订完善。

毋庸讳言，招标投标制度虽然在我国得到了很大的发展，取得了很大的成绩，但是还有需要改进的地方，以便使招标投标这一促使市场经济规范发展的有力推手得到应有的发展。国际惯例和我国已有的招标时间证明，专职招标代理机构在确保"三公"方面的作用是不可替代的。只有充分竞争，才能最大限度、最优化、最科学地配置有限的社会资源。虽然理想的境界并不容易实现，但社会公众还是对招标投标制度给予了极大的期望。招标投标交易方式给当前社会提供了一种近乎于充分竞争的好方法，因此，运用招标投标方式进行的市场交易行为，不仅符合市场经济的竞争规则，同时还促进有效、有序的竞争。正因为通过这种有效、有序的竞争，最终才促进了社会资源的优化配置。当然，目前人们对于招标投标的认识，无论是从它所产生的经济效益方面，还是从它所带来的社会效益方面，都有待进一步加强。

我国正处于改革开放的年代，正在努力实现社会的科学发展、和谐发展。为了使我国能够实现经济增长方式的根本转变，加强科技创新的资源配置能力的培养是非常重要的，而招标投标具备这一功能。因此，在现阶段推行招标投标机制具有十分重要的现实意义。

1.2.2　我国招标投标制度发展趋势的预测

经过 20 多年的发展，我国的招标投标制度日趋完善。2000 年，我国《招标投标法》的施行，以及国家在国债项目中实行招标进口设备国际招标的力度加大，政府采取招标的全面启动，这些都使我国的招标投标事业获得了前所未有的发展机遇。我国成功加入世界贸易组织以及加大了改革开放的力度，使我国的招标投标制度进入了与国际招标投标制度大力接轨的时期。与此同时，我国的招标机构还紧紧抓住机遇，不仅在国内以优质、高效、全面的服务在建设工程、技术改造、政府采购等诸多领域项目的招标工作中发挥了重要作用，而且还积极参与了国际招标市场的竞争。如中国招标投标中心在 2003 年共接受委托并完成招标项目 12433 个，总委托金额 1156.74 亿元人民币，总中标金额 993.15 亿元人民币，节资率达到 14.14%；2004 年共接受委托并完成招标项目 15043 个，总委托金额 1568.33 亿元人民币，总中标金额 1353.86 亿元人民币，节资率达 13.68%，全年完成项目总数比上年增长 20.99%，委托金额比上年提高了 35.58%。截止到 2009 年，仅中国移动通信集团公司累计招标采购金额就达 2512 亿元。2009 年，我国建筑工程招标率已达到 95%，进口机电设备节约资金率达到 21.7%。据中国国际招标网的统计，仅 2009 年 8 月，我国各省、自治区、直辖市建设工程招标的项数达到 32964 宗，货物招标项数达到 4017 宗，设备招标项数达到 26033 宗。

21 世纪是世界经济日益一体化的世纪，也是充满挑战和机遇的世纪，产业全球化和贸易一体化将成为国际经济的主要特点，而我国已成为国际社会中的重要一员。国际贸易组织的规则和通行的国际惯例将成为国际经济交往的手段，招标事业有着崭新的光明前景。可以预见，21 世纪，我国招标投标制度的发展趋势将表现在以下方面。

1．招标投标将全面国际化

我国招标投标发展过程中所经历过的国内招标、国内外一起招标、国际招标都将成为我国招标前进过程中的脚印。我国的招标市场进一步向外开放，我们将以世界经济中的一员参与真正意义上的国际招标投标，在工程、货物和服务的各个领域以招标投标的方式进行角逐。

2．招标投标将完善法制化

我国的《招标投标法》、《政府采购法》施行以来，对招标投标事业的发展起到了极大的推动作用。但由于目前配套办法还不够完善，管理体制没有统一，在运行中的矛盾和摩擦很多，必须不断完善相关的法律制度，奠定招标市场、招标管理、招标代理、招标体系的法律基础。

3．招标投标代理服务将更加专业化和系统化

专职招标投标机构的发展是我国招标投标事业发展的一个特有的标志，是对国家招标投标事业的积极贡献。面对世界经济的新趋势和招标投标发展新方向，招标投标机构必须在人才、机构和标准等方面向国际标准看齐，将单一的招标投标代理扩展到采购"一条龙"服务。待见招标和项目管理也将成为招标投标的一个新亮点。

4．招标投标系统将更加行业自律化

招标投标代理的进一步发展必将要求行业自律化。招标中心系统既要保持自身特点又要融入国内国际招标投标的大系统。行业自律、行业规范、行业标准、行业竞争与合作是行业工作的一个大课题。

5．招标投标将更加信息化

21世纪是经济全球化、信息化的世纪，招标投标也将更加信息化。招标投标信息化包括以下3个方面的内容：一是建立了潜在供应商数据库，供采购方方便地选择合格的供应商；二是建立了采购网站，用来发布采购指南和最新的招标信息，提供供应商注册表格和表达意向表格的下载以及网上注册等；三是采购过程中的信息发布、沟通交流、谈判协商都充分利用了电子邮件和其他现代通信技术。

1.3 我国建筑工程交易市场

1.3.1 我国建筑工程与设备交易市场的发展

我国的建筑工程与设备交易市场包括建筑工程、建筑设备以及建筑机械等几个方面的交易市场。

自20世纪90年代以来，我国的建筑工程与建筑设备市场飞速发展，即使称为"黄金年代"也不为过，这主要得益于比较高的国内生产总值增长、人口红利、城镇化及住房制度改革。表1-1说明了2000—2006年我国人口与国内生产总值的变化情况。2006年，我国

国内生产总值达到 26448 亿美元，与 2000 年的 10801 亿美元相比，增长超过 1 倍。

表 1-1　2000－2006 年我国人口与国内生产总值逐年变化表

年份	2000	2001	2002	2003	2004	2005	2006
人口($\times 10^4$人)	129533	127627	128453	129227	129988	130756	131448
国内生产总值($\times 10^8$美元)	10801	11592	12371	14099	19787	22564	26448

注：数据来源于 2001—2007 年中国统计年鉴。

与此相对应的是，2000—2006 年，全国建筑总面积保有量从 $227.2 \times 10^8 \, m^2$ 增长到 2006 年的 $401 \times 10^8 \, m^2$，其中城镇建筑面积保有量从 $76.6 \times 10^8 \, m^2$ 增长到 2006 年的 $174.5 \times 10^8 \, m^2$ (表 1-2)。2006 年，全国施工面积达到 $41 \times 10^8 \, m^2$，竣工面积也达到了 $18 \times 10^8 \, m^2$，已超过整个欧洲水平。

表 1-2　2000－2006 年我国建筑面积逐年变化表

年份	已有建筑面积			施工建筑面积	竣工建筑面积
	总面积	城镇	农村	全国	
2000	277.2	76.6	200.6	16	8.1
2001	314.8	110.1	204.7	18.8	9.8
2002	339.4	131.8	207.6	21.6	11
2003	350.3	140.9	209.3	25.9	12.3
2004	360.2	149.9	211.2	31.1	14.7
2005	385.6	164.5	221	35.3	15.9
2006	401	174.5	226	41.0	18.0

注：数据来源于 2001—2007 年中国统计年鉴。

表 1-3 列出了 2000—2006 年我国城市建设筑面积与城市人口数的逐年变化情况。可以看到，城市人口与城市建筑面积是呈正相关关系变化的，城市人口稳步增长，城市建筑面积急剧增长，而城市住宅面积更是呈爆发式增长。这说明我国城市住宅面积的增长速度超过了城市人口增长的速度，城市的人均住宅面积在逐步改善。

表 1-3　2000－2006 年我国城市建筑面积逐年变化表

年份	2000	2001	2002	2003	2004	2005	2006
城市建筑面积($10^8 \, m^2$)	76.6	110.1	131.8	140.9	149.1	164.5	174.5
城市住宅面积($10^8 \, m^2$)	44.1	66.5	81.9	89.1	96.2	107.7	112.9
城市人口数(10^8人)	4.59	4.8	5.02	5.23	5.43	5.62	5.77

表 1-4 列出了 2000—2006 年我国几种主要建材的产量。由于建筑工程和住宅施工量的增长，相应地拉动了建材的产量。无论是钢材、水泥还是平板玻璃，2006 年的产量都是 2000 年的两倍甚至两倍以上。

表 1-4　2000-2006 年我国城市建筑面积逐年变化表

年份	粗钢($\times 10^4$t)	钢材($\times 10^4$t)	水泥($\times 10^4$t)	平板玻璃($\times 10^4$重量箱)
2000	12850.00	13146.00	59700.00	18352.20
2001	15163.44	16067.61	66103.99	20964.12
2002	18236.61	19251.59	72500.00	23445.56
2003	22233.60	22011.63	86208.11	27702.60
2004	28291.09	31975.72	96681.99	37026.17
2005	35323.98	37771.14	106884.79	40210.24
2006	41914.85	41914.85	12367.48	46574.70

注：数据来源于 2007 年中国统计年鉴。

可以预见，我国的经济还将强劲增长，加之我国的城市化还在继续进行，对基础设施、公共工程的建设还将继续加大投入。因此，我国的建筑工程与建设设备市场还将有更大的发展空间。2009 年，仅上半年，国家就新增信贷 7.37 万亿人民币，这些投资绝大多数投向了高速铁路、高速公路、港口、机场等大型建筑工程项目。

建筑工程机械行业与宏观经济运行情况密切相关。与建筑工程相对应的是，建筑工程相对应的是，建筑机械市场也出现了良好的发展态势。2008 年上半年，我国工程机械主要几种销量在 2007 年较大的增长基数上，又实现了全面的快速增长。挖掘机、装载机、平地机增长速度都超过了 30%，推土机的增长速度也达到了 28.4%，工程起重机增长速度最快，达到 93.3%。特别是出口，延续了 2007 年的快速增长势头，装载机增长率达到了 123.7%，推土机为 80.5%，平地机为 70.6%，塔式起重机为 63.6%。

1.3.2　我国建筑工程交易市场的规则

一个成熟的、规范的建筑工程交易市场，必须遵守以下几个规则。

1. 市场准入规则

市场的进入需遵循一定的法规和具备相应的条件，对不再具备条件或采取挂靠、出借证书、制造假证书等欺诈的行为应采取清出制度，逐步完善资质和资格管理，特别应加强工程项目经理的动态管理。

2. 市场竞争规则

这是保证各种市场主体在平等的条件下开展竞争的行为准则。为保证平等竞争的实现，政府必须制定相应的保护公平竞争的规则。《招标投标法》、《中华人民共和国建筑法》、《中华人民共和国反不正当法》等以及与之配套的法规和规章都制定了市场公平竞争规则，并且通过不断实施将更加具体和细化。

3. 市场交易规则

简单地说，市场交易规则就是交易必须公开(涉及保密的特殊要求的工程除外)，交易必须公平，交易必须公正。所有该公开交易的建筑工程项目，必须通过招标市场进行招标投标，不得私下进行交易和制定承包。

1.3.3　建筑市场的主体与客体

建筑市场的主体是指参与建筑生产交易过程的各方，主要有业主(建设单位或发包人)、承包商、工程咨询服务机构等。建筑市场客体则为有形的建筑产品(建筑物、构建物)和无形的建筑产品(咨询、监理等智能服务)。

1. 建筑市场的主体

1) 业主

业主是指既有某项工程建设需要，又具有该项工程的建设资金和各种准建手续，在建筑市场中发包工程项目建设的勘察、设计、施工任务，并最终得到建筑产品，达到其经营使用目的的政府部门、企事业单位和个人。

在我国，业主也称为建设单位，只有在发包工程或组织工程建设时才称为市场主体，故又称为发包人或招标人。因此，业主方作为市场主体具有不确定性。我国的工程项目大多数是政府投资建设的，业主大多属于政府部门。为了规范业主行为，建立了投资责任约束机制，及项目法人责任制，又称业主责任制，由项目业主对项目建设全过程负责。

项目业主的产生，主要有 3 种方式：①业主及原企业或单位。企业或机关、事业单位投资的新建、扩建、改建工程，则该企业或单位即为项目业主。②业主是联合投资董事会。由不同投资方参股或共同投资的项目，则业主是共同投资方组成的董事会或管理委员会。③业主是各类开发公司。开发公司自行融资或由投资方协商组建或委托开发的工程管理公司也可以成为业主。

业主在项目建设过程中的主要职能是：建设项目立项决策，建设项目的资金筹措与管理，办理建设项目的有关手续(如征地、建筑许可等)，建设项目的招标与合同管理，建设项目的施工与质量管理，建设项目的竣工验收和试运行，建设项目的统计及文档管理。

2) 承包商

承包商是指拥有一定数量的建筑设备、流动资金、工程技术经济管理人员及一定数量的工人，取得建设行业相应资质证书和营业执照的，能够按照业主要求提供不同形态的建筑产品并最终得到相应工程价款的建筑施工企业。

相对于业主，承包商作为建筑市场主体，是长期和持续存在的。因此，无论是按国内还是按国际惯例，对承包商一般都要实行从业资格管理。承包商从事建设生产，一般须具备 4 个方面的条件：①拥有符合国家规定的注册资本；②拥有与其资质等级相适应且具有注册执业资格的专制技术和管理人员；③拥有从事相应建筑活动所应有的技术装备；④经资格审查合格，已取得资质证书和营业执照。

承包商可按其所从事的专业分为土建、水电、道路、港口、铁路、市政工程等专业公司。在市场经济条件下，承包商需要通过市场竞争(投资)取得施工项目，需要依靠自身的实力去赢得市场，承包商的实力主要包括 4 个方面。

(1) 技术方面的实力。有精通本行业的工程师、造价师、经济师、会计师、项目经理、合同管理等专业人员队伍，有施工专业装备，有承揽不同类型项目施工的经验。

(2) 经济方面的实力。具有相当的周转资金用于工程准备，具有一定的融资和垫付资金的能力；具有相当的固定资产和为完成项目需购入大型设备所需的资金；具有支付各种担保和保险能力；有承担相当风险的能力；承担国际工程还需具备筹集外汇的能力。

(3) 管理方面的实力。建筑承包商市场属于买方市场，承包商为打开局面，往往需要低利润报价取得项目。必须在成本控制上下功夫，向管理要效益，并采用先进的施工方法提高工作效率的技术水平，因此必须具有一批高水平的项目经理和管理专家。

(4) 信誉方面的实力。承包商一定要有良好的信誉，它将直接影响企业的生存与发展。要建立良好的信誉，就必须遵守法律法规，承担国外工程能按国际惯例办事，保证工程质量、安全、工期，文明施工，能认真履约。承包商招揽工程，必须根据本企业的施工力量、机械装备、技术力量、施工经验等方面的条件选择适合发挥自己优势的项目，避开企业不擅长或缺乏经验的项目，做到扬长避短，避免给企业带来不必要的风险和损失。

3) 工程咨询服务机构

工程咨询服务机构是指具有一定注册资金，具有一定数量的工程技术、经济管理人员，取得建设咨询证书和营业执照，能为工程建设提供估算测量、管理咨询、建设监理等智力型服务并获取相应费用的企业。

工程咨询服务企业包括勘察设计机构、工程造价(测量)咨询单位、招标代理机构、工程监理公司、工程管理公司等。这类企业主要是向业主提供咨询和管理服务，弥补业主对工程建设过程不熟悉的缺陷，在国际上一般称为咨询公司。在我国，数量最多并有明确资质标准的是勘察实际机构、工程监理公司和工程造价(测量)咨询单位、招标代理机构。工程管理和其他咨询类企业近年来也有发展。

工程咨询服务虽然不是工程承包人的当事人，但其受业主委托或聘用，与业主订有协议书或合同，因而对项目的实施负有相当重要的责任。

2. 建筑市场的客体

建筑市场的客体一般称为建筑产品，是建筑市场的交易对象，既包括有形的建筑产品，也包括无形产品——各类智力服务。

建筑产品不同于一般工业产品，因为建筑产品本身及其生产过程具有不同于其他工业产品的特点。在不同的生产交易阶段，建筑产品表现为不同形态。它可以是咨询公司提供的咨询报告、咨询意见或其他服务，也可以是勘察设计单位提供的设计方案、施工图纸、勘察报告，还可以是生产厂家提供的混凝土构件，当然也包括承包商生产的各类建筑物的构筑物。

1) 建筑产品的特点

(1) 建筑产品的固定性和生产过程的流动性。建筑物与土地相连，不可移动，这就要求施工人员和施工机械只能随建筑物不断流动，从而带来施工管理的多变性和复杂性。

(2) 建筑产品的单件性。由于业主对建筑产品的用途、性能要求不同以及建设地点的差异，决定了多数建筑产品都需要单独进行设计，不能批量生产。

(3) 建筑产品的整体性和分部分项工程的相对独立性。这个特点决定了总分包和分包相结合的特殊承包形式。随着经济的发展和建筑技术的进步，施工生产的专业性越来越强。在建筑生产中，由各种专业施工企业分别承担工程的土建、安装、装饰、劳务分包，有利于施工生产技术和效率的提高。

(4) 建筑生产的不可逆性。建筑产品一旦进入生产阶段，其产品不可能退换，也难以重新建造，否则双方都将承受极大的损失。所以，建筑生产的最终产品质量是由各阶段成果的质量决定的。设计、施工必须按照规范和标准进行，才能保证生产出合格的建筑产品。

(5) 建筑产品的社会性。绝大部分建筑产品都具有相当广泛的社会性，涉及公众的利益和生命财产的安全，即使是私人住宅，也会影响到环境，影响到进入或靠近它的人员的生活和安全。政府作为公众利益的代表，加强对建筑产品的规划、设计、交易、建造的管理是非常必要的，有关工程建设的市场行为都应受到管理部门的监督和审查。

2) 建筑产品的商品属性

长期以来，受计划经济体制影响，工程建设由工程指挥部管理，工程任务由行政部门分配，建筑产品价格由国家规定，抹杀了建筑产品的商品属性。

改革开放以后，由于推行了一系列以市场为取向的改革措施，建筑企业成为独立的生产单位，建设投资由国家拨款改为多种渠道筹措，市场竞争代替行政分配任务，建筑产品价格也逐步走向以市场形成价格的价格机制，建筑产品的商品属性的观念已为大家所认识，这成为建筑市场发展的基础，并推动了建筑市场的价格机制、竞争机制和供求机制的形成，使实力强、素质高、经营好的企业在市场上更具竞争力，能够更快地发展，实现资源的优化配置，提高了全社会的生产力水平。

3) 工程建设标准的法定性

建筑产品的质量不仅关系到承发包双方的利益，也关系到国家和社会的公共利益，正是由于建筑产品的这种特殊性，其质量标准是以国家标准、国家规范等形式颁布实施的。从事建筑产品生产必须遵守这些标准规范的规定，违反这些标准规范的将受到国家法律的制裁。

工程建设标准涉及面很宽，包括房屋建筑、交通运输、水利、电力、通信、采矿冶炼、石油化工、市政公用设施等方面。

工程建设标准是指对工程勘察、设计、施工、验收、质量检验等各个环节的技术要求。它包括 5 个方面的内容。

(1) 工程勘察、设计、施工及验收等质量要求方法。

(2) 与工程建设有关的安全、卫生、环境保护的技术要求。

(3) 工程建设的术语、符号、代号、量与单位、建筑模数和制图方法。

(4) 工程建设的试验、检验和评定方法。

(5) 工程建设的信息技术要求。

在具体形式上，工程建设标准包括了标准、规范、规程等。工程建设标准的独特作用就在于，一方面通过有关的标准规范为相应的专业技术人员提供了需要遵循的技术要求和方法；另一方面，由于标准的法律属性和权威属性，保证了从事工程建设有关人员必须按照规定去执行，从而为保证工程质量打下了基础。

1.3.4　建筑工程交易的运作程序

建设工程从投资性质上可分为两大类：一类是国家投资项目；另一类是私人投资项目。在西方发达国家中，私人投资占了绝大多数，工程项目管理是业主自己的事情，政府只是监督他们是否依法建设。对国有投资项目，一般设置专门的管理部门，代为行使业主的职能。

我国是以社会主义公有制为主体的国家，政府部门、国有企业、事业单位投资在社会投资中占主导地位。建设单位使用的大都是国有投资，由于国有资产管理体制的不完善和建设单位内部管理制度的薄弱，很容易造成工程发包中的不正之风和腐败现象。针对上述情况，近几年我国出现了建设工程交易中心。把所有代表国家或国有企事业单位投资的业主请进建设工程交易中心进行招标，设置专门的监督机构，这是我国解决国有建设项目交易透明度差的问题和加强建筑市场管理的一种独特方式。

1. 建设工程交易中心的性质与作用

1) 建设工程交易中心的内容

建设工程交易中心是服务性机构，不是政府管理部门，也不是政府授权的监督机构，本身并不具备监督管理职能。但建设工程交易中心又不是一般意义上的服务机构，其设立需得到政府或政府授权主管部门的批准，并非任何单位和个人可随意成立；它不以营利为目的，旨在为建设公开、公正、平等竞争的招标投标制度服务，只可经批准收取一定的服务费，工程交易行为不能在场外发生。

2) 建设工程交易中心的作用

按照我国有关规定，所有建设项目都要在建设工程交易中心内报建、发布招标信息、合同授予、申领施工许可证。招标投标活动都需在场内进行，并受政府有关管理部门的监督。应该说建设工程交易中心的设立，对国有投资的监督制约机制的建立、规范建设工程承发包行为、将建筑市场纳入法制化的管理轨道有着重要的作用，是符合我国特点的一种好形式。

建设工程交易中心建立起来，由于实行集中办公、公开办事制度和程序以及一条龙的"窗口"服务，不仅有力地促进了工程招标投标制度的推行，而且遏制了违法违规行为，对于防止腐败、提高管理透明度起到了显著的效果。

2. 建设工程交易中心的基本内容

我国的建设工程交易中心是按照以下三大功能进行构建的。

1) 信息服务功能

包括收集、存储和发布各类工程信息、法律法规、造价信息、建材价格、承包商信息、咨询单位和专业人士信息等。在设施上配备有大型电子墙、计算机网络工作站，为承发包交易提供广泛的信息服务。

2) 场所服务功能

对于政府部门、国有企业、事业单位的投资项目，我国明确规定，一般情况下必须进行公开招标，只有特殊情况下才允许采用邀请招标。所有建设项目进行招标投标必须在有形建筑市场内进行，必须由有关管理部门进行监督。按照这个要求，工程交易中心必须为工程承发包交易双方包括建设工程的招标、评标、定标、合同谈判等提供设施和场所服务。建设部《建设工程交易中心管理办法》规定，建设工程交易中心应具备信息发布大厅、洽谈室、开标室、会议室及相关设施以满足业主和承包商、分包商、设备材料供应商之间的交易需要。同时，要为政府有关管理部门进驻集中办公，办理有关手续和依法监督招标投标活动提供场所服务。

3) 集中办公功能

由于众多建设项目要进入有形建筑市场进行报建、招标投标交易的办理有关批准手续，这样就要求政府有关建设管理部门进驻工程交易中心集中办理有关审批手续和进行管理，建设行政主管部门的各职能机构也进驻建设工程交易中心。受理申报的内容一般包括工程报建、招标登记、承包商资质审查、合同登记、质量报监、施工许可证发放等。进驻建设工程交易中心的相关管理部门集中办公，公布各自的办事制度和程序，既能按照各自的职责依法对建设工程交易活动实施有力监督，又方便当事人办事，有利于提高办公效率。

3. 建设工程交易中心的运作原则

为了保证建设工程交易中心能够有良好的运作秩序和充分发挥市场功能，必须坚持市场运作的一些基本原则，主要包括以下几个方面。

1) 信息公开原则

建设工程交易中心必须充分掌握政策法规，工程发包、承包商和咨询单位的资质、造价指数、招标规则、评标标准、专家评委库等各项信息，并保证市场各主体都能及时获得所需要的信息资料。

2) 依法管理原则

建设工程交易中心应严格按照法律、法规开展工作，尊重建设单位依照法律规定选择投标单位和选定中标单位的权利，尊重符合资质条件的建筑企业提出的投标要求和接受邀请参加投标的权利。任何单位和个人不得非法干预交易活动的正常进行。检察机关应当进驻建设工程交易中心实施监督。

3) 公平竞争原则

建立公平竞争的市场秩序是建设工程交易中心的一项重要原则。进驻的有关行政监督管理部门应严格监督招标、投标单位的行为，防止地方保护、行业和部门垄断等各种不正当竞争，不得侵犯交易活动各方的合法权益。

4) 属地进入原则

按照我国有形建筑市场的管理规定，建设工程交易实行属地进入。每个城市原则上只能设立一个建设工程交易中心，特大城市可以根据需要，设立区域性分中心，在业务上受中心领导。对于跨省、自治区、直辖市的铁路、公路、水利等工程，可在政府有关部门的监督下，通过公告由项目法人组织招标、投标。

5) 办事公正原则

建设工程交易中心是政府建设行政主管部门批准建立的服务性机构，需配合进场各行政管理部门做好相应的工程交易活动管理和服务工作。要建立监督制约机制，公开办事规则和程序，制定完善的规章制度和工作人员守则，一旦发现建设工程交易活动中的违法违规行为，应当向政府有关管理部门报告，并协助进行处理。

4. 建设工程交易中心运作的一般程序

按照有关规定，建设项目进入建设工程交易中心后，一般应按照规定的程序进行。这在后续的章节中会陆续进行重点讲述。

1.4　建 设 法 律 制 度

1.4.1　我国的法律体系

法律体系是指一国的全部现行法律法规，按照一定的标准和原则，划分不同的法律部门而形成的内部和谐一致、有机联系的整体。

我国法律体系通常包括以下各部门法。

1. 宪法

宪法是整个法律体系的基础，主要表现形式是《中华人民共和国宪法》。此外，宪法部门还包括主要国家机关组织法、选举法、名族区域自治法、特别行政区基本法、受援法、立法法、国籍法等附属的法律。

2. 民法

民法是调整作为平等主体的公民之间、法人之间、公民和法人之间的财产关系和人身关系的法律，主要由《中华人民共和国民法通则》(下称《民法通则》)和单行民事法则组成，单行法律主要包括合同法、担保法、专利法、商标法、著作权法、婚姻法等。

3. 商法

商法是调整平等主体之间的商事关系或商事行为的法律，主要包括公司法、证券法、保险法、票据法、企业破产法、海商法等。我国实行"民商合一"的原则，商法虽然是一个相对独立的法律部门，但民法的许多概念、规则和原则也通用于商法。

4. 经济法

经济法是调整国家在经济管理中发生的经济关系的法律，包括建筑法、招标投标法、反不正当竞争法、税法等。

5. 行政法

行政法是调整国家行政管理活动中各种社会关系的法律规范的总和，主要包括行政处罚法、行政复议法、行政监察法、治安管理处罚法等。

6. 劳动与社会保障法

劳动法是调整劳动关系的法律，主要包括《中华人民共和国劳动法》；社会保障法是调整有关保障、社会福利的法律，包括安全生产法、消防法等。

7. 自然资源与环境保护法

自然资源与环境保护法是关于保护环境与自然资源、防治污染和其他公害的法律。自然资源法主要包括土地管理法、节约能源法等；环境保护方面的法律主要包括环境保护法、环境影响评价法、噪声污染环境防治法等。

8. 刑法

刑法是规定犯罪和刑罚的法律，主要形式是《中华人民共和国刑法》。一些单行法律、法规的有关条款也可能规定刑法规范。

9. 诉讼法

诉讼法(又称诉讼程序法)是有关各种诉讼活动的法律，其作用在于从程序上保证实体法的正确实施。诉讼法主要包括民事诉讼法、行政诉讼法、刑事诉讼法。仲裁法、律师法、法官法、检察法等法律的内容也大体属于该法律部门。

1.4.2 建设法规体系

1. 建设法规体系概念

建设法规体系是指把已经制定和需要制定的建设法规、建设行政法规和建设部门规章衔接起来，形成一个相互联系、相互补充、相互协调的完整统一的体系。就广义的建设法规体系而言，还应包括地方性法规和规章。

建设法规体系是国家法律体系的重要组成部分。同时，建设法规体系又相对自成体系，具有相对独立性。根据法制统一原则，建设法律必须与宪法和相关的法律保持一致，建设行政法规、部门规章和地方性法规、规章不得与宪法、法律以及上一层次的法规相抵触。另外，建设法规应能覆盖建设事业的各个行业、各个领域以及建设行政管理的全过程，使建设活动的各个方面都有法可依、有章可循，使建设行政管理的每一个环节都纳入法制轨道。在建设法规体系内部，纵向不同层次的法规之间应当相互衔接，不能抵触；横向同层次的法规之间也应协调配套，不能互相矛盾、重复或者留有"空白"。

2．建设法规立法意义

建设法规主要调整建设活动中的行政管理关系、经济关系和民事关系。对于行政管理关系的调整采取的是行政手段方式；对于经济关系的调整采取的是行政、经济、民事等多种手段相结合的方式；对于民事关系的调整主要采取民事手段的方式。这表明建设法规是运用综合的手段对行政、经济、民事的社会关系加以规范调整的法规。但就建设法律主要的法律规范性质来说，多数属于行政法或经济法调整的范围。建设法规立法的意义如下。

(1) 规范指导建设行为。建设活动应该遵循一定的行为规范，即建设法规规范。建设法规对人们的建设行为的规范性表现在：必须进行的一定的建设行为，如建设项目的立项申报；建设过程中各种强制性法规的执行；禁止进行的一定的建设行为，如违法分包、投标过程中的违法行为等。

(2) 保护合法建设行为。建设法规的作用不仅在于对建设主体的行为加以规范和指导，还应对所有符合法规的建设行为给予确认和保护。这种确认和保护性规定一般是通过建设法规的原则规定反映的。

(3) 处罚违法建设行为。建设法规要实现对建设行为的规范和指导作用，除了保护合法的建设行为，还必须对违法建设行为给予应有的处罚。一般的建设法规都有对违反建设行为的处罚规定。如建设部 1999 年 2 月 3 日发布的《建设部建设行政处罚程序暂行规定》就是为了保障和监督建设行政执法机关有效实施行政管理，保护公民、法人和其他职业的合法权益，促进建设行政直发工作程序化、规范化制定的。

3．建设法规定体系的构成

建设法规体系由很多不同层次的法规组成，各个层次的法规其法律效力是不同的。根据《中华人民共和国立法法》(以下简称《立法法》)有关立法权限的规定，我国建设法规体系由下列层次组成。

(1) 宪法。当代中国法的渊源是主要以宪法为核心的各种制定法。宪法是每一个民主国家最根本的法的渊源，其法律地位和效力是最高的。我国的宪法是由我国最高权力机关——全国人民代表大会制定和修改的，一切法律、行为法规和地方性法规都不得与宪法相抵触。

(2) 法律。广义上的法律泛指《立法法》调整的各类法的规范性文件；狭义上的法律仅指全国人大及其常委会制定的规范文件。在这里仅指狭义上的法律。法律的效力低于宪法，但高于其他的法。

按照法律制定的机关及调整的对象和范围不同，法律可分为基本法律和一般法律。

基本法律是由全国人民代表大会制定和修改的，规定和调整国家和社会生活中某一方面带有基本性和全面性的社会关系的法律，如《民法通则》、《中华人民共和国合同法》、《中华人民共和国刑法》和《中华人民共和国民事诉讼法》等。

一般法律是由全国人民代表大会常务委员会制定或修改的，规定和调整除由基本法律调整以外的、涉及国家和社会生活某一方面关系的法律，如《中华人民共和国建筑法》、《中华人民共和国招标投标法》、《中华人民共和国合同法》、《中华人民共和国安全生产法》和《中华人民共和国仲裁法》等。

(3) 行政法规。行政法规是由最高国家行政机关(即国务院)制定的规范性文件，如《建设工程质量管理条例》、《建设工程勘察设计管理条例》、《建设工程安全生产管理条例》、《安全生产许可证条例》和《建设项目环境保护管理条例》等。

行政法规的效力低于宪法和法律。

(4) 地方性法规。地方性法规是指由省、自治区、直辖市以及省、自治区人民政府所在地的市和经国务院批准的较大的市的人名代表大会及其常委会，在其法定权限内制定的法律规范性文件，如《黑龙江省建筑市场管理条例》、《内蒙古自治区建筑市场管理条例》、《北京市招标投标条例》、《深圳经济特区建设工程施工招标投标条例》等。

地方性法规具有地方性，只在本辖区内有效，其效力低于法律和行政规范。

(5) 行政规章。行政规章是由国家行政机关制定的法律规范性文件，包括部门规章和地方政府规章。部门规章是由国务院各部委制定的法律规范性文件，如《工程建设项目施工招标投标办法》(2003 年 3 月 8 日国家发改委等 7 部委令第 30 号)、《评标委员会和评标方法暂行规定》(2001 年 7 月 5 日国家发改委等 7 部委令第 12 号)、《建筑业企业资质管理规定》(2007 年 6 月 26 日建设部令第 159 号)等。

部门规章的效力低于法律、行政法规。

地方政府规章是由省、自治区、直辖市以及省、自治区人民政府所在地的市和国务院批准的较大的市的人民政府所制定的法律规范性文件。地方政府规章的效力低于法律、行政法规，低于同级或上级地方性法规。

(6) 最高人民法院司法解释规范性文件。最高人民法院司法解释规范性文件和对法律适用的说明，对法院审判有约束力，具有法律规范的性质，在司法实践中具有重要地位和作用。在民事领域，最高人民法院制定的司法解释文件有很多，例如《关于贯彻执行〈中华人民共和国民法通则〉若干问题的意见(试行)》、《关于审理建设工程施工合同纠纷案件适用法律问题的解释》等。

(7) 国际条约。国际条约是指我国作为国际法主体同外国缔造的双边、多边协议和其他具有条约、协定性质的文件，如《建筑业安全卫生公约》等。国际条约是我国法的一种形式，对所有国家机关、社会组织和公民都具有法律效力。

1.4.3　建设工程市场基本法律

到目前为止，我国制定的与建设工程市场相关的法律制度很多，指导建筑施工企业进行招投标与施工合同管理活动的最基本法律包括《中华人民共和国建筑法》、《中华人民共和国招标投标法》和《中华人民共和国合同法》等。

1. 建筑法

为了加强对建筑业活动的监督管理，维护建筑市场秩序，保证建设工程的质量和安全，促进建筑业健康发展，保障建筑活动当事人的合法权益，经全国人大常务委员会通过，我国于 1997 年 11 月 1 日发布了《中华人民共和国建筑法》(以下简称《建筑法》)。

《建筑法》共分 8 章。

第一章：总则，共 6 条，是整部法律的纲领性规定，明确了为什么立法、立法要管什么以及由谁来管理等重大问题。第一条解释本法的立法目的；第二条解释本法的立法对象和适用范围；第三条解释确保建筑工程质量和安全的原则，《建筑法》以建筑工程质量与安全为主线，对保证质量和安全作出了一些重要规定；第四条解释建筑业扶持政策；第五条规定了建筑活动当事人的权利和义务；第六条解释建筑管理体制。

第二章：建筑许可，分为两节，共 8 条，是对建筑工程施工许可制度和从事建筑活动的单位及个人从业资格制定的规定。《建筑法》对许可制度和从业资格作出明确规定，体现了国家将建筑活动作为一种特殊的经济活动进行从严和事前控制的管理，对规范建筑市场、保证建筑工程质量和建筑安全生产、维护社会经济秩序、提高投资效益、保障公民生命财产和国家财产安全，具有非常重要的意义。

第三章：建筑工程发包与承包，分为了 3 节共 15 条，是有关建筑工程发包与承包活动的规定。第一节是关于发包、承包活动的一般规定，包括了建筑工程发包承包合同、发包承包活动的基本原则、禁止发包方和承包方进行不正当竞争行为以及建筑工程造价的规定；第三节是关于承包的规定，包括了承包单位的资质要求、承包方式和禁止转包及再分包的内容。

第四章：建筑工程监理，是对建筑工程监理的范围、程序、依据、内容及工程监理单位和工程监理人员的权利、义务与责任的规定。《建筑法》规定：国务院可以规定实行强制监理的建筑工程范围。建设部、国家计委于 1995 年 12 月 5 日联合发布的《工程建设监理规定》中对强制监理的范围作出了明确规定。

第五章：建筑安全生产，共 16 条，是对建筑安全生产的方针、管理体制、安全责任制度、安全教育培训制度等的规定，目的在于保证建筑工程安全和建筑从业人员的人身安全。

第六章：建筑工程质量管理，共 12 条，确定了在建筑工程质量管理过程中的 5 项基本法律制度，即建筑工程政府质量监督制度、质量体制认证制度、质量责任制度、建筑工程竣工验收制度以及建筑工程质量保修制度，是《建筑法》所确立的法律制度较多的一章，也是在实践中最受关注的一章。本章所涉及的行为主体包括从事建筑活动的各方行为主体，包括建设单位、勘察设计单位、施工企业和建筑材料、构配件及设备的供应单位。

第七章：法律责任，共 17 条，是对违反《建筑法》应承担的法律责任的规定，即建筑法律关系中的主体由于其行为违反《建筑法》而必须承担的法律后果。

第八章：附则，共 5 条，是对《建筑法》的重要补充，主要规定了本法对其他专业建筑工程的适用情况及本法实施日期。本章与总则同样重要。

2. 招标投标法

为了规范招标投标活动，保护国家利益、社会公共利益和招标投标活动当事人的合法权益，提高经济效益，保证项目质量，1999 年 8 月 30 日全国人大常委会通过了《中华人民共和国招标投标法》。《中华人民共和国招标投标法》分 6 章共 68 条。

第一章：总则，共 7 条，对法律适用范围、适用对象、应当遵循的原则、招标投标活动的实施监督进行了规定。

第二章：招标，共 17 条，规定了在我国进行建设工程招标的只能是具备一定条件的建设单位或招标代理机构，个人没有资格进行招标活动。同时对建设单位、招标代理机构和招标项目必须具备的条件、招标方式、信息发布的要求、禁止实行歧视待遇的要求、保证合理时间等进行了相应规定。

第三章：投标，共 9 条，与招标人的规定相同，投标人必须是法人或其他经济组织，自然人不能成为建设工程投标人。同时对投标人条件、投标时应提交的资料、投标文件内容要求、投标时间要求、投标行为要求及投标人数量的要求进行了相应的规定。

第四章：开标、评标与中标，共 15 条，主要内容包括开标时间与地点、开标的相应规定，评标委员会、评标的相关规定、评标结果、中标通知书、签订书面合同、提交招标投标报告。

第五章：法律责任，共 16 条，对违反招标投标法规定进行招标的项目、招标代理机构违反规定、招标人投标人及评标委员会违反规定、中标人转让中标项目的行为都作出了相应处罚规定。

第六章：附则，共 4 条，对招标活动的监督机构、可以不进行招标的项目范围及实施日期进行规定。

3．合同法

为了保护合同当事人的合法权益，维护社会经济秩序，促进社会主义现代化建设，经第九届全国人大常委会通过，我国于 1999 年 3 月 15 日公布了《中华人民共和国合同法》，并于 1999 年 10 月 1 日起实行。合同法分总则、分则和附则 3 部分，共 23 章。总则包括一般规定、合同的订立、效力、履行、变更和转让、合同的权利义务终止、违约责任等对合同的一般规定。15 个分则对 15 类合同作出了特殊的规定，其中包括了建设工程合同。将在后面章节中对合同法内容作出进一步的介绍。

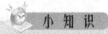

小 知 识

在建设法规体系的组成中，各个层次的法规其法律效力是不同的。因此在同等的内容或条款出现在不同的层次时，要能理解隶属和服从关系。

案 例 分 析

拍卖属于招标投标吗？

依照《中华人名共和国拍卖法》第三条的规定，拍卖是指以公开竞价的形式，将特定的物品或者财产权利转让给最高应价者的买卖方式。

拍卖和招标都是公开进行的竞价方式，都由代理机构进行，任何公民、法人和其他组织都可以参加，都需要交纳保证金和服务费，都实行一次性买卖行为，都是按规定程序选择特定对象(均不设置限制排除某些潜在的对象)的行为，均不得随意指定中标人。拍卖和招标投标看起来有很多相似之处，那么拍卖是否属于招标呢？

下面来进行一一分析。

1．公开竞价的方式不同

拍卖是以公开竞价的方式买卖物品或者财产权利的。所谓公开竞价，是指买卖活动公开进行，公民、法人和其他组织自愿参加，参加竞购拍卖标的物的人在拍卖现场根据拍卖师的叫价决定是否应价。当某人的应价经拍卖师 3 次叫价再无人竞价时，拍卖师以落槌或者以其他公开表示买定的方式确定拍卖成立。拍卖活动中，所有的竞争总是绕着价格进行的。虽然招标投标也是围绕公开竞价的方式买卖物品或服务，但是，招标投标时所报的价格必须唯一，开标后不允许再次或多次叫价，而拍卖则可多次叫价。所以，从这一点来讲，拍卖不属于招标投标的范畴。

2. 确定中标的方式不同

拍卖是将特定物品或者财产权利转让给最高价者的买卖方式。在拍卖这种买卖活动中，委托人和拍卖人都希望以可能达到的最高价格卖出一件物品或者一项财产权利，因此，只要竞买人具备法律规定的条件，哪个竞买人出价最高，拍卖的物品或者财产权利就卖给这个应价者。拍卖和招标投标行为虽然始终都围绕价格进行竞争，但是拍卖活动中，拍卖行为完全是价高者得，价格成为唯一的竞争武器，而招标投标中尽管价格也占着非常重要的甚至是决定性因素，但并不完全是价格的竞争，也并非价格低者可以中标，还有技术、服务、性能等各种指标，另外，招标投标还有很多评价方法。所以，从这一点讲，拍卖并不属于招标投标范畴。

3. 拍卖和招标投标本质和程序不同

拍卖活动由拍卖师主持，所有竞价者公开进行价格竞争，而招标投标需由评标委员会根据国家法律法规和招标文件，客观、独立地进行评审或打分。因此，它们的本质和程序不同，从这点上讲，拍卖也不属于招标投标的范畴。

4. 拍卖和招标投标的主体不同

拍卖一般由拍卖行或律师事务所进行，而招标投标则由招标代理机构或业主单位进行。它们的主体不同，参与对象不同。

所以，无论从形式、内容、主体还是程序上，拍卖都不属于招标投标行为。不过，值得注意的是，世界上法语地区的招标，有所谓的拍卖式招标。拍卖式招标的最大特点是以报价作为判断的唯一标准，其基本原则是自动判断，即在投标人的报价低于招标人规定的标底价的条件下，报价最低者得标。当然，得标人必须具备一些前提条件，即在开标前已取得投标资格。这种做法与商品销售中的减价拍卖颇为相似，即招标人以最低价向投标人买取工程，只是工程拍卖比商品拍卖要复杂得多。这种情况下，拍卖与招标相结合，已很难分出是招标还是拍卖了。

▲ 本章小结

本章对我国建筑工程实行招投标制度的发展历程，我国招投标制度的演变，我国建筑工程与招投标交易市场的发展，进行了较详细的阐述。具体内容包括建筑工程招投标的原则，我国招投标法需要适应经济和发展的要求，发展趋势的预测，我国建筑工程交易市场的概述，我国建筑工程交易市场的规则，建筑市场的主体与客体，建筑工程交易的运作程序。

本章的教学目标是使学生了解我国招投标的发展历程以及我国招投标交易市场的形成，进而逐步掌握招投标程序以及应用。

习　题

一、填空题

1. ＿＿＿＿＿＿是调整作为平等主体的公民之间、法人之间、公民和法人之间的财产关系和人身关系的法律。

2. ＿＿＿＿＿＿是由国家行政机关制定的法律规范性文件，包括＿＿＿＿＿＿和＿＿＿＿＿＿。

3. 为了保证建设工程交易中心能够有良好的运作秩序和充分发挥市场功能，建设工程交易中心的运作原则主要包括＿＿＿＿＿＿、＿＿＿＿＿＿、＿＿＿＿＿＿、＿＿＿＿＿＿和＿＿＿＿＿＿。

4. ＿＿＿＿＿＿是整个法律体系的基础，主要表现形式是＿＿＿＿＿＿。

5. 建筑产品一旦进入生产阶段，其产品不可能退换，反映的是＿＿＿＿＿＿。

二、选择题

1. 单行民事法则的组成中，单行法律主要包括(　　)。
   A. 合同法　　　　　　　B. 担保法　　　　　　　C. 宪法
   D. 商法　　　　　　　　E. 婚姻法

2. 《建设工程安全生产管理条例》属于以下(　　)。
   A. 地方法规　　　　　　B. 行政法规　　　　　　C. 行政规章
   D. 部门法规　　　　　　E. 地方规章

3. 建设工程交易中心的功能主要包括(　　)。
   A. 信息服务　　　　　　B. 高效管理　　　　　　C. 场所服务
   D. 集中办公　　　　　　E. 简化程序

4. 建筑工程招投标的统一原则包括(　　)。
   A. 原则统一　　　　　　B. 市场统一　　　　　　C. 文本统一
   D. 规范统一　　　　　　E. 习惯统一

5. 招标和投标的主管行政部门应该为(　　)。
   A. 国务院　　　　　　　B. 建设部
   C. 发改委　　　　　　　D. 招投标办

三、思考题

1. 简述工程建设标准的内容。
2. 简述建筑产品的特点。
3. 简述建筑工程招投标的原则。
4. 简述建筑市场的主体与客体的内容。
5. 我国建筑工程交易市场的规则有哪些？
6. 简述我国建筑法规体系的组成。
7. 实训环节：自己走访身边的施工企业，了解其企业在承接工程任务时的方式和具体程序，写出自己的体会。

第2章

建筑工程项目招标

教学目标

通过对本章的学习，应了解我国建筑工程招标制度和投标制度的起源；熟悉招标方式、招标内容，以及招标程序；掌握招标投标的特征、意义与作用，建筑工程项目招标的特点，建筑工程项目招标的基本原则。

学习重点

(1) 招标投标的特征、意义与作用。
(2) 建筑工程项目招标的特点，以及建筑工程项目招标的基本原则。

学习建议

本章主要讲述的是建筑工程招标投标的特点和作用，因此在了解招标投标的起源后，对于招标方式、招标文件，要逐步观察体会，了解建筑市场体系和有形建筑市场的特点、作用，熟悉招标相关机构的职责，深入现场了解其招标流程。

工程项目招标投标是培育和发展建筑市场的重要环节，能够促进我国建筑业与国际接轨。招标投标不仅对提高资金的使用效益和质量、适应经济结构战略性调整的要求、发挥市场配置资源的基础性作用具有重要意义，而且对营造公开、公平、公正竞争的市场秩序，提高工程质量具有重要意义。

2.1 招标与投标起源

招标投标是国际上普遍应用的、有组织的一种市场交易行为，是贸易中工程、货物或服务的一种买卖方式。

招标是指一定范围内公开货物、工程或服务采购的条件和要求，邀请众多投标人参加投标，并按照规定程序从中选择交易对象的一种市场交易行为。

2.1.1 招标投标的起源与含义

招标投标是商品经济的产物，出现于资本主义发展的早期阶段。招标投标起源于1782年的英国。当时的英国政府首先从政府采购下手，在世界上第一次进行了货物和服务类别的招标采购。由于具有其他交易方式所不具备的公开性、公平性、公正性、组织性和一次性等特点，以及符合社会通行的、规范的操作程序，招标投标从诞生之日起就具备了旺盛的生命力，并被世界各国沿用至今。

2.1.2 招标投标的特征、意义与作用

1. 招标投标的主要特征

概括地说，招标投标的主要特征是"两明、三公和一锤子买卖"。所谓"两明"，是指用户或业主明确，招标的要求明确；所谓"三公"，是指招标的全过程做到公开、公平、公正；所谓"一锤子买卖"，是指招标过程是一次性的。

1) 用户或业主明确

必须是某一特定的用户(也可以几家用户联合)或者业主，提出需要购买的物品或者建设某工程，也就是说招标人必须明确。

2) 要求明确

招标时，必须以文字方式(招标文件)明确提出招标方的具体要求，如对投标人的资格要求、招标内容的及时要求、交货或者完成工程的时间地点、付款方式等细节都必须明确提出。

3) 招标必须公开竞争

就是说招标工程必须有高度的透明度，依据相关法律、法规，将招标信息、招标程序、开标工程、中标结果都进行公开，使每一个投标人都获得同等的信息。

4) 评标必须公平、公正

所谓公平，就是要求给所有投标人同等的机会，不得限制或排除某些潜在的投标人；所谓公正，就是按照事先确定的评标原则和方法进行，不得随意指定中标人。

5) "一锤子买卖"

招标投标过程中，投标报价与成交签订合同的过程不允许反复地讨价还价，这是"一锤子买卖"的第一层意思；第二，同一个项目的招标，每个投标人只允许递交一份投标文件，不允许提交多份投标文件，即所谓的"一标一投"；第三，通过评标委员会确定中标人后，招标人和中标人应及时签订合同，不允许反悔或者放弃、剥夺中标权利。

2. 招标投标的意义

招标投标对保证市场经济的健康运行具有重要意义。市场经济是法治的经济，其基本要求是市场公正、机会均等、自由开放、公平竞争。只有资本要素在社会上自由、畅通地运行，资源才能在全社会范围内实现优化分配。招标投标的"三公"原则，契合了市场经济的发展要求，也保证了市场经济的顺利发展。

3. 招标投标的作用

1) 促进有效竞争和市场公平

招标投标制度实行"三公"原则，特别是对招标工程实行程序公开，对每个环节都实行信息公开。因此，招标投标能促进市场各方的有效竞争，促进市场的公平交易。市场经济中最有效的机制是通过市场配置资源的机制，而市场机制中最为关键的、起主导作用的就是自由竞争机制。市场经济的自由竞争机制能否顺利地发挥作用，很大程度上取决于竞争方式的优劣和竞争得是否充分、是否有效。而竞争机制发挥的程度，最终会对资源配置的优化产生作用。

招标投标方式下的交易是一种有效竞争，并且是一种"有用的"、"健康的"、"规范的"竞争。由于招标投标实行"三公"原则，因此，各行为主体很难开展"寻租"活动。招标投标属于公平有效的竞争，因此能激发人们正常的积极性、创造性以及牺牲精神和冒险精神，从而使交易中的竞争有效。所谓有效，就是真正做到优胜劣汰。之所以如此，其根本意愿是招标投标保障了竞争机制的充分发挥。在这种竞争动力的作用之下，投标人不能心存侥幸，而是要凭实力参加竞争。招标方式下的竞争结果，必然对所有参与竞争的投标人起到积极的促进作用。赢者要考虑如何保持竞争优势，输者则有必要进行反思，从自身寻找差距。各家企业可能各有其招，但是总的来说，都是靠不断地改善经营管理方式，加强经济核算，不断地进行技术革新，积极开发新产品，努力提高员工素质，提高劳动生产率，降低成本，节约开支，以最小的投入取得最大的产出。事实上，这就是一个资源优化配置的过程。企业只有在公平规范的市场竞争中注重"练内功"，才会有直接的回报。而只有当竞争真正能够导致优胜劣汰时，作为市场主体的企业才会积极投资投身于生产性的、能够增进社会福利的活动，整个社会的资源才能得到优化配置。

招标投标的"三公"原则，能强化各种监督制约机制，深化体制改革。当前，一些地方的招标过程就引入纪检、监察、政协、公证等社会力量，这是在推广招标投标制度过程中的创新。招标投标过程中贯彻实施的《中华人民共和国政府信息公开条例》，使招标投标过程的信息资源公开，有利于促进社会公平，从而实现社会经济的良性发展。

2) 规范市场竞争，促进规范交易

招标投标机制有助于解决交易市场无序竞争、过度竞争或缺乏竞争的问题，促进建立统一、开发、竞争、有序的市场体系。招标投标制度规范了经济行为，这对鼓励人们勤劳致富、摒弃投机取巧、力戒浮躁、净化社会环境、促进精神文明建设，都将起到积极的作用。

市场经济本质上是一种自由竞争性经济。作为市场主体的企业，在参与市场竞争的过程中，往往动用一切可能的手段来获取更多的利润或更高的市场占有率。在这些手段中，有价格方面的(如搞价格协定、指导价格、默契价格等)，也有非价格的(如广告宣传、促销活动)，甚至还包括一些非法行为。在市场发育并不完全、法律体系尚不完善、信息传递相对落后的市场经济初级发展阶段，市场竞争行为可能会处于不正常的状态。而招标投标制度恰好能破解这些非正常竞争行为，促进规范交易的进行。招标投标制度的每一个步骤都公开，规则透明，交易结果公平，评审过程实行专家打分制度，业主、代理机构、评标专家、监督方各自独立。招标投标的特点是交易标的物和交易条件的公开性和事先约定性。因此，招标投标能有效地规范市场交易行为，对净化行业风气，促使企业遵循诚实经营、信守诚信具有重要的意义。

3) 降低交易运费和社会成本

市场经济体系成熟完善的标志，不仅包括市场主体的行为规范，还应包括交易双方都可以通过最便捷的方式平等地获取市场交易的信息。任何交易行为都存在买卖双方。所谓交易费用，就是交易双方为完成交易行为所需付出的经济代价。新古典经济活动中不存在"阻力"，亦即交易费用假设为零。而事实上，交易费用(交易双方的搜索费用、谈判费用、运输费用等)不但存在，不可忽略，而且往往起着决定性作用。由于采购信息的公开，竞争的充分程度大为提高。我们知道，交易费用的高低是和竞争的充分程度相关的。竞争得越充分，交易费用越低。这是因为，充分竞争使得买卖双方都节约了大量的有关价格形成、避免欺诈、讨价还价以及保证信用等方面的费用。

招标投标是市场经济条件下一种有组织、规范的交易行为。它的第一个特点就是公开，而公开的第一个内容就是交易机会的所在。按照招标投标的惯例，采购人若以招标的方式选择交易对方，必须首次以公告的方式公开采购内容，同时辅以招标文件，详细说明交易的标物以及交易条件。在买方市场的条件下公开交易机会，可以极大地缩短对交易对方的搜索过程，节约搜索成本，同时也使得市场主体可通过平等和最便捷的方式索取市场信息。目前，为规范建筑工程交易行为，招标投标信息往往都在互联网上进行公布，各地方政府、工程交易中心、招标代理机构、政府采购网站也都发布招标信息，公布招标结果，信息公开已成为常态。由于信息发布的快捷、经济、方便，使搜索招标信息变得非常容易。

公开招标的全面实施还在解决国有资金、保障国有资金有效使用方面起到了积极作用。招标投标还能降低其他无谓的"公关费用"和市场开拓费用，从而降低社会的总运行成本。例如，据广东省佛山市统计，2008 年，佛山市建设工程交易中心办理各类招标项目 1290 项，工程预算总额 120.41 亿元，中标交易 113.19 元，节省投资 7.22 亿元。

4) 完善价格机制，真实反映市场传导

经济学常识告诉人们，市场机制通过供求的相互作用，把与交易有关的必要信息集中反映到价格之中。由于市场价格包含全部必要的信息，因此市场主体根本价格变动而做的调节，不仅对自身有利，同时对整个社会也有利。但是，我们还知道，市场机制作为一个理想的模型，其前提是完全竞争。市场的均衡价格是供求双方抗衡的结果。为使这种抗衡有意义，买卖双方必须"势均力敌"。假若一方对另一方占有压倒优势，抗衡便名存实亡，所产生的价格也就不可能正确反映社会的供求状况，因而也就不可能最优地配置有限的社会资源。

交易双方信息的不完整和不对称常常导致不公平交易，而不公平交易势必造成资源浪费或资源配置失误。当卖方有较完整的信息，而买方有不完整的信息时，竞争就不对称，市场价格便不能将有关信息全部反映出来。例如，如果买方对商品质量无法检测区别，那么质量下降这一变动就不能通过竞争反映到价格中去，即价格并不因质量下降而下跌。这种一方掌握着另一方所没有的信息的情况，称为信息不对称。在信息不对条件下，价格机制就不能有效率地配置资源，因为价格已经不能作为一个有效的信号工具，市场机制也因此而失效。

当某一机制在特定的信息条件下无法胜任协调经济活动的使命时，其他更有效的机制便应运而生，并取而代之。在信息不对称条件下，市场机制有着严重的缺陷，于是其他非价格机制便应运而生，其中之一便是招标投标机制。

招标投标机制是市场经济的产物，同时也是信息时代的产物。在市场经济条件下，社会资源的优化配置与组合大多是在市场交易过程中实现的。潜在交易对方的搜索，只是交易行为最初始的信息交流，交易结果是否符合社会资源优化配置的原则，还取决于交易双方是否在信息相对对称的条件下成交的。

招标投标机制可以促使交易双方沟通信息并有效地缩短沟通的过程。招标投标过程实际上是一个有效解决交易双方信息不对称矛盾的过程。机电产品采购实行招标的实践充分说明了这一点。自从招标这一采购方式被采用至今，国际上已经形成了一套相对固定的操作模式。多年来，机电产品招标代理机构借鉴这套做法，并在招标的具体操作过程中结合实际进行了积极的探索，逐步摸索出了投标前进行技术的方法，以此来解决交易双方信息不对称的矛盾。招标前技术交流的方法，使买方有机会比较全面地并且低成本地搜索世界先进的技术信息并加以利用。

招标投标方式有助于解决交易双方信息不对称矛盾的另一方面是：相对于单独商务谈判来说，投标商在投标过程中所承受的压力要大得多，对整个竞争态势更是有切肤之感，在这种重压之下，投标商为了在竞争中保持优势，以期最后赢得合同，就不得不主动提供有关自己产品的各种信息。因此，在信息对称的条件下，买方才能作出正确的选择，交易才能公平，资源才能得到优化配置。

5) 优选中标方案，提高社会效益

对于传统的交易方式，最明显的不足是采购信息未能在最广泛的范围内传播，买方只能同有限的卖家进行谈判，完成所谓的"货比三家"这一过程后就拍案成交。相比之下，采用招标方式进行采购，业主或受委托的专职招标代理机构必须按规定公开采购信息及标的物。一项招标活动可能有数十家投标人从事竞争，业主单位或用户单位能够从数十家单位中选择报价低的、方案优的、售后服务好的单位中标，从而形成最广泛、最充分、最彻底的竞争。尽管招标投标制度不能保证每次都能选择方案最好、报价最低的方案。但并不能因此而认定招标投标制度就不是好的制度。运用招标投标交易方式进行采购，其结果不仅使特定的采购决策能够符合资源优化配置的原则，而且采购到的标的物也会物美价廉。事实上，每次招标投标的结果都传达了比较真实的价格信息，竞争越是充分、完全，价格信息越趋真实准确，最终促进社会资源的优化配置。

招标投标应用在不同的领域，其功能或目的也是完全相同的。有关招标的研究资料表明，最初的招标，是在买方市场的条件下，具体买家所采取的一种交易方式，其基本目的只是为了降低购买成本，用现在的话来说就是追求的只是经济效益。社会效益也许是客观存在的，但当时的人们并没有去发现它，因此也未去计较或追求它。

招标投标产生于商品经济体制下，并在市场经济体制下日趋完善。通过考查招标投标的起源不难发现，最早采用招标方式进行采购的目的是为了降低成本，其具体的手段是营造规范公平的竞争局面。这时候招标的目的和手段都是比较单一的，人们对招标投标的认识也同样比较简单。即使到了今天，许多人谈及招标投标，也只是了解或认为其只是可能降低价格。虽然这样的看法并不全面，但却也道出了招标投标最基本的目的和作用。在招标投标日趋完善的过程中，人们发现，运用招标投标所带来的结果不仅仅是降低一次特定采购的成本，事实上它也产生了对买方甚至整个社会都有益的综合效益——使资源得到优化配置。这一发现使得人们更为积极主动地运用招标投标机制。所谓主动，就是将社会所需要的综合效益，如规范市场行为、优化社会资源配置等，作为利用招标投标的目标去追求。

市场机制作为一个理想的模型，其前提是完全竞争。完全竞争市场的条件之一是完全信息，即买卖双方都完全明了所交换商品的各种特性。但是，在现实生活中，完全竞争市场所假设的前提条件是不可能充分存在的，它只是一种抽象理论。任何经济机制都是在不完全信息条件下运转的，市场机制也不例外。

上述的常识告诉我们两个简单的道理：一是自由竞争具有定价功能；二是导致价格准确反映社会供求状况的竞争有助于社会资源的优化配置。

小 知 识

招标方式下的采购，尤其是在有专职招标代理机构介入的情况下，竞争相对要更加完全。专职招标机构的信息发布渠道，以及由于自身工作需要所积累的信息和驾轻就熟的信息搜集网络，远比单一买方对交易对方"临时抱佛脚"式的搜寻要来得充分、彻底，由此就有可能营造出充分竞争的氛围。因为，卖方的增多，对竞争起到一种"自乘"作用，使竞争加剧；再者，招标机构的介入使单一的买方成为整个买方群体中的一员，也使卖方对潜在的需求有了更为清晰的了解，尤其是对潜在的利润有了更多的企盼，这一份企盼对竞争同样起到催化剂的作用。相对买方自行比价谈判采购而言，此时的竞争要激烈得多，造成的价格下降幅度也要大得多。招标代理过程中始终处于主动地位。在这种竞争态势之下，作为竞争结果的价格就能比较准确地反映出供求状况，对社会资源流动提供的导向信息也是正确的。

总之，招标投标制度在维护市场秩序、促进公平竞争、保障工程质量、提出投资效益、遏制腐败和不正之风等方面发挥了积极的作用。

2.2 招 标 概 述

2.2.1 建筑工程招标人

建设工程招标人是指依法提出招标项目，进行招标的法人或者其他组织。通常为该建设工程的投资人即项目业主或建设单位。建设工程招标人在建设工程招标投标活动中起主导作用。

在我国，随着投资管理体制的改革，投资主体已由过去单一的政府投资发展为国家、集体、个人多元化投资。与投资主体多元化相适应，建设工程招标人也多种多样，包括各类企业单位、机关、事业单位、社会团体、合作企业、个人独资企业和外国企业以及企业的分支机构等。

1. 建设工程招标人的招标资质

建设工程招标人的招标资质(又称招标资格)是指建设工程招标人能够自己组织招标活动所必须具备的条件和素质。由于招标人自己组织招标是通过其设立的招标组织进行的，因此，招标人的招标资质实质上就是招标人设立的招标组织的资质。建设工程招标人自行办理招标必须具备的两个条件是：①有编制招标文件的能力；②有组织评标的能力。从条件要求来看，主要是指招标人必须设立专门的招标组织；必须有与招标工程规模和复杂程度相适应的工程技术、预算、财务和工程管理等方面的专业技术力量；有从事同类工程建设招标的经验；熟悉和掌握招标投标法及有关法规规章。凡符合上述要求的，招标人应向招标投标管理机构备案后组织招标。招标投标管理机构可以通过申报备案制度审查招标人是否符合条件。招标人不符合上述条件的，不得自行组织招标，只能委托招标代理机构代理组织招标。

对建设工程招标人招标资质的管理，目前国家也只是通过向招标投标管理机构备案进行监督和管理，没有具体的等级划分和资质认定标准。随着建设工程项目招标投标制度的进一步完善，招标资质的管理和资质认定标准将会更为规范。

2. 建设工程招标人的权利和义务

1) 建设工程招标人的权利

(1) 自行组织招标或者委托招标的权利。招标人是工程建设项目的投资责任者和利益主体，也是项目的发包人。招标人发包工程项目，凡具备招标资格的，有权自己组织招标，自行办理招标事宜；不具备招标资格的，则由委托具备相应资质的招标代理机构代理组织招标、代为办理招标事宜的权利。招标人委托招标代理机构进行招标时，享有自由选择招标代理机构并核验其资质证书的权利，同时享有参与整个招标过程的权利，招标人代表有权参加评标组织，任何机关、社会团体、企事业单位和个人不得以任何理由为招标人指定或变相指定招标代理机构，招标代理机构只能由招标人选定。在招标人委托招标代理机构代理招标的情况下，招标人对招标代理机构办理的招标实务要承担法律后果，因此不能委托了事，还必须对招标代理机构的代理活动，特别是评标、定标代理活动进行必要的监督，这就要求招标人在委托招标时仍需保留参与招标全工程的权利，其代表可以进入评标组织，作为评标组织的组成人员之一。

(2) 进行招标资格审查的权利。对于要求参加投标的潜在投标人，招标人有权要求其提供有关资质情况的资料，进行资格审查、筛选，拒绝不合格的潜在投标人参加投标。

(3) 择优选定中标人的权利。招标的目的是通过公开、公平、公正地市场竞争，确定最优中标人。招标过程其实就是一个优选过程。择优选定中标人，就是要通过评标组织的评审意见和推荐建议，确定中标人。这是招标人最重要的权利。

(4) 享有依法约定的其他各种权利。

建设工程招标人的权利依法确定，法律、法规无规定时则依双方约定，但双方的约定不得违法或损害社会公共利益和公共秩序。

2) 建设工程招标人的义务

(1) 遵守法律、法规、法章和方针、政策。建设工程招标人的招标活动必须依法进行，违法或违规、违章的行为不仅不受法律保护，而且还要承担相应的法律责任。遵纪守法是建设工程招标人的首要义务。

(2) 接受招标投标管理机构管理和监督的义务。为了保证建设工程招标投标活动公开、公平、公正，建设工程招标投标活动必须在招标投标管理机构的行政监督管理下进行。

(3) 不侵犯投标人合法权益的义务。招标人、投标人是招标投标活动的双方，他们在招标投标中的地位是完全平等的，因此招标人在行使自己权利的时候，不得侵犯投标人的合法权益，不得妨碍投标人公平竞争。

(4) 委托代理招标时向代理机构提供招标所需资料、支付委托费用等义务。

招标人委托招标代理机构进行招标时，应承担的义务主要有：第一、招标人对于招标代理机构在委托授权的范围内所办理的招标事务的后果直接接受并承担民事责任；第二、招标人应向招标代理机构提供招标所需的有关资料，提供为办理受托事务所必需的费用。第三、招标人应向招标代理机构支付委托费或报酬；支付委托费或报酬的标准和期限以法律规定或合同的约定。第四、招标人应向招标代理机构赔偿招标代理机构在执行受托任务中非因自己过错所遭受的损失。

(5) 保密的义务。建设工程招标投标活动应当遵循公开原则，但对可能影响公平竞争的信息，招标人必须保密。招标人设有标底的，标底必须保密。

(6) 与中标人签订并履行合同的义务。招标投标的最终结果，是择优确定中标人，与中标人签订并履行合同。

(7) 承担依法约定的其他各项义务。在建设工程招标投标过程中，招标人与他人依法约定的义务，也应认真履行。

2.2.2　建筑工程招标代理机构

建设工程招标代理机构是指受招标人的委托，代为从事招标组织活动的中介组织。它必须是依法成立，从事招标代理业务并提供相关服务，实行独立核算、自负盈亏，具有法人资格的社会中介组织，如工程招标公司、工程招标(代理)中心、工程咨询公司等。

我国是从20世纪80年代初开始进行招标投标活动的，最初主要是利用世界银行贷款进行的项目招标。由于一些项目建设单位对招标投标知之甚少，缺乏专门人才和技能，一批专门从事招标业务的机构产生了。1984年成立的中国技术进口总公司国际招标公司(后改为中技际招标公司)是我国第一家招标代理机构。随着招标投标事业的不断发展，国际金融组织和外国政府贷款项目招标、进口机电设备招标、国内成套设备招标等行业都成立了专职的招标机构，在招标投标活动中发挥了积极的作用。目前全国共有数百家专门从事招标代理业务的机构。这些招标代理拥有专门的人才和丰富的经验，对于那些初次接触招标。招标项目不多或自身力量不足的单位来说，具有很大的吸引力。随着招标投标工作在我国的开展，招标代理机构发展很快，数量呈不断上升趋势，在建设工程招标投标中发挥着越来越重要的作用。

1. 建设工程招标代理概述

1) 建设工程招标代理的概念

建设工程招标代理是指建设工程招标人将建设工程招标事务委托给相应中介服务机构，由该中介服务结构在招标人委托授权的范围内以委托的招标人的名义同他人独立进行建设工程招标投标活动，由此产生的法律效果直接归属于委托的招标人的一种制度。这里，代替他人进行建设工程招标活动的中介服务机构，称为代理人；委托他人代替自己进行建设工程招标活动的招标人，称为被代理人(本人)；代理人进行建设工程招标活动的人，称为第三人(相对人)。可见建设工程招标代理关系包含着 3 方面的关系：一是被代理与代理人之间基于委托授权而产生的一方在授权范围内以他方名义进行招标事务，他方承担其行为后果的关系；二是代理人与第三人(相对人)之间做出或接受有关招标事务的意思表示的关系；三是被代理人与第三人(相对人)之间承受招标代理行为法律效果的关系。其中，被代理人与第三人(相对人)之间因招标代理行为所产生的法律效果归属关系，是建设工程招标代理关系的目的和归宿。

2) 建设工程招标代理的特征

建设工程招标代理行为具有以下几个特征。

(1) 建设工程招标代理人必须以被代理人的名义办理招标事务。

(2) 建设工程招标代理人具有独立进行意思表示的职能，这样才能使建设工程招标活动得以顺利进行。

(3) 建设工程招标代理行为，应在委托授权的范围内实施。这是因为建设工程招标代理在性质上是一种委托代理，即基于被代理人的委托授权而发生的代理。建设工程中介服务机构未经建设工程招标人的委托授权，就不能进行被代理，否则就是无权代理。建设工程中介服务机构已经建设工程招标人委托授权的，不能超出委托授权的范围进行代理，否则也是无权代理。

(4) 建设工程招标代理行为的法律效果归属于被代理人。

(5) 建设工程招标代理机构的资质。建设工程招标代理机构的资质是指从事招标代理活动应当具备的条件和素质，包括技术力量、专业技能、人员素质、技术装备、服务业绩、社会信誉、组织机构和注册资金等几个方面要求。招标代理人从事招标代理业务，必须依法取得相应的招标资质等级证书，并在其资质等级证书许可的范围内展开相应的招标代理业务。

我国对招标代理机构的条件和资质有专门规定。招标代理人应当具备下列条件：①有从事招标代理业务的营业场所和相应资金；②有能够编制招标文件和组织评标的相应专业力量；③有可以作为评标委员会成员人选的技术、经济等方面的专家库；④有健全的组织机构和内部管理的规章制度。

由于建设工程招标必须在固定的建设工程交易的场所进行，因此该固定场所(即建设工程交易中心)所设立的专家库，可以作为各类招标代理人直接利用的专家库，招标代理人一般不需另建专家库。从事工程建设项目招标代理业务的招标代理人，其资质由国务院或省、自治区、直辖市建设行政主管部门认定。工程招标代理机构资质分位甲、乙级。

招标代理机构从事招标代理业务，必须在其资质等级证书许可的范围内进行。甲级招标代理资质证书的业务范围是代理任何建设工程的全部(全过程)或部分招标工作。乙级招标代理资质证书的业务范围是代理总投资在 3000 万元以下的建设工程的全部(全过程)或部分招标工作。这里,代理全部(全过程)招标工作是指招标代理参与招标的全过程活动,主要包括招标咨询、提供招标方案、组织现场勘察、解答或询问工程现场条件、代编招标文件、代编标底、负责答疑、组织开标、进行招标总结等。代理部分招标工作是指招标代理机构代理参与上述招标活动中的一项或数项事务,如只负责招标有关事宜的咨询,或只代编招标文件等。

3) 建设工程招标代理机构的权利和义务

(1) 建设工程招标代理机构的权利。

建设工程招标代理机构的权利主要有以下几项。

① 组织和参与招标活动。招标人委托代理人的目的,是让其代替自己办理有关招标事务、组织和参与招标活动,既是代理人的权利,也是代理人的义务。

②依据招标文件要求,审查投标人资质。代理人受委托后即有权按照招标文件的规定,审查投标人资质。

③ 按规定标准收取代理费用。建设工程招标代理人从事招标代理活动,是一种有偿的经济行为,代理人要收取代理费用。代理费用由被代理人与代理人按照有关规定在委托代理合同中协商确定。

④ 招标人授予的其他权利。

(2) 建设工程招标代理机构的义务。

建设工程招标代理机构的义务主要有以下几项。

① 遵守法律、法规、规章和方针、政策。建设工程招标代理机构的代理活动必须依法进行,违法或违规、违章的行为,不仅不受法律保护,而且还要承担相应的法律责任。

② 维护委托的招标人的合法权益。代理人从事代理活动,必须以维护委托的招标人的合法权利和利益为根本出发点和基本的行为准则。因此,代理人承接代理业务、进行代理活动时,必须充分考虑到保护委托的招标人的利益问题,始终把维护委托的招标人的合法权益放在自己从事代理工作的首位。

③ 组织编制,解释招标文件,对代理过程中提出的技术方案、计算数据、技术经济分析结构等的科学性、正确性负责。

④ 接受招标投标管理机构的监督管理和招标行业协会的指导。

⑤ 履行依法约定的其他业务。

2.2.3 招标的内容

1. 建筑工程项目招标的特点

建筑工程项目招标的目的是在工程建设各阶段、各环节引入竞争机制,择优选定咨询、勘察、设计、监理、建筑施工、装饰装修、设备安装、材料设备供应或工程总承包等单位,以提供优质高效的服务,控制和降低工程造价,节约建设投资,确保工程质量和施工安全,缩短建设周期。因此,建筑工程项目招标有以下特点。

1) 遵章行事、有法可依

为了适应社会主义市场经济体制的需要,更好地与世界经济接轨,保护国家、社会和招标投标活动当事人的合法权益，提高经济效益，保证项目质量，我国于 1999 年 8 月 30 日通过了《招标投标法》。随着工程项目建设的不断发展，结合各地的实际情况，中央、各部委、地方相继出台了各项工程招标投标管理办法，建立了招标投标交易的有形市场，并设立了监督管理机构，出台了相应的监督管理办法。

2) 公开、公平、公正

各级政府为了建立规范有形的建筑市场，设立了非营利性的服务、监督、管理的建筑工程交易中心，统一发布建筑工程招标信息，并打破地域垄断，使具备相应资质的潜在投标企业均可备案报名投标。这样就监督了招标程序是否严格合法，使开标公开，中标公示，评委在交易中心专家库中随机抽取，评标过程封闭保密。

3) 平等交易

长期以来，我国建筑市场的施工单位为承揽工程业务而处于被动地位。在实施《招标投标法》以后，通过有形的建筑市场交易，在招标公告和招标文件中将规则事先订立，让发包、承包双方具备了双向选择，使招标投标在平等的前提下公开进行，符合合同法中合同主体平等自愿的原则。

2. 建筑工程项目招标的分类

建筑工程项目招标，依据不同的分类方法有不同的种类。

1) 按建筑工程建设程序分类

按建筑工程建设的程序分类，建筑工程项目招标可以分为建设项目可行性研究招标、工程勘察设计招标、施工招标、材料设备采购招标。

2) 按产品性质分类

按照招标的产品性质分类，建筑工程项目招标可以分为服务招标、施工招标和采购招标。

(1) 服务招标。如建设项目可行性研究招标、环境影响招标、工程勘察设计招标、工程造价咨询招标、工程监理招标、维护管理招标、代建管理招标。

(2) 施工招标。如土建施工招标、装饰工程招标、设备安装招标、修缮工程招标。

(3) 货物或设备招标。如材料采购招标、设备采购招标等。

3) 按建设项目组成分类

按建设项目的组成分类，建筑工程项目招标可以分为建设项目招标、单项工程招标、单位工程招标、分部工程或分项工程招标。

4) 按建筑工程承包模式分类

按建筑工程承包模式分类，建筑工程项目招标可以分为总承包招标、专项工程承包招标。

5) 按建筑工程的招标范围分类

按建筑工程的招标范围分类，建筑工程项目招标可以分为国内工程招标、境内国际工程招标、国际工程招标等。

3. 建筑工程项目招标的基本原则

《招标投标法》第五条规定："招标投标活动应当遵循公开、公平、公正和诚实信用的原则。"可见，建筑工程招标应遵循以下基本原则。

1) 公开原则

公开原则就是招标活动要具有较高的透明度，在招标过程中要将招标信息、招标程序、评标办法、中标结果等按相关规定公开。

(1) 招标信息公开。招标活动的公开原则,首先就是要将工程项目招标的信息公开。依法必须招标的工程项目,应当在国家或者地方指定的报刊、信息网络或者其他媒介上发布招标公告,并同时在中国工程建设信息网上发布招标公告。现阶段,各级地方政府网站或指定的建设工程交易中心网站可以发布工程项目招标公告。招标公告应当载明招标人的名称和地址,以及招标工程的性质、规模、地点和获取招标文件的办法等事项。如果要进行资格预审,要求将资格预审所需提交的材料和资格预审条件载明于公告中。

采用邀请招标方式的,应当向3个以上符合资质条件的施工企业发出投标邀请书,并将公开招标公告所要求告之的内容在邀请书中予以载明。招标公告(或招标邀请书)内容要包括让潜在投标人决定是否参加投标竞争所需要的信息。

(2) 招标投标条件公开。招标人必须将建筑工程项目的资金来源、资金准备情况、项目前期工作进展情况、项目实施进度计划、招标组织机构、设计及建立单位、对投标单位的资格要求向社会公开,以便潜在投标人决定是否参加投标和接受社会监督。

(3) 招标程序公开。招标人应在招标文件中将招标投标程序和招标投标活动的具体时间、地点、安排注明清楚,以便投标人准时参加各项招标投标活动,并对招标投标活动加以监督。开标应当公开进行,开标的时间和地点应当与招标文件中预先确定的相一致。开标由招标人主持,邀请所有投标人和监督管理相关单位代表参加。招标人把在招标文件要求提交投标文件的截止时间前收到的所有密封完好的投标文件进行开标,开标时都应当众予以拆封、宣读,并做好记录以便存档备查。

(4) 评标办法和标准公开。评标办法和标准应当在招标文件中载明,评标应严格按照招标文件确定的办法和标准进行,不得将招标文件未列明的其他任何标准和办法作为评标依据。招标人不得与投标人价格、投标方案等实质性内容进行谈判。

(5) 招标结果公开。评标委员会根据评标结果推荐1~3个中标候选人并进行排序,招标人应当确定排名第一的中标候选人为中标人。原建设部建市[2005]208号第六条规定,在中标通知书发出前,要将预中标人的情况在该工程项目招标公告发布的同一信息网络和建设工程交易中心予以公示,并且公示的时间最短不应少于2个工作日。

确定中标人必须以评标委员会出具的评标报告为依据,严格按照法定的程序在规定的时间内完成,并向中标人发出中标通知书。

2) 公平原则

公平原则就是招标投标过程中所有的潜在投标人和正式投标人均享有同等的权利、履行同等的义务,并采用统一的资审条件、评标办法和评标标准来进行评审。对于招标人来说,就是要严格按照《招标投标法》和相应的招标投标管理条例规定的招标条件、程序要求办事,给所有的潜在投标人或正式投标人平等的机会,不得以不合理的条件限制或者排斥潜在投标人,不得对潜在投标人实行歧视待遇。招标人应当根据招标项目的特点和需要编制招标文件,不得提出与项目特点和需要不相符或过高的要求来排斥潜在投标人。招标文件中规定的各项技术标准均不得要求或标明某一特定的专利、商标、名称、设计、原产地或生产供应者,不得含有倾向或者排斥潜在投标人的其他内容。招标人应将招标文件答疑和现场踏勘答疑或者把文件的补充说明等以书面形式通知所有购买招标文件的潜在投标人。

招标人不得向他人透露已获取招标文件的潜在投标人的名称、数量以及可能影响公平竞争的有关招标投标的其他情况。招标人不得限制投标人之间的竞争，所有投标人都有权参加开标会议并对开会工程和结果进行鉴证。

对于投标人，不得相互串通投标报价，不得组织排斥其他投标人的公平竞争，损害招标人或者其他投标人的合法权益。投标人不得与招标人串通投标而损害国家利益、社会公共利益或者他人的合法权益。

3) 公正原则

在招标过程中，招标人的行为应当公正，对所有的投标竞争者都应平等对待，不能有特殊倾向。建设行政主管部门要依法对工程招标投标活动实施监督，严格执法，秉公办事，不得对建筑市场违法设障，实行地区封锁以及进行部门保护等行为，不得以任何方式限制或者排斥本地区、本系统以外的企业参加投标。评标时，评标标准和评标办法应当严格执行招标文件的规定，不得在评标时修改、补充。对所有在投标截止时间后送到的投标书及密封不完好的投标书都应拒收。投标人或者投标主要负责人的近亲属、项目主管部门、行政监督部门的人员，以及与投标人有经济利益或者其他社会关系等可能影响投标人文件公正评审的人员，不得作为评标委员会的成员。评标委员会成员不得发表任何具有倾向性、诱导性的见解，不得对评标委员会其他成员的评审意见施加任何影响。任何单位和个人不得非法干预、影响评标的过程和结果。

4) 诚实信用原则

遵循诚实信用原则，就是要求招标投标当事人在招标投标活动中应当以诚实守信的态度行使权力、履行义务，不得通过弄虚作假、欺骗他人来争取不正当利益，不得损害对方、第三者或者社会的利益。在招标投标活动中，招标人应当将过程项目实际情况和招标投标活动的程序、安排准确及时地通知投标人，不得暗箱操作，应将合同条款在招标文件中明确并应按事前说明的合同条款与中标人签订合同，不得搞"阴阳合同"，应实事求是地答复投标人对招标文件或踏勘现场提出的疑问。对投标人而言，投标人不得相应串通投标报价，不得排挤其他投标人的公平竞争，不得以低于成本的报价竞标；中标后，应按投标承诺组织机构人员到位，组织机械设备、劳动力及时到位，确保过程质量、安全、进度达到招标文件或投标承诺的要求；不得违反法律规定而将中标项目转包、分包。2005年8月，原建设部颁发的《关于加快推进建筑市场信用体系建设工作的意见》规定，要对建筑市场各主体在执行法定程序、招标投标交易、合同签订履行，业主过程款支付、农民工工资支付、质量安全管理等方面，提出应达到的最基本诚信要求，并要求地方建设行政部门制定相应的诚信管理办法和失信惩戒办法，招投标人必须遵循。

4. 建筑工程项目招标的主体

建筑工程项目招标的主体即招标人，是指依照《招标投标法》的规定提出建筑工程招标项目进行招标的法人或者其他组织。

1) 法人

招标投标活动中的招标主体主要是法人。法人是指具有民事权利能力和民事行为能力，依法独立享有民事权利和承担民事义务的组织。法人包括企业法人、事业单位法人、机关法人和社会团体法人。法人应当具备以下条件。

(1) 依法成立。

(2) 有必要的财产或者经费。

(3) 有自己的名称、组织机构和场所。

(4) 能独立承担民事责任。

2) 其他组织

其他组织是指法人以外的组织，包括法人的分支机构、不具备法人的分支机构、不具备法人资格的联营体，以及合伙企业、个人独资企业。这些组织应当是合法成立，有一定的组织机构和财产，但不具备法人资格的组织。

原国家发展计划委员会(现国家发展和改革委员会)颁布的《工程建设项目自行招标试行办法》唯一规范工程项目招标人自行招标，对招标人作出了相应的要求，具体包括以下几方面。

(1) 具体项目法人资格(或者法人资格)。

(2) 具体与招标项目规模和复杂程序相适应的工程技术、概预算、财务和工程管理等方面的专业技术力量。

(3) 有从事同类工程建设项目招标的经验。

(4) 设有专门的招标机构或者拥有 3 名以上专职招标业务人员。

(5) 熟悉和掌握招标投标法及有关法规规章，并要将相关资料报国家计划部门审查核准。不具备自行招标条件时，招标人应当委托具有相应资格的工程招标代理机构代理招标。

5. 建筑工程项目招标的条件

《招标投标法》第九条规定："招标项目按照国家有关规定需要履行项目审批手续的，应当先履行审批手续，取得批准。招标人应当有进行招标项目的相应资金来源已经落实，并应当在招标文件中如实载明。"对于工程项目不同性质和不同阶段的招标，招标条件应有所侧重。

1) 公路工程施工招标的条件

对于公路工程，可以进行施工招标的条件有以下几个。

(1) 初步设计和概算文件已经审批。

(2) 项目法人已经确定，并符合项目法人这个标准要求。

(3) 建设资金已经落实。

(4) 已正式列入国家或地方公路基本建设计划。

(5) 征地拆迁工作基本完成或落实，能保证分段连续施工。

2) 房屋建筑工程施工招标的条件

对于房屋建筑工程，可以进行施工招标的条件有以下几个。

(1) 建设项目已经正式列入国家、部门或地方的年度固定资产投资计划。

(2) 建设用地的征地工作已经完成，并取得建设用地批准通知书或国有土地使用证。

(3) 建设方案和初步设计通过部门审批，取得建设工程规划许可证。

(4) 设计概算已经批准。

(5) 已有审查通过并满足施工需要的施工图样及技术资料。

(6) 建设资金和主要材料、设备的来源已经落实。

(7) 施工现场"三通一平"已经完成或列入施工招标范围时具备交付施工的场地条件。

3) 勘察、设计项目招标的条件

(1) 按照国家有关规定需要履行项目审批手续的，已履行审批手续，取得批准。

(2) 勘察设计所需资金已经落实。

(3) 所必需的勘察设计基础资料已经收集完成。

(4) 法律、法规规定的其他条件。

4) 建筑工程设备或货物招标的条件

(1) 招标人已经依法成立。

(2) 按照国家有关规定应当履行项目审批、核准或者备案手续，已经审批、核准或者备案。

(3) 有相应资金或者资金来源已经落实。

(4) 能够提出货物的使用与技术要求。

6. 建筑工程施工项目招标的无效情形

按照相关规定，在下列情况下，建筑工程项目招标无效。

(1) 未在指定的媒介发布招标公告。

(2) 邀请招标不依法发出投标邀请书。

(3) 自招标文件或资格预审文件出售之日起至停止出售之日止，少于5个工作日的。

(4) 依法必须招标的项目，自招标文件开始发出之日起至提交投标文件截止之日止，少于20日的。

(5) 应当公开招标而不公开招标的。

(6) 不具备招标条件而进行招标的。

(7) 应当履行核准手续而未履行的。

(8) 不按项目审批部门核准内容而进行招标的。

(9) 在提交投标文件截止后接受投标文件的。

(10) 投标人数量不符合法定要求而又不重新招标的。

 小 知 识

被认定为招标无效的建筑工程施工项目，应依法重新招标。

2.3 招 标 方 式

2.3.1 招标方式的分类

1. 国际上采用的招标方式

目前，国际上采用的招标方式归纳起来有三大类别、四种方式。

1) 竞争性招标(Intenational Competitive Bidding)

竞争性招标是指招标人在国内外主要报纸、刊物、网站等发布招标广告，邀请几个乃至十几个投标人参加投标，通过多数投标人竞争，选择其中对招标人最有利的投标人成交。它属于兑卖的方式。

(1) 公开招标 (Open Bidding)。公开招标是一种无限竞争招标(Unlimited Competitive

Bidding)。采用这种做法时，招标人在国内外主要报刊上刊登招标广告，凡对该项招标项目感兴趣的投标人均有机会购买招标文件进行投标。这种方式可以为所有有能力的投标人提供一个平等的机会，招标人也有较大的选择余地挑选一个比较理想的投标人。就工程领域来说，建筑工程、工程咨询、建筑设备等大都选择这种招标方式。

(2) 选择性招标(Selected Bidding)。选择性招标又称为邀请招标，是有限竞争性招标(Limited Competitive Bidding)。采用这种做法时，招标人不必在公共媒体上刊登广告，而是根据自己累积的经验和资料或根据工程咨询公司提供的投标人情况，选择若干家适合的投标人，邀请其来参加投标。招标人一般邀请 5～10 家投标人进行资格预审，然后由符合要求的投标人进行投标。

2) 谈判招标(Negotiated Bidding)

谈判招标又称为议标或指定标。它是非公开进行的，是一种非竞争性的招标。谈判招标由招标人直接指定一家或几家投标人进行协商谈判，确定中标条件及中标价。这种招标直接进行合同谈判，谈判成功，则交易达成。该招标方式节约时间，容易达成协议，但无法获得有竞争力的报价。对建筑工程及建筑设备招标来说，这种招标方式适合于造价较低、工期短、专业性强或有特殊要求的军事保密工程等。

3) 两段招标(Two-stage Bidding)

两段招标是指无限竞争性招标和有限竞争性招标的综合方式，也可以称为两阶段竞争性招标。第一阶段按公开招标方式进行招标，先进行商务标评审，可以根据投标人的资产规模、企业资信、企业组织规模、同类工程经历、人员素质、施工机械拥有量等来选定入围的招标人。第二阶段是在经过开标评价之后，再邀请其中报价较低的或最有资格的 3～4 家招标人进行第二次报价，确定最后中标人。

从世界各国的情况来看，招标主要有公开招标和邀请招标两种方式。政府采购货物与服务以及建筑工程的招标，大部分采用竞争性的公开招标办法。

2. 国内采用的招标方式

《招标投标法》第十条规定：招标分为公开招标和邀请招标。根据我国相关法律的规定：公开招标是指招标人以招标公告的方式邀请不特定的法人或者其他组织投标；邀请招标是指招标人以投标邀请书的方式邀请特定的法人或者其他组织投标。但是，《政府采购法》第二十六条明确规定，政府采购采用以下方式。

1) 公开招标

《招标投标法》第十条明确规定："公开招标，是指招标人以招标公告的方式要求不特定法人或者其他组织投标。"公开招标是一种无限竞争性的招标方式，即由招标人(或招标代理机构)在公共媒体上刊登招标广告，吸引众多投标人参加投标，招标人从中择优选择中标人的招标方式。前面已经详细介绍过，公开招标是招标最主要的形式，一般情况下，如果不特别说明，一得到招标，人们就会默认为是公开招标。公开招标的本质在于"公开"，即招标全过程的公开，从信息发布开始，到招标澄清、回答质疑、评标办法、招标结果发布等，都必须通过公开的形式。也正是因为招标工程公开，招标人选择范围广，这种方式才受到社会的欢迎。

我国法律规定建筑工程必须进行招标的情况如下。《招标投标法》第三条规定，在中华人民共和国境内进行下列工程建设项目包括项目的勘察、设计、施工、监理以及与工程建设有关的重要设备、材料等的采购，必须进行招标：

大型基础设施、公用事业等关系社会公共利益、公众安全的项目。

(1) 全部或者部分使用国有资金投资或者国家融资的项目。

(2) 使用国际组织或者外国政府贷款、援助资金的项目。

前款所列项目的具体范围和规模标准，由国务院发展计划部门会同国务院有关部门制订，报国务院批准。法律或者国务院对必须进行招标的其他项目的范围有规定的，依照其规定。

可见，只要是大型的、公用的、国际组织或政府投资的，公共财政资金投资的建筑工程项目，必须进行招标。

2) 邀请招标

所谓邀请招标，是指招标人以投标邀请书的方式邀请特定的法人或者其他组织投标。

邀请招标的特点如下。

邀请招标方式一般具有的特点有：一是招标人在一定范围内邀请特定的投标人投标；二是邀请招标无需发布公告，招标人只要向特定的潜在投标人发出投标邀请书即可；三是竞争的范围有限，招标人拥有的选择余地相对较小；四是招标时间大大缩短，招标费用也相应降低。邀请招标由于在一定程度上能够弥补公开招标的缺陷，同时又能相对较充分地发挥招标的优势，因此也是一种使用较普遍的政府采购方式。为防止招标人过度限制招标人数量从而限制有效的竞争，使这一采购方式既适用于真正需要的情况又保证适当程度的竞争。《招标投标法》对其适用条件作出了明确规定。

邀请招标的适用范围如下。

《招标投标法》第十一条规定："国务院发展计划部门确定的国家重点项目和省、自治区、直辖市人民政府确定的地方重点项目不适宜公开招标的，经国务院发展计划部门或者省、自治区、直辖市人民政府批准，可以进行邀请招标。"所谓不适宜公开招标的，一般是指有保密要求或有特殊技术要求的招标。《政府采购法》对采用邀请招标方式进行了以下规定。

(1) 具有特殊性，只能从有限范围的供应商处采购。

(2) 采用公开招标方式的费用占政府采购项目总价值的比例过大的。

所谓具有特殊性，是指只能从有限范围的供应商处采购。这主要是指采购的货物或者服务由于其技术复杂或专门性质而具有特殊性，只能从有限范围的供应商处获得的情况。采用公开招标方式的费用占政府采购项目总价值的比例过大的，主要是指采购的货物或者服务价值较低，如采用公开招标方式所需时间和费用与拟采购项目的价值不成比例，即采用公开招标方式的费用占政府采购项目总价值的比例过大的情况，采购人只能通过限制投标人的数量来达到经济和效益的目的。由此可见，采用邀请招标方式采购的适用条件，其一为供应商数量不多的情形；其二为考虑到采购的经济有效目标。

(3) 竞争性谈判。

(4) 单一来源采购。

(5) 询价。

(6) 国务院政府采购监督管理部门认定的其他采购方式。

也就是说，公开招标是政府最主要的采购方式，但还有其他种类的采购方式，而《招标投标法》中只有公开招标和邀请招标两种方式。因此，《政府采购法》与《招标投标法》在采购方式的种类表述方面有一定的差异，它们在招标中的定位也有某些不同。这是因为，《政府采购法》和《招标投标法》制定的部门和时间不同，前者由财政部负责制定，后者由国家发展和改革委员会负责制定，但它们都经全国人大常委授权通过实施，其法律效力是相同的。在实际操作时，各地一般由财政资金所购买的服务、设备和中小型的建筑工程走政府采购渠道，依《政府采购法》比较多；由国家发展和改革委员会、住房和城乡建设部和地方建委(建设厅、局)立项的大、中型建设工程走建设工程交易的渠道，依《招标投标法》的比较多。无论哪种情况，只要是招标投标，都应符合《招标投标法》的规定，各地的操作只有一些细则的不同。本章将主要分析建筑工程公开招标和邀请招标的操作实务并以此进行案例分析。

2.3.2 公开招标与邀请招标的区别

1. 发布信息的方式不同

公开招标采用公告的形式发布，邀请招标采用投标邀请书的形式发布。

2. 选择的范围不同

公开招标因使用招标公告的形式，针对的是一切潜在的对招标项目感兴趣的法人或其他组织，招标人事先不知道投标人的数量。邀请招标针对的是已经了解的法人或其他组织，而且事先已经知道投标人的数量。

3. 竞争的范围不同

由于公开招标使所有符合条件的法人或其他组织都有机会参加投标，竞争的范围较广，竞争性体现得也比较充分，招标人拥有绝对的选择余地，容易获得最佳的招标效果。邀请招标中投标人的数量有限，竞争的范围也有限，招标人拥有的选择余地相对较小，既有可能提供中标的合同价，又有可能将某些在技术上或报价上更有竞争力的供应商或承包商遗漏。

4. 公开的程度不同

公开招标中，所有的活动都必须严格按照预先指定并为大家所知的程序、标准公开进行，大大减少了作弊的可能。相比而言，邀请招标的公开程度逊色一些，产生违法行为的机会也就多一些。

5. 时间和费用不同

由于邀请招标不发公告，招标文件只送几家，使整个招标投标的时间大大缩短，招标费用也相应减少。公开招标的程序比较多，从发布公告、投标人作出反应、评标，到签订合同，有许多时间上的要求，要准备许多文件，因而耗时较长，费用也比较高。

由此可见，两种招标方式各有千秋，从不同的角度比较，会得出不同的结论。在实际操作时，各国或国际组织的做法也不完全一致。有的未给出倾向性的意见，而是把自由裁量权交给了招标人，由招标人根据项目的特点，自主采用公开招标或邀请招标的方式，只要不违反法律规定，能最大限度地实现公开、公平、公正即可。例如，《欧盟采购指令》规定，如果采购金额达到法定招标限额，采购单位有权在公开招标和邀请招标自由选择。实际上，邀请招标在欧盟各国运用得非常广。世界贸易组织指定的《政府采购协议》也对两种方式孰优孰劣采取了未知可否的态度。但是，《世行采购指南》却把公开招标作为最能充分实现资金经济和效率要求的招标方式，并要求借款时应将公开招标作为最基本的采购方式，只有在公开招标不是最经济和有效的情况下，才可采用其他招标方式。

2.3.3　法律对规定的招标方式的要求

一项建筑工程和建筑设备的招标，既可以由建设部门主管的工程交易中心委托进行招标，也可以由财政部门主管的政府采购中心委托进行招标。那么，法律上到底是怎么规定招标方式的呢？

世界贸易组织指定的《政府采购协定》将公开招标、邀请招标规定为公共采购的招标方式。其中，公开招标、邀请招标两种方式为我国2000年实施的《招标投标法》所采用。我国2003年实施的《政府采购法》第三章的内容吸收了世界贸易组织指定的《政府采购协定》中的所有采购方法，包括招标和非招标方式。根据《政府采购法》的规定，货物、工程和服务除了公开招标还有邀请招标、竞争性谈判、询价等非公开招标方式。

小知识

2003 年 3 月 8 日，当时的国家发展和改革委员会与建设部、铁道部、交通部、信息产业部、水利部、民航总局共同颁布了《工程建设项目施工招标投标办法》。2005 年 7 月 14 日，由国家发展改革委员会再一次牵头，与财政部、建设部、铁道部、交通部、信息产业部、水利部、商务部、民航总局等 11 个部门联合颁布了《招标投标部际协调机制暂行办法》（以下简称为《办法》）。《办法》规定国家发展和改革委员为招标投标部际协调机制牵头单位，因此，在大、中型建设工程公开交易中，可以理解为国家发展和改革委员会就是招标投标事实上的主管单位。

2003 年 1 月 1 日实施的《政府采购法》将财政部门确定为我国政府采购货物、工程和服务的主管机关。根据我国的《政府采购法》，在建筑工程领域，招标适用于建筑物和构筑物的新建、改建、扩建、装修、拆除、修缮等（实际上已包括了全部建筑工程的招标投标）。依据我国《政府采购法》第二十七条规定："采购人采购货物或者服务赢得采用公开招标方式的，其具体数额标准，属于中央预算的政府规定采购项目，由国务院规定；属于地方预算的政府采购项目，由省、自治区、直辖市人民政府规定；因特殊情况需要采用公开招标以外的采购方式的，应当在采购活动开始前获得社区的市、自治州以上人民政府采购监督管理部门的批准。"但是，《政府采购法》第四条又规定："政府采购工程进行招标投标的，适用招标投标法。"从《政府采购法》规定的内容来看，公开招标还是非公开招标的审批机关是财政部门。在建筑工程的招标投标中，除了财政部门外，还有国家发展改革委员会及各行政主体都有自己关于公开招标的具体规定。

2.4　招　标　文　件

招标文件是招标人根据招标项目的特点和需要，将招标项目的特征、技术要求、服务要求和质量标准、工期要求、对投标人组织实施要求、投标报价要求和评标标准等所有实质性要求和条件以及拟签订合同的主要条款及招标人依法作出的其他方面的要求等进行的汇总，是招标投标活动中的纲领性文件，是投标人准备投标文件和参加投标的依据，也是招标投标活动当事人的行为准则。同时，它还是评标委员会评审投标文件时推荐中标候选人的重要依据，是合同签订的主要依据和组成部分，是一份具有法律效力的文件。在制订招标文件前，要做好工程项目招标前期的组织与策划。

2.4.1 建筑工程项目招标的组织与策划

建筑工程项目招标的目的是在工程项目建设中通过引入竞争机制，择优选定勘察、设计、监理、工程施工、装饰装修、材料设备供应等承包服务单位，确保工程质量，合理缩短工期，节约建设投资，提高经济效益，保护国家、社会公共利益和招标投标当事人的合法权益。做好工程项目招标前期的组织与策划是招标人在工程建设过程中成功的第一步。

1. 建筑工程项目招标的组织

建筑工程项目招标的组织实施视项目法人的技术和管理能力，可以采用自行招标和委托代理招标两种方式。

1) 自行招标

自行招标是指招标人利用内部机构依法组织实施招标投标活动全过程的实务。采用自行招标方式组织实施招标时，招标人应当在向计划发改部门上报审批项目、可行性研究报告时，将项目的招标组织方式报请核准。

《工程建设项目自行招标试行办法》规定，招标人自行办理招标事宜，应当具有编制招标文件和组织评标的能力，具体包括以下几方面。

(1) 具有项目法人资格(或者法人资格)。

(2) 具有与招标项目规模和复杂程序相适应的工程技术、概预算、财务和工程管理等方面的专业技术力量。

(3) 有从事同类工程建设项目招标的经验。

(4) 设有专门的招标机构或者拥有3名以上的专职招标业务人员。

(5) 熟悉和掌握《招标投标法》及有关法规规章。

招标人自行招标条件报计划发改部门审批时，应提供以下书面材料。

(1) 项目法人营业执照、法人证书或者项目法人组建文件。

(2) 与招标项目相适应的专业技术力量情况。

(3) 内设的招标机构或者专职招标业务人员的基本情况。

(4) 拟使用所谓专家库情况。

(5) 以往编制的同类工程建设项目招标文件和评标报告，以及招标业绩的证明材料。

(6) 其他材料。

核准招标人自行招标的任何单位和个人不得限制其自行办理招标事宜，也不得拒绝办理工程建设相关手续。招标人确需通过招标方式或者其他方式确定勘察、设计单位开展前期工作的，应当在报送可行性研究报告时的书面材料中作出说明，并取得核准。

招标人自己办理施工招标事宜的，应当在发布招标公告或者发出投标书邀请书的5日前，向工程所在地县级以上地方人民政府建设行政主管部门备案，并报送下列材料。

(1) 按照国家有关规定办理审批手续的各项批准文件。

(2) 提交上述报计划发改部门审批自行招标的证明材料，包括专业技术人员的名单、职称证书或者职业资格证书及其工作经历的证明材料。

(3) 法律、法规、规章规定的其他材料。

招标人不具备办理施工招标事宜的，建设行政主管部门应当自收到备案材料之日起 5 日内责令招标人停止自行招标事宜，招标人应当委托具有相应资格的工程招标代理机构代理招标。

2) 代理招标

随着建设工程领域的发展和招标投标制度的不断完善，以及招标投标建设交易市场的健全和规范，招标投标工作需要一支工程技术力量强、专业化水平高、建设项目管理理论和经验丰富、对招标投标相关法律法规和经济合同法熟悉并熟悉工程造价的专业队伍为招标投标业务活动提供服务。2000 年 6 月 30 日，原建设部第 79 号令颁布了《工程建设项目招标代理机构资格认定办法》，在此基础上产生了招标代理服务机构。招标代理机构按市场规律运作，接受招标人委托，负责起草编制招标文件，踏勘现场并答疑，组织开标、评标、定标以及为招标前期咨询、协调合同的签订提供服务。

(1) 招标代理机构的资格和业务范围。根据招标内容的性质不同，对招标代理机构的资格和业务范围进行了不同的要求：建设项目的设备、货物和相应的服务由采购机构代理，工程项目勘察、设计、监理、施工等招标应委托工程招标代理机构代理。采购代理机构资格认定由财政部或省级财政行政主管部门负责，工程招标代理机构由国务院建设行政主管部门或者省、自治区、直辖市建设行政主管部门对其进行资格认定和颁布资格证书。

2007 年 3 月 1 日施行的《工程建设项目招标代理机构资格认定办法》(原建设部第 154 号令)将工程招标代理机构资格分为甲级、乙级和暂定乙级。甲级工程招标代理机构资格按行政区划，由省、自治区、直辖市人民政府建设行政主管部门初审，报国务院建设行政主管部门认定和颁布资格证书。乙级工程招标代理机构资质由省、自治区、直辖市人民政府建设行政主管部门认定、核发资格证书，报国务院建设行政主管部门备案。

工程招标代理业务范围：工程招标代理机构可以跨省、自治区、直辖市承担工程招标代理业务，任何单位和个人不得限制或者排斥工程招标代理机构依法开展招标代理业务。

从事工程招标代理业务的招标代理机构，必须取得工程招标代理资格，并且在其资质等级证书允许的范围内开展业务。

① 甲级工程招标代理机构可以承担各类工程招标代理业务。

② 乙级工程招标代理机构只能承担工程总投资 1 亿元人民币以下的工程招标代理业务。

③ 暂定乙级工程招标代理机构只能承担工程总投资 6000 万元人民币以下的工程招标代理业务。

招标代理机构应当在招标人委托的范围内承担招标事宜。招标代理机构可以在其资格等级范围内代理工程招标的全过程招标活动，包括招标咨询、起草招标方案、发布招标公告或投标邀请书、编制和发布资格预审和预审文件、审查投标申请人资格、编制和发售招标文件、组织或参加现场踏勘、解答招标投标疑问、代编标底、组织开标、协助定标、协助签订工程合同，以及招标人委托的与招标相关的其他工作。招标代理机构完成工程项目的招标后要汇编招标工作总结，汇总和移交招标过程中的所有文件、记录。

(2) 招标代理机构的选择。招标代理是一种高智能的技术和经济竞争性的专业服务活动。招标代理机构除资质要满足业务需要外，招标代理人员的水平和综合素质的高低更是招标代理服务质量的保证。

招标人对招标代理机构的选择应着重考核以下几方面。

① 招标代理机构的资质等级。资质等级的高低代表国家建设行政主管部门对招标代理的评价和认可以及动态管理的情况。

② 已完成工程项目招标人对招标代理的评价。这是社会对招标代理机构在服务和信誉方面最有力的认同。

③ 近3年来工程招标代理业绩。这直接反映代理机构的工作经验。

④ 其他行政主管部门对招标代理履约和信誉的评价。

⑤ 建筑有形市场、相关媒介、招标代理机构的招标投标行政主管部门对招标代理机构的反馈信息、评价。

⑥ 拟委派负责本工程项目招标代理人员的架构和相应的技能，包括代理人员的学历、工作业绩、技术称职和职业资格，对工程招标投标与经济合同等相关法律事务的处理能力，工程建设和项目管理的能力，个人的人格品质、政治素质、职业道德，保守技术和经济秘密的意识和能力等。

2. 建筑工程项目招标的策划

工程项目招标策划是指依照《招标投标法》及相关的法律、法规和各级行政主管部门招标投标管理的规章文件，在招标前期拟订工程项目招标计划，确定招标方式、招标范围，确定计价方式，提出对投标人的相关要求，拟定招标合同条款，确保优选中标人的一系列工作。

1) 工程项目招标计划

工程项目招标可以根据工程性质和需要，按勘察、设计、施工、供货一起招标的方式进行，也可以按工作性质划分成勘察、设计、施工、物资供应、设备制造或监理等分别进行招标的方式进行。分工作性质招标时，应根据基本建设程序上一阶段工作的完成情况，在具备招标条件后进行。招标人应根据工程项目审批时核准的招标方式、投资阶段和资金到位计划、建设工期、专业划分、潜在投标人数量和工程项目实际情况需要制订招标计划，包括招标阶段划分、招标内容和范围、计划招标时间、招标方式等。

2) 工程项目招标范围的确定

根据《工程建设项目招标范围和规模标准规定》的要求，下列工程建设项目必须进行招标。

(1) 关系社会公共利益、公众安全的基础设施项目的范围。包括煤炭、石油、天然气、电力、新能源等能源项目；铁路、公路、管道、水运、航空以及其他交通运输业等交通运输项目；邮政、电信枢纽、通信、信息网络等邮电通信项目；防洪、灌溉、排涝、引(供)水、滩涂治理、水土保持、水利枢纽等水利项目；道路、桥梁、地铁和轻轨交通、污水排放及处理、垃圾处理、地下管道、公共停车场等城市设施项目；生态环境保护项目；其他基础设施项目。

(2) 关系社会公共利益、公众安全的公用事业项目的范围。包括供水、供电、供气、供热等市政工程项目；科技、教育、文化等项目；体育、旅游等项目；卫生、社会福利等项目；商品住宅项目，包括经济适用住房；其他公共事业项目。

(3) 使用国用资金投资项目的范围。包括使用各级财政预算资金的项目；使用纳入财政管理的各种政府性专项建设基金的项目；使用国有企业、事业单位的自有资金，并且国有资产投资者实际拥有控制权的项目。

(4) 国家融资项目的范围。包括使用国家发行债券所筹资金的项目；使用国家对外借款或者担保所筹资金的项目；使用国家政策性贷款的项目；国家授权投资主体融资的项目；国家特许的融资项目。

(5) 使用国际组织或者外国政府资金项目的范围。包括使用世界银行、亚洲开发银行等国际组织贷款资金的项目；使用外国政府及其机构贷款资金的项目；使用国际组织或者外国政府援助资金的项目。

除以上规定范围内的各类工程建设项目外，若项目的勘察、设计、施工、监理以及与工程建设有关的主要设备、材料等的采购，达到下列标准之一的，也必须进行招标。

① 施工单项合同估算在 200 万元人民币以上的。

② 重要设备、材料等货物的采购，单项合同估算价在100万元人民币以上的。

③ 勘察、设计、监理等服务的采购，单项合同估算价在50万元人民币以上的。

④ 建设项目总投资额在3000万元人民币以上的。

《招标投标法》规定，任何单位和个人不得将依法必须进行招标的项目化整为零或者以其他方式规避招标。对于建筑工程可按建设项目、单位工程或特殊专业工程划分标段的，不允许肢解工程招标或规避招标。

2.4.2 建筑工程项目招标文件带来的风险

招标人在招标过程中向投标人作出要约邀请和承诺，依法签订经济合同。在整个招标过程中，招标人、投标人双方都受法律保护。因为招标文件和中标通知书是合同的附件，所以招标人在工程项目招标过程中要非常严谨，以规避风险。

招标人在招标过程中的风险主要有：投标者之间串通投标、哄抬价格；因招标文件要求不明确使投标产品达不到使用标准要求而又无法废标；投标人技术力量、经济能力不能正常履约，拖延工期；工程量清单不准确，投标人采用不平衡报价引起工程造价增加；招标文件及拟定的合同不够严密，导致中标人后期在费用和工期方面索赔。以上风险可归纳为围标、串标、负偏差、不平衡报价、不正常履约、索赔。

1. 招标文件表达得不准确带来的风险

招标投标人实质上一种买卖，这种买卖完全遵循公开、公平、公正的原则，必须按照法律法规规定的程序和要求进行。招标文件应该将招标人对所需产品的名称、规格、数量、技术参数、质量等级要求、工期、保修服务要求和时间等各方面的要求和条件完全准确地表达在招标文件中。这些要求和条件是投标人作出回应的主要依据，若招标文件没有将其所需的要求具体准确地表达告之投标人，投标人将为了取得中标按就低的原则选择报价，这时投标书提供的产品、服务就有可能达不到招标项目使用的技术要求标准。

根据《评标委员会和评标方法暂行规定》，评标委员会应当根据招标文件规定的评标标准和方法，对投标文件进行系统的评审和比较；招标文件中没有规定的标准和方法不得作为评标的依据。根据这一规定，招标人和评标委员会又不能废除没有达到项目使用要求的投标文件，这样就会给招标人带来法律责任和经济、时间上的损失。这一风险的防范措施，主要是在编制招标文件时应当非常清楚、了解项目的特点和需要，并要求项目前期筹备单位、使用单位、主管部门、行业协会等多单位参与招标文件的编制、研究会审、修订工作，做到详、尽、简。

2. 招标文件中工程量清单不准确带来的风险

《建设工程工程量清单计价规范》实施后，工程项目招标采用工程量清单计价，经评审合理低价中标模式在国内工程项目招标时普遍采用。工程量清单必须作为招标文件的组成部分，其准确性和完整性由招标人负责，投标价又由投标人自己确定。招标人承担着因工程量计算不准确、工程量清单项目特征描述不清楚、工程项目不齐全、工程项目组成内容存在漏项、计量单位不准确等风险。

投标人为获得中标和追求超额利润，在不提高总报价、不影响中标的前提下，在一定范围内有意识地调整工程量清单中某些项目的报价，采用低价中标、中间索赔、高价结算的做法，给招标人的造价控制和进度控制带来很大的风险。

3. 招标文件中合同条款拟定不完善带来的风险

招标文件是招标人和投标人签订合同的基础。通过对招标文件中发包人责任、义务的理解以及对可履行情况的分析，并预测可能违约的风险，招标人就可以在招标文件编制时采取措施，以减少工程建设过程中索赔事件的发生，降低索赔事件带来的风险。

1) 施工场地条件和交付时间的风险

《建设工程施工合同(示范文本)》中规定，发包人按专用条款约定的时间和内容完成以下工作。

(1) 办理土地征用、拆迁补偿、平整施工场地等工作，使施工场地具备施工条件，并在开工后继续负责解决以上事项遗漏问题。

(2) 将施工所需水、电、电信线路从施工场地外部接至协议条款约定地点，保证施工期间的需要。

(3) 开通施工场地与城乡公共道路的通道以及专用条款约定的施工场地内的主要道路，满足施工运输的需要，保证施工期间道路的畅通。

(4) 向承包人提供施工场地的工程地质和地下管网线路资料，对资料的真实准确性负责。

(5) 办理施工许可证及其他施工所需证件、批件和临时用地、停水、停电、中断道路交通爆破作业等的申请批准手续(证明承包人自身资质的证件除外)。

(6) 确定水准点与坐标控制点，以书面形式交给承包人，并进行现场交验。

(7) 组织承包人和设计单位进行图样会审和设计交底。

(8) 协调处理施工场地周围地下管线和邻近建筑物、构筑物(包括文物保护建筑)、古树名木的保护工作，并承担有关费用。

(9) 发包人应做的其他工作，双方在专用条款内约定。

发包人如不按合同约定完成以上工作而造成工期延误时，应承担由此造成的经济支出，并赔偿承包人有关损失，工期也要相应顺延。

招标人在招标策划时，可根据对工程项目前期准备工作进展的情况和招标人工作人员数量、工作协调能力及其他履行情况的估计，在专用条款内将时间适当延长。当根据工程建设需要或经济分析比较不宜延迟时，可在招标文件中以竞价或不竞价的方式确定费用，委托承包人办理，降低因不能履行义务而引起索赔的风险。

2) 合同价格风险

合同价款的方式有固定价格合同、可调价格合同、成本加酬金合同。固定价格合同可以在专用条款中划定风险范围和风险费用的计算方式。例如，价格有异常波动情况时，招标人在招标文件的合同条款中划定可调主要或大宗材料的名称，规定波动风险的范围(如价格波动在 5%内时，风险由承包人承担；超过 5%以上的部分由发包人承担涨价的 70%，承包人承担涨价的 30%)。异常涨价风险价格可按实际施工期间材料的政府指导价与招标时材料的政府指导价的差值计算材料价值，这样既可减少索赔纠纷，又能防止投标人在分析综合单价时采用不平衡报价，增大索赔金额的风险。

3) 工程款(进度款)支付风险

招标人应根据工程项目专项资金的准备和到位情况，在招标文件中拟定支付时间、支付比例、支付方式，合同签订后必须遵照执行，并承担违约责任，补偿因违约造成的承包人的经济损失。

4) 工程师的不当行为风险

工程师是指发包人指定的履行本合同的代表或监理单位的总监理工程师。从施工合同的角度看，因他们的不当行为而给承包人造成的损失应当由发包人承担。招标人在招标时可以根据工程师的专业知识、工作经验、工作能力、综合素质、职业道德品质情况在招标文件和签订合同时对工程师的职权进行明确和限定，以降低因其行为不当而给招标人带来的损失。

5) 不可抗力事件的风险

不可抗力事件是指当事人在招标投标和签订合同时不能预见，对其发生和后果又不能避免以及不能克服的事件。不可抗力事件包括战争、动摇，施工过程中发现文物、古墓等有考古研究价值的物品，物价异常波动，自然灾害等。不抗力事件风险的承担方应当在招标文件和合同中约定，由承担方向保险公司投标解决。

2.4.3 招标文件的主要内容

1. 投标须知

投标须知是招标人对投标人的所有实质性要求和条件，是指导投标人正确地进行投标报价的文件，告之他们所应遵循的各项规定，以及编制标书和投标时所应注意和考虑的问题，避免投标人对招标文件的内容的疏忽和错误的理解。因此投标须知所列条目内容应清晰、明确。

2. 合同条件

招标文件中包括合同条件和合同格式，目的是告之投标人中标后将与业主签订施工合同的有关权利和义务，以便其在编制报价时充分考虑。招标文件包括的合同条件是双方签订承包合同的基础，允许双方在签订合同时，通过协商对某些条款的编写进行适当修改。

由于施工项目的不同，采用的合同文本都已规范化，基本可以直接采用。为了便于招标双方明确各自的职责范围，业主一般固定好合同格式，只待填入一些具体内容即成为合同。

3．招标工程综合说明

招标工程综合说明包括如下内容。

(1) 工程名称、性质、地点，建设单位名称、电话、邮政编码、法人代表、联系人姓名，监理机构名称，资金来源及批准投资单位、文号，建设工程许可证号，开户银行账号等。

(2) 施工现场所处的地理位置、环境、交通条件、拆迁及"三通一平"情况、施工用地范围、面积、可提供临时用地情况。

(3) 工期总数，计划开竣工日期。

(4) 示明投标人应认真勘察现场，并取得可能影响其投标报价的所有资料。

(5) 承包方式，要示明是包工包料还是包工不包料或包工部分包料。除合同规定外，承建范围内中标人未经建设单位认可不得将工程任务的任何部分分包给他人。若建设单位同意分包，则分包人的社会信誉、质量和施工经验等诸方面均应得到建设单位认可。

4．工程报价计算的有关规定

这一部分的规定包括如下内容。

(1) 为统一报价范围和口径，招标文件应作出有关规定和说明。国内建筑工程招标有时提供实物工程量清单，有时不提供。

(2) 实物工程量清单是指列有实物工程分项名称和相应数量的清单。通常建筑工程分项的划分和数量的计算规则，应按照现行的定额规定。招标结束，建设单位和中标单位在签订施工合同以后，在规定的期限内(如可规定一个月)提出实物工程量的调整意见(该调整指原实物工程量清单中各项工程量的增加和减少)，经双方互审认可予以调整。

(3) 若不提供实物量清单，可规定统一按现行定额计算工程量及定额价。

(4) 工程间接费以及其他费用的计取。各投标单位必须根据自身企业性质以及计算标准和定额计取。投标单位在上述费用上进行竞争而降低计取费用费率，在投标书中要加以说明。工程各种措施费用以及场地租赁，二次搬运、超高、土方场外运输等随施工组织设计不同而变化的费用、投标人需根据自行编制的施工组织设计列出工程量和费用。

5．材料供应方式及材料差价计算办法

招标文件中应说明哪些材料由建设单位供应，哪些材料由中标单位自行采购。对建设单位供应的材料，应明确交货进度、交货地点等。

6．工程价款的支付方法

招标文件中应明确工程价款的支付方式及预付款项的百分比。中标企业预收备料款和已收工程款的总额不超过合同造价的 95%，其余 5%是在工程竣工验收合格后支付 2.5%，保修期后再付 2.5%。

7．工程质量及工期要求

招标文件中应明确中标单位必须严格按照现行的建筑工程施工验收规范进行施工，建设单位按此进行验收，并规定验收工程质量达到自报工程质量等级的奖励、达不到自报工

程质量等级的惩罚。招标文件应明确开工、竣工日期，并具体规定工期提前的奖励和工期推迟的惩罚及额度。

8. 投标书的编制要求以及评标定标的原则

投标书的组成内容一般包括标书编制综合说明、投标报价汇总表、投标造价书、施工组织设计等。招标文件中应明确评标定标的原则，也可另行制定评标细则。

9. 投标保证金

投标保证金一般按概算造价的 0.5%~1%计算，投标单位在领取招标文件的 3 天后(包括获得文件的那一天)不得提出退出投标的要求，若中途退出投标，招标单位有权没收其全部投标保证金。

10. 招标文件附件

招标文件附件包括如下内容。

(1) 招标工程范围内的设计图纸。图纸是投标者拟定投标方案、确定施工方案、提出替代方案、计算投标报价必不可少的资料。

(2) 招标范围内的单项、单位工程分部实务工程量清单。

(3) 建设单位自行采购的材料、设备清单。

11. 技术规范

规范一般包括 6 个方面的内容。

(1) 工程的全面描述。

(2) 工程所采用材料的技术要求。

(3) 施工质量要求。

(4) 工程记录、计量方法和支付的有关规定。

(5) 验收标准和规定。

(6) 其他不可预见因素的规定。

总之，招标文件的内容必须符合国家有关法律、法规，做到内容齐全、要求明确。招标文件一经招标投标办事机构批准，招标单位不得擅自变更其内容或则增加附加条件；确需变更和补充的，经招标投标办事机构批准，在截止日期前 7 天内通知所有单位。

2.5 招标程序

招标是招标人和投标人为签订合同而实施的要约邀请、要约和承诺等一系列经济活动的过程。政府有关管理机关对该经济活动过程进行了具体的要求，并对有形建筑市场集中办理有关手续，并依法实施监督。

一般来说，建筑工程项目公开招标的程序如图所示。由于建筑工程项目的投标报名人往往很多，在确定正式投标人之前，很多地方的招标程序有摇号确定投标人的惯例。

2.5.1 发布招标公告或招标邀请函

1. 招标公告发布的要求

按招标投标管理办法规定，依法必须进行公开招标的工程项目，必须在主管部门指定的报刊、信息网络或者其他媒介上发布招标公告，并同时在建设信息网、建设工程交易中心网上发布招标公告。招标公告的内容主要包括以下几方面。

(1) 招标人的名称、地址，联系人的姓名、电话。委托代理机构进行招标的，应注明代理机构的名称、地址、联系人及电话。

(2) 招标工程的基本情况，如工程项目名称、建设规模、工程地点、结构类型、计划工期、质量标准要求、标段的划分、本次招标范围。

(3) 招标工程项目条件，包括工程项目计划立项审批情况，概预算审批情况，国土规划、审批情况，国土规划、审批情况，资金来源和筹备情况。

(4) 对投标人的资质要求以及应提供的其他有关文件。实行资质预审的，应在发布公告的同时公布资格审查办法。

(5) 获取招标文件或者资格预审文件的地点和时间。

(6) 招标公告格式样板可参考国家或地方招标投标管理部门统一的招标公告范本。

2. 招标公告发布的注意事项

发布招标公告时要注意以下事项。

(1) 对招标公告的监管要求。依法必须进行公开招标的项目，招标公告应在指定的报纸、信息网络等媒介上发布，行政职能部门对招标公告发布活动进行监督。

招标人或其委托的招标代理机构发布招标公告时，应当向指定媒体提供公告文本、招标方式核准文件和招标人委托招标代理机构的委托书等证明材料，并将公告文本同时报项目招标方式核准部门备案。

拟发布的招标公告文件应当由招标人或其委托的招标代理机构的主要负责人或其委托人签名并加盖公章。公告文本及有关证明材料必须在招标文件或招标资格预审文件开始发出之日的 15 日前送达指定媒体和项目招标方式核准部门。

(2) 对指定媒介的要求。指定媒介必须在收到招标公告文本之日起 7 日内发布招标公告。指定的媒介对依法必须进行公开招标的工程项目的招标公告不得收取费用，但发布国际招标公告时除外。

在两家以上媒介发布的同一招标项目的招标公告内容应当相同，若出现不一致情况时，有关媒介可以要求招标人或其委托的招标代理机构及时予以改正、补充或调整。

如果指定媒介发布的招标公告内容与招标人或其委托的招标代理机构提供的招标公告文本不一致，应当及时纠正，重新发布。

(3) 对招标人或招标代理机构的要求。投标人必须在指定媒介发布招标公告，并至少在一家指定媒介发布招标公告，不得在两家以上媒介就同一招标项目发布内容不一致的招标公告。招标公告中不得以不合理的条件限制或排斥潜在投标人。

招标人应当按招标公告或投标邀请书规定的时间、地点出售招标文件或资格预审文件。自招标文件或者资格预审文件出售之日起至停止出售之日止，最短不得少于 5 个工作日。

对招标文件或者资格预审文件的收费也应当合理，不得以营利为目的。对于所附的设计文件的押金，招标人应当向投标人退还押金。

招标文件或者资格预审文件售出后，不予退还。招标人在发布招标公告或发出投标邀请书后，以及售出招标文件或资格预审文件后不得擅自终止招标。

2.5.2 资格预审

资格预审是指招标人根据招标项目本身的特点和需求，要求潜在投标人提供其资格条件、业绩、信誉、技术、设备、人力、财务经济状况等方面的情况，以审查其是否满足招标项目的要求，进而决定投标申请人是否有资格参加投标的一系列工作过程。

1. 资格预审的意义

招标人通过资格预审，能过了解潜在投标人的资质等级情况，掌握其业务承保的范围和规模，了解其技术力量，以及近几年来的工程业绩情况、财务状况、履约能力、信誉情况，以排除不具备相应资质和技术力量，没有相应的业务经营范围，财务状况和企业信誉很差，不具备履约能力的投标人参与竞争，进而降低招标成本，提高招标效率。

2. 资格预审的管理和程序

一般来说，建筑工程项目招标的资格预审按下列程序进行。

(1) 招标人或招标代理机构准备资格预审文件。资格预审文件的主要内容包括资格预审公告、资格预审申请人须知、资格预审申请表、工程概况和合同段简介。

(2) 公开发布资格预审公告。资格预审公告可随招标公告在指定媒介同时发布(或合并发布)。资格预审公告应包括的内容有招标人的名称和地址、联系人与联系方式、招标条件、招标项目概况与招标范围、申请人的资格要求、资格预审方法、资格预审文件的获取、资格预审申请文件的递交、发布公告的媒体。

(3) 发售资格预审文件。资格预审文件应包括资格预审须知和资格预审表两部分。资格预审文件应将资格预审公告中招标项目的情况进行更详细的说明，对投标申请人所递交的资料作出具体要求，对资格审查方法和审查结果公布的媒介和时间作出详尽准确的说明。资格预审文件格式可参考国家或地方招标投标管理部门统一的资格预审文件范本编制。

(4) 投标申请人编写资格预审申请书，并递交资格预审申请书。

(5) 招标人组建资格预审委员会，对投标申请人进行必要的调查，并对资格预审申请书进行评审。审查的主要内容有以下几方面。

① 是否具有独立订立合同的权利。

② 是否具有履行合同的能力，包括专业技术能力、资金、设备和其他物质设施状况，以及管理能力、经验、信誉和相应的从业人员。

③ 有没有处于停业、投标资格被取消、财产被接管或冻结、破产状态。

④ 在最近 3 年内有没有骗取中标和严重违约及重大工程质量问题。

⑤ 法律、行政法规规定的其他资格条件。

⑥ 编写资格预审评审报告,报当地主管部门审定备案,并在发布公告的媒介上进行公示。

⑦ 向通过资格预审的投标申请人发出投标邀请书。投标邀请书的内容,可参考国家或地方招标投标管理部门统一的投标邀请书范本填写。

2.5.3 发售招标文件

招标人应根据招标工程项目的特点和需要编制招标文件。

招标人应按投标邀请书载明的时间、地点、联系方式发售招标文件。招标文件发售时间要根据工程项目实际情况和投标人的分布范围确定,要确保招标人有合理、足够的时间获得招标文件。

发售招标文件时,招标人或招标代理机构应做好购买招标书记录,内容包括投标人的名称、地址、联系方式、邮编、邮寄地址、联系人、招标文件编号,以便于确认被邀请的投标人已购买招标文件,并便于招标情况变化时及时通知投标人。对于未购买招标文件的被邀请人,应取消其投标资格。

2.5.4 勘察工程项目现场

招标人组织投标单位勘察现场的目的在于,使投标单位了解掌握工程现场情况和周围环境以及材料供应情况,让投标人了解工程施工组织计划和工程造价,以确定控制所需要的信息,以便合理地进行施工组织设计,使其对工程造价分析得尽量准确,能尽量充分地预测投标风险,为日后合同双方履约提供铺垫。

勘察现场工作应向投标人作出介绍和解答的内容有以下几项。

(1) 现场情况与招标文件说明进行的对照解释。

(2) 现场的地理位置、地形、地貌。

(3) 现场的气候条件,包括气温(最高气温、最低气温和持续时间)、温度、风力、雨雾情况等。

(4) 现场的地质、土质、地下水位、水文等情况。

(5) 现场环境,如交通、供水、供电、通信、排污、环境保护等情况。

(6) 工程在施工现场的位置与分布。

(7) 提前投入使用的单位工程的要求。

(8) 临时用地、临时设施搭建等的要求。

(9) 地方材料供应指导情况。

(10) 余土放置地点。

(11) 地方城市管理的一些要求。

(12) 投标人为了进行施工组织设计和成本分析而需要且招标人认为能提供的相关信息。

2.5.5 标前会议

标前会议的内容主要是招标人以正式会议的形式解答投标人在勘察现场前后对招标文件和设计图样等以书面形式提出的各种问题,以及会议上提出的有关问题。招标人也可以在会议上就招标文件的错漏作出补充修改说明。会议结束后,招标人应将会议解答或修改补充的内容形成书面通知发给所有招标文件收受人。补充修改答疑通知应在投标截止日期前 15 天内发出，以便让投标人有足够的时间作出反应。补充修改或答疑通知为招标文件的组成部分，具有同等法律效力。

2.5.6 编制招标标底

招标标底是招标人对招标项目工程所需工程费用的测算和事先控制，也是审核投标报价、评标和决标的重要依据。标底制定的恰当与否，对投标竞争起着重要作用。标底价偏高或偏低都会影响招标评标结果，并对招标项目的实施造成影响。标底价过高，不利于项目投资控制，会给国家或集体经济带来损失，并会造成投标人投标报价的随意性、盲目性，投标人也不会考虑通过优化施工方案或施工组织设计来控制和降低工程费用，不利于招标人选择到优秀的施工队伍，对行业技术管理的提高和发展不利。标底价过低，对投标人没有吸引力，可能会造成投标人亏损，投标人将放弃投标，这样就不利于选择到经济实力强、社会信誉高、技术和管理能力强的优秀施工队伍，甚至导致招标失败。招标标底过低，招来的中标人往往也是那些管理素质差，盲目随意报价，在投标时不择手段，在施工过程中管理混乱、进度任意拖延、施工技术工人随意拉找、工程质量低劣、安全措施不予落实、拖欠或克扣工人工资、与建设业主矛盾重重的施工单位。所以，在编制招标标底时，必须由具有丰富工程造价和项目管理经验的造价工程师负责编制，要做到工程项目内容全面，工程量计算准确，项目特征描述详细清楚，综合单价分析正确，人工、机械、材料消耗处于行业或地方先进水平，主要材料设备单价做到造价管理部门信息指导价与市场行情相结合，措施项目费分析全面、计价准确。标底价既要力求节约投资，又要能让中标单位经过努力能获得合理利润。

招标标底和工程量清单应当依据招标文件、施工设计图样、施工现场条件和《建设工程量清单计价规范》(GB 50500—2008)规定的项目编码、项目名称、项目特征、计量单位和工程量计算等进行编制。招标标底和工程量清单由具有编制招标文件能力的招标人或其委托的具有相应资质的工程造价咨询机构、招标代理机构编制。招标人设有标底的，在开标前必须保密。一个招标工程只能编制一个标底。

为了规范建筑市场管理，减少招标投标过程中的人为因素，防止腐败现象，遏制围标、串标、哄抬标价，维护工程招标投标活动的公平、公开性，许多地区都已取消标底而采用经评审的最低投标价评标办法。这样，招标人原来的标底就转换为招标控制价。招标控制价是在工程招标发包过程中，由招标人根据国家或省级、行业建设主管部门发布的有关计价规定，按设计施工图样计算的工程造价，是招标人对招标工程发包的最高限价，招标控制价应当作为招标文件的组成部分一起发出和公告，招标人应在招标文件中载明招标控制价的设立方法和公布的内容。在招标过程中因招标答疑、修改招标文件和施工设计图样等引起工程造价发生变化时，应当相应调整招标控制价。

招标标底或招标控制价根据招标主体和资金来源性质的不同，要报送有关的主管部门审定。标底或招标控制在批复的概念书对应的工程项目批准金额范围之内，如有超过批准的概算金额，必须经原概算批准机关核准。

2.5.7 接受投标人的投标书和投标保函

投标人在收到招标文件后将组织理解招标文件，按招标文件要求和自身实际情况编制投标书。投标人编制好投标书后，按招标文件规定的时间、地点、联系方式把投标书递交给招标人。招标人应在投标截止时间之前，按招标文件规定的时间、地点、联系方式接受投标人的投标书和投标书保证金或保函。招标人收到投标人文件后，应当向投标人出具标明签收人和签收时间的凭证，并妥善保存投标时间。在开标前，任何单位和个人均不得开启投标文件。在招标文件要求提交投标文件的截止时间后送达的投标文件为无效的投标文件，招标人应当拒收。在招标文件要求提交投标文件的截止时间前，投标人可以补充、修改或者撤回已提交的投标文件。补充、修改的内容为投标文件的组成部分，并应在招标文件要求提交投标文件的截止时间前送达、签收和保管。在截止时间后，招标人应当拒收投标人对投标文件的修改和补充。

2.5.8 开标、评标、定标

开标、评标、定标既是招标的重要环节，又是投标的重要步骤。

开标是指招标人将所有按照文件要求密封并在投标文件提交截止时间前提交的投标文件公开启封揭晓的过程。我国招标投标办法规定，开标应当在招标文件中确定的地点，并在招标文件确定的提交投标文件截止时间的同一时间公开进行。开标由招标人主持，邀请所有投标人参加。开标时，要当众宣读投标人的名称、投标报价、工期、工程质量、项目负责人姓名、有无撤标情况、投标文件密封情况及招标人认为其他需向所有投标人公开的适合内容，并做好开标记录。所有投标人代表、招标人代理代表、建设工程交易中心见证人员、建设行政主管部门代表及其他行政监察部门的代表都应对开标记录进行签字确认。

评标委员会按照招标文件确定的评标标准和方法，对有效投标文件进行评审和比较，并对评标结果进行签字确认。

2.5.9 中标公示

采用公开招标的工程项目，在中标通知书发出前，要将预中标人的情况在该工程项目招标公告发布的同一信息网络和建设工程交易中心予以公开(公开的时间最短不应少于2个工作日)，接受社会监督。

2.5.10 发出中标通知

确定中标人时，必须以评委委员会出具的评标报告为依据，预中标人应为评标委员会推荐排名第一的中标人候选人。预中标人公示期间未收到投诉、质疑时，招标人应在公示完成后3天内向中标人发出中标通知书，并将中标结果通知所有未中标的投标人。

2.5.11 商谈和签订承包合同

招标人和中标人应当自中标通知书发出之日起30日内，按照招标文件和中标人的投标文件订立书面合同，招标人和中标人不得再订立背离合同实质内容的其他协议。合同签订后，招标工作即告结束，签约双方都必须严格执行合同规定的相应条款。

2.5.12 建筑工程招标程序的注意事项

公开招标的本质是公开、公平、公正。因此，关于公开招标主要指的就是招标程序的公开性、招标程序的竞争性、招标程序的公平性。只有从程序上依照法规，才能保证招标活动真正体现"三公原则"，避免建筑工程招标中腐败现象的发生。反过来说，招标人、招标代理机构、监管机构、投标人，只有遵守招标程序的"三公原则"，才能避免被投诉或起诉。对于招标程序，在实践中要注意以下几个主要环节。

(1) 建筑工程项目招标是否按规定的方式进行招标，是否进行了依法审批，并取得了招标许可文件。

(2) 如果实施自行招标，招标人(业主)是否经过了有关部门的核准，招标代理机构是否具有相应专业、范围的资质。

(3) 招标活动是否依法进行，是否执行了法律、法规的回避原则，是否执行了保密原则。

(4) 招标公告是否在指定媒体发布，时间是否足够。

(5) 招标文件是否具有倾向性或排他性(包括有意或无意)。

(6) 开标是否在规定的时间、地点进行，投标人是否满足3家。

(7) 评委会是否依法组成，评标办法是否按要求在招标文件中公布。

(8) 是否有串通招标、串通投标、排斥投标的现象或行为。

(9) 定标是否依法按排序进行，中标公告的内容、形式、时间是否符合法律规定。

小知识

有关重新招标的规定：出现下列情况，评标委员会可以建议招标人重新招标。

(1) 开标截止时间前资格预审合格的潜在投标人不足3家。

(2) 在投标文件截止时间前提交投标文件的投标人不足3家。

(3) 经评审，所有投标均被作为废标处理或被否决。

(4) 有效投标不足3家导致投标明显缺乏竞争。

(5) 有串通投标的有力证据，招标过程违反"公开、公平、公正"三原则。

(6) 评标过程不合法或存在不符合招标目的的内容。

(7) 招标文件中内容(如标底)存在明显与所有投标人意向区别(如标底明显过高、过低的情况)。

2.6 案例分析

案例分析 1

1. 背景内容

某招标工作的主要内容确定为如下程序：①成立招标工作小组；②发布招标公告；③编制招标文件；④编制标底；⑤发放招标文件；⑥组织现场踏勘和招标答疑；⑦投标单位资格审查；⑧接受投标文件；⑨开标；⑩确定中标单位；⑪评标；⑫签订承发包合同；⑬发出中标通知书。

2. 问题

上述招标工作内容顺序作为招标工作先后顺序是否妥当？如果不妥，请确定合理的顺序。

3.解答

根据招投标工作的程序解读，正确的顺序应当是：①成立招标工作小组；②编制招标文件；③编制标底；④发布招标公告；⑤招标单位资格审查；⑥发放招标文件；⑦组织现场踏勘和招标答疑；⑧接受投标文件；⑨开标、⑩评标；⑪确定中标单位；⑫发出中标通知书；⑬签订承发包合同。

 案例分析 2

1. 背景内容

某建设单位经相关主管部门批准，组织某建设项目全过程总承包的公开招标工作，确定招标程序如下，如有不妥，请改正。

①成立该工程招标领导机构；②委托招标代理机构代理招标；③发出投标邀请书；④对报名参加投标者进行资格预审，并将结果通知合格的申请投标人；⑤向所有获得投标资格的投标人发售招标文件；⑥召开投标预备会并踏勘现场；⑦招标文件的澄清与修改；⑧建立评标组织，制定标底和评标、定标办法；⑨召开开标会议，审查投标书；⑩组织评标；⑪与合格的投标者进行质疑澄清；⑫决定中标单位；⑬发出中标通知书；⑭建设单位与中标单位签订承发包合同。

2. 解答

有如下不妥，正确的是：③发出招标邀请书不妥，应为发布招标公告；④将资格预审结果仅通知合格的申请投标人不妥，资格预审的结果应通知到所有投标人；⑥召开投标预备会前应先组织投标单位踏勘现场；⑧制定标底和评标定标办法不妥，该工作不应安排在此进行。

本章小结

　本章讲述了招标投标的起源，并详细对招标的概述、招标方式、文件、程序进行了较详细的阐述。具体内容包括招标投标的特征、意义与作用，建筑工程项目招标的特点、分类，公开、公平、公正、诚实信用基本原则；公开招标、邀请招标等其他形式的招标方式。

　招标投标的实质，就是通过市场竞争机制的作用，使先进的生产力得到充分发展，落后的生产力得以淘汰，从而有力地促进经济发展和社会进步。

　本章的教学目标是，通过对招标的进一步学习，更深刻地掌握招标投标的程序与应用。

习　题

一、填空题

1. 招标人在招标过程中向投标人作出_____，依法签订经济合同。

2. _____又称为议标或指定标。它是非公开进行的，是一种非竞争性的招标。

3. _____是招标人对投标人的所有实质性要求和条件，是指导投标人正确地进行投标报价的文件。

4. 补充修改答疑通知应在投标截止日期前_____天内发出，以便让投标人有足够的时间作出反应。

5. 资格预审文件应包括_____和_____两部分。

6. 招标文件中包括_____和_____，目的是告之投标人中标后将与业主签订施工合同的有关权利和义务。

二、选择题

1. 采用(　　)做法时，招标人不必在公共媒体上刊登广告，而是根据自己累积的经验和资料或根据工程咨询公司提供的投标人情况。

    A. 公开招标　　　　　　　　　　　B. 选择性招标

    C. 谈判招标　　　　　　　　　　　D. 邀请招标

2. 达到下列标准之一的，必须进行招标(　　)。

    A. 施工单项合同估算在 200 万元人民币以上的

    B. 重要设备、材料等货物的采购，单项合同估算价在 100 万元人民币以上的

    C. 勘察、设计、监理等服务的采购，单项合同估算价在 100 万元人民币以上的

    D. 建设项目总投资额在 3000 万元人民币以上的。

3. 建筑工程项目招标的组织实施视项目法人的技术和管理能力，可以采用(　　)两种方式。

    A. 邀请招标　　　　B. 公开招标　　　　C. 自行招标

    D. 委托代理招标　　E. 内部招标

4. 《建设工程工程量清单计价规范》实施后，工程项目招标采用工程量清单计价，(　　)模式在国内工程项目招标时普遍采用。

    A. 综合评分模式

    B. 经评审合理低价中标模式

    C. 经评审综合低价中标模式

    D. 综合评分最低模式

5. 法人应当具备以下条件(　　)。

    A. 依法成立　　　　　　　　　　　B. 有必要的项目

    C. 有自己的名称、组织机构和场所　D. 能承担一定的民事责任

    E. 具有民事行为能力

三、思考题

1. 招标投标的特征、意义与作用是什么?
2. 建筑工程项目招标的基本原则是什么?
3. 招标方式有哪些?
4. 必须招标的工程应符合哪些条件?
5. 招标文件的内容由哪几部分构成?
6. 招投标的流程依次为哪些?
7. 标底的编制应遵循什么原则?
8. 根据老师给定的具体条件,编制一份招标文件。

第 3 章

建筑工程项目投标

教学目标

通过本章的学习，应了解建筑工程项目的投标程序、策略，熟悉建筑工程项目投标的时间界定，掌握投标项目施工方案的内容及编制方法。

学习重点

(1) 建筑工程项目的投标程序。

(2) 投标项目施工方案的内容及编制方法。

学习建议

本章主要讲述的是投标项目施工方案的内容及编制方法，因此应更好地了解工程项目的投标程序、策略，全面了解招标项目的市场情况，要对招标项目进行周密的调查研究和准确的分析，掌握市场信息，做到知己知彼。

引言

企业在获得工程项目招标信息后，要对招标信息的准确性，工程项目的政治因素、经济因素、市场因素、地理因素、法律因素、人员因素，以及项目业主情况、工程项目情况，其他潜在投标人情况作出认真全面的调查和研究分析，为项目投标决策提供依据，继而进入下一环节：投标程序，因此必须掌握投标的相关内容。

投标是承包商目前承揽施工任务最普遍、最行之有效的方式，关系到企业的兴衰存亡，因此施工企业必须重视投标的组织工作，应选聘经营管理、施工技术与工程预算等3方面的专门人才来组建投标班子。

3.1 建筑工程项目招投标的时间界定

根据我国招投标法的相关规定，有这样一些时间界定需要具体遵循，以使得招标投标程序顺利和高效地进行。

(1) 投标准备时间(即从开始发出招标文件之日起，至投标人提交投标文件截止之日止)最短不得少于 20 天。

(2) 投标有效期从投标人提交投标文件截止之日起计算，投标保证金有效期应当超出投标有效期 30 天。

(3) 招标文件中内容进行修改应当在招标文件规定提交投标文件截止时间至少 15 天之前通知所有投标人。

(4) 勘察现场一般安排在投标预备会议的前 1～2 天，投标预备会议可安排在发出招标文件 7 天后 28 天以内举行。

(5) 投标单位核对招标文件提供的工程量清单后需要质疑的，应在收到招标文件后 7 天内以书面形式向招标单位提出。

(6) 开标时间即为提交投标文件截止时间。

(7) 评标委员会提出书面评标报告后，招标人一般应当在 15 天以内确定中标人，最迟应当在投标有效期结束 30 个工作日前确定。

(8) 依法必须进行施工招标的工程，招标人应当自发出中标通知书起 15 天内向监管部门提交施工招标投标情况的书面报告。

(9) 自中标通知书发出之日起 30 天之内，招标人与中标人应签订工程承包合同，招标人与中标人签订合同后 5 个工作日内，应当向中标人和未中标人退还投标保证金。

(10) 施工招标项目工期超过 12 个月的，招标文件可以规定工程造价指数体系、价格调整因素和调整方法。

(11) 招标文件中建设工期比工期定额缩短 20%以上的，投标报价中可以计算赶工措施费。

3.2 建筑工程投标程序

3.2.1 招投标信息的来源、管理及分析

投标企业一般都在经营部建立工程项目招标信息情况机构，以广泛了解和掌握项目的

分布和动态。投标人为了选择适当的投标项目，需要了解的内容有工程项目名称、分布地区、建设规模以及工程项目的组成内容、资金来源、建设要求、招标时间等。投标人通过及时掌握招标项目的情况，派人进行有效跟踪，掌握工程项目前期准备工作的进展情况，选择符合企业资格、技术装备、财务资金状况并能委派合适项目负责人和技术人员的项目作为投标目标并做好投标各项准备工作。

1. 招标信息的来源和管理

投标人要掌握招标项目的情报和信息，必须构建起广泛的信息渠道。根据我国的基本建设程序和法律法规规定，项目建设施工前期准备阶段，要经可行性研究、环境保护评价、建设用地规划、消防及其他专业部门的行政审批或许可，并且政府行政部门在审批前后基本上都要向社会进行公示。在招标阶段，招标人必须在政府指定的媒介发布招标信息。因此，工程项目分布与动态的信息渠道非常清楚、公开。投标信息的主要来源有以下几个方面。

(1) 县级以上人民政府发展计划部门。

(2) 建设、水利、交通、铁道、民航、信息产业等部门。

(3) 县级以上人民政府规划部门。

(4) 省、直辖市、自治区人民政府国土部门。

(5) 县级以上人民政府财政部门。

(6) 勘察设计部门和工程咨询单位。

(7) 建设交易中心、信息工程交易中心、政府采购部门。

(8) 政府指定的其他媒介。

投标人可从上述部门的网站或其他渠道搜集招标项目的信息。投标人要定期跟踪招标信息，可建立招标项目信息管理一览表，见表3-1。随着时间的推移，应根据项目行政审批情况和筹建变化情况，及时将招标项目的信息管理一览表加以补充和修改，这对投标人在投标中取胜具有重要意义。

表3-1 招标项目信息管理一览表

编号	项目名称	业主名称	地点	计划招标时间	资金来源	建设性质	建设规模	主要建设内容	项目筹建进展（事件动态）	跟进责任	备注
1											
2											

2. 招标信息的分析

企业可以根据投标信息的来源渠道以及核查政府行政审批文件或许可证件的途径，对投标信息的准确性作出判断。

(1) 通过发展计划部门调查。根据我国国民经济建设规划和投资方向，建设项目投资必须经发展部门核准备案，财政性资金项目的建设需纳入年度计划，并经同级人民代表大会审查通过，建设项目可行性研究分析要报发展计划部门审批。因此，发展计划部门对工程项目的建设性质、建设内容、建设规模、资金来源、建设时间非常清楚准确。

(2) 通过国土管理部门调查。我国的土地利用规划管理以及建设用地的审批均由国土管理部门负责，国土管理部门要对新建项目用地的性质进行审查，看其是否符合土地利用规划。另外，工程项目建设必须取得土地利用证或建设用地批准通知书。因此，建设项目用地的面积、地点、权属关系，建设用地是否取得审批手续，国土管理部门的信息最准确。

(3) 通过城乡规划管理部门调查。按照 2008 年 1 月 1 日施行的《中华人民共和国城乡规划法》，建设项目选地要经规划行政部门审查，并取得用地规划选址意见书，建设用地经国土管理部门审批后由规划行政部门核发建设用地规划许可证，项目业主完成规划设计和建筑方案设计后要报规划行政部门审批，核发建设工程规划许可证，且在审批前后都向社会进行公示。投标人可以通过规划部门核查投标工程项目的建筑物名称，功能建筑面积，建筑物层数、高度，甚至对外立面装修都可反馈信息。

(4) 通过建设行政或行业主管部门调查。按照《关于国务院有关部门实施招标投标活动行政监督的职责分工的意见》，工业(含内贸)、水利、交通、铁道、民航、信息产业等行业和产业项目的招标投标活动的监督执法，分别由经贸、水利、交通、铁道、民航、信息等行政主管部门负责；各类房屋建筑及其附属设施的建造和与其配套的线路、管道、设备的安装项目和市政工程项目的招标投标活动的监督执法，由建设行政主管部门负责；进口机电设备采购项目的招标投标活动的监督执法，由外贸行政主管部门负责。投标人可以根据投标信息所属行业，核查工程项目招标信息的准确情况。

3.2.2. 报名申请参加投标资格预审

投标人参加资格预审的目的有两个。首先，投标企业只有通过了业主(即招标人或委托的招标代理人)主持的资格预审，才有参加投标竞争的资格，也就是说，资格预审合格是投标人参加招标工程项目投标的必要条件。其次，当投标人对拟建投标工程项目的情况了解得不全面尚需进一步研究是否参加投标时，可通过资格预审文件得到有关资料。从而进一步决策是否参加该工程项目投标。

通过研读资格预审文件，可以重新决定对此工程是否投标。当然，仅仅通过资格预审文件，仍然不能全面、系统地掌握招标工程的自然、经济、政治等详细情况，但可以先填报资格预审文件，争取投标资格。通过资格预审，再购买招标文件，在充分研究招标文件的基础上拟定调查提纲，在参加了业主主持的现场勘查之后，最终确定是否参加投标。

1. 资格预审申请

投标人编报资格预审文件的内容，实际上就是招标人为考查潜在投标人的资质、业绩、信誉、技术、设备、人力、财务经济状况等方面的情况所需的资料。资料预审文件主要包括以下内容。

(1) 资格预审申请表。

(2) 独立法人资格的营业执照(必须附工商行政管理局登记年检页)。

(3) 承接本工程所需的企业资质证书。

2. 安全生产许可证

(1) 建造师注册证书以及项目负责人的安全考核合格证，同类工程经验业绩。

(2) 有效的 ISO 14001 环境管理、OHSMS 18001 职业健康安全管理体系认证，重合同守信用荣誉证书和银行信用等级证书。

(3) 企业负责人、项目负责人、专职安全员均取得有效的安全生产合格证书。

(4) 企业在近 3 年的工程项目业绩情况。

(5) 安全文明：近 1 年无发生重大安全事故、质量事故。

(6) 没有因腐败或欺诈行为而仍被政府或业主宣布取消投标资格(且在处罚期内)，近 1 年没有发生过质量安全事故。

(7) 企业财务状况，企业财务审计报告。

(8) 未曾参与本项目设计、前期工作、招标文件编制及监理工作的证明或承诺。

(9) 没有财产被查封、冻结或者处于破产状态的情况。

(10) 拟投入到本工程的组织机构、施工人员、设备等资料表。

招标人在发售的资格预审文件中将所有的表格和要求提交的有关证明文件资料以及通过资格预审的条件都进行了详细的说明。这些表格的填报方法在资格预审文件中都逐表予以明确，投标企业取得资格预审文件后应组织经济、技术、文秘、翻译等有关人员严格按照资格预审文件的要求填写。其资料要从本单位最近的统计，财务等有关报表中摘录，不得随意更改文件的格式和内容，对业绩表应结合本企业的实际实力和工程情况认真填写。

一般来说，凡参加资格预审的投标企业，都希望取得投标资格，因此作为策略，在填报已完成的工程项目表时，投标企业应在实事求是的基础上尽量选择那些评价高、难度大、结构形式多样、工期短、造价低、有利于企业中标的项目。

3. 参加资格预审取胜的实务

1) 平时积累，加快速度，保证申请文件正确完整

资格预审文件的格式和内容一般变化不大。投标人在平时就应将资格预审的资料准备齐全，有关材料可以通过扫描建立电子文件，在参加资格预审时，结合招标人资格预审文件和资格预审评审的办法、要求将有关资料调出来，并加以适当补充、完善。这一办法既可以加快编制资格预审申请文件的速度，又可以提高预审申请文件的正确性和完整性，确保资格预审合格。一般资格预审公告发布 3 日后开始接受资格预审报名申请，接受申请的时间一般只有 2 天，如果平时不将资料准备完善，到发布招标公告后再来搜集整理资格预审材料，往往会因时间紧迫而仓促上阵，使自己处于被动状态，这样就可能造成失误或失去投标机会。

2) 资格预审申请文件应根据招标项目的特点尽量完善

资格预审文件对投标人的资质范围、业绩、信誉、技术力量、设备、人力、财务经济状况几乎都进行了要求，投标申请人除应对照全部要求将它们准备齐全外，还应根据工程项目的特点和性质提供其他材料，尤其是本企业项目工程的经验、技术水平和组织管理能力证明材料，同类工程获奖情况或其他社会评价情况。

3) 提交建设业主特别关注的某些方面的材料要详细

有些业主根据工程特点和施工需要，对投标人的某些方面特别关注，如大型设备安装工程招标时对投标人机械设备情况的关注，大型土石方工程招标时对投标人土石方施工机械型号和数量的关注，房地产项目招标时对招标人可调用流动资金的关注等。这时，投标申请人应将这些方面的材料尽可能详细地提供并要提供有证明力度的材料，取得招标人认同，以顺利通过资格预审。

4）对照评审条件，将相应资料准备齐全

投标申请人应对照招标资格预审文件的条件，将申请文件准备齐全。对于符合性审查(必备条件)，申请文件中必须具备所需资料并符合要求，若达不到要求，就不用参加资格预审了，以免浪费时间，造成经济损失。对于评分审查，申请文件除全部具备所需资料并符合要求外，应尽量增加内容。有时，某一项资格条件要求有多项材料，如果某一材料不符合要求，另一材料可以替补。

5）灵活沟通，礼貌询问

当招标人在资格预审文件中对投标人的强制性标准要求过高时，投标申请人可以将自己已完成的类似工程项目的情况以书面形式告知招标人，并礼貌询问，提示招标人的标准要求太高，争取招标人对其业绩的认同。

6）合法诉请，争取机会

在资格预审过程中，招标人无论是在编制资格预审文件还是在评审过程中，都不得抑制和排斥潜在的投标人，更不能排斥已经评审合格的投标人。按照《招标投标法》和各地的招标投标管理办法，招标人设置不合理条件或因其他情况排斥潜在投标人时，投标人可及时向有关行政监督部门投诉，以保护自己的合法权益。

7）积极参加资格预审，争取更多的投标机会

经过资格预审，一般都能把不够资格、无实力、经济状况差、信誉程度低的投标人排除，使正式投标成为有实力的投标人之间的竞争。这时竞争的对手少了，中标的概率相应也高了，且通过投标竞争，也可以发现企业自身的不足，以便日后提高企业自身的管理水平和专业施工技术水平，在竞争中将整个行业的技术和管理水平推上一个台阶。

3.2.3 对招标文件的检查与理解研究

投标企业在收到招标人的资格预审合格通知书或投标邀请书后，要及时根据其中载明的地点、时间、联系方式和其他要求，委托代表携带授权书、有效证件以及购买标书的费用、图样和押金等，及时购回招标文件。

投标人在取得招标文件后，要组织专门投标小组认真研读招标文件，采用分工负责研究、集体讨论分析、统一集中汇总的方法理解研究招标文件。投标人要通过对招标文件的理解研究，做到对工程的总体概况心中有数，对业主的要求理解透彻，对评标内容和方法熟悉清楚，为参加现场考察标前会做好准备，为作出合理恰当的投标策划和分工提供参考，并为作出准确的投标决策提供依据。

投标人在取得招标文件后，首先要对招标文件的齐全性、正确性进行审查。

1. 检查招标文件是否齐全

招标文件的主要内容有投标邀请书，投标人须知，开标、评标、定标办法，合同条款，投标书及各种附件文件格式，技术规范，图样及勘察资料，工程量清单，其他要求和说明等。投标人要检查其内容是否齐全，有无页码缺失和内容遗漏，并做好检查记录。

2. 检查相关内容填写是否全面、正确

国家建设行政主管部门对工程项目招标文件提供了范本并进行了相关要求，即投标人

需知中应将工程名称、建设地点、建设规模、承包方式、质量标准、招标范围、工期要求、奖金来源、投标人资质等级及项目负责人等级要求、资格审查方式、报价、单价、总价的计算方式，投标有效期、投标担保，踏勘现场以及投标答疑的时间、地点、方式，投标文件的组成、份数，投标文件提交的地点及截止时间，开标时间，开标、评标办法，履约担保，投标最高限价和最低限价，保修期，评标委员会人数等，作出全面的说明和要求。投标人应审查其内容是否齐全，表达是否清楚、准确，是否违反法律法规的不合理要求。

3．检查图样、地质勘察报告等的内容是否齐全和正确

图样、地质勘察等技术文件都是由其他专业技术服务单位完成的，招标人在发售招标文件之前往往根据报名招标单位的数量委托复制整理，但一般因数量较大较多，招标人在发售时不能及时对其进行检查清理，因此投标人在购回招标文件后要检查招标图样和地质勘察报告是否有错漏的情况。

4．检查招标文件的各部分内容是否前后一致

投标人在购买到招标文件后，应认真检查招标文件的各部分内容前后是否一致，是否存在矛盾。例如，投标须知中对承包方式、质量标准、工期要求、计价方式、履行担保、保修期等进行了要求，合同条款对上述内容将进一步作出详细、严谨、准确的阐述和要求，投标人要检查该部分内容前后是否一致。在中标后，将以招标文件中的合同条款为签订合同的主要依据，如果此部分内容前后不一致，将影响工程成本分析的正确性，影响正常招标、投标和评标，甚至在签订合同时引发纠纷。

5．对招标文件内容的理解研究

为了在投标竞争中获胜，投标人必须对招标文件的每句话、每个字都要认认真真地研究理解，掌握和摸透招标人的意图和要求。投标时，投标人要响应招标文件的全部要求，如果误解招标文件的内容和要求，将会导致失标或者其他经济损失。对招标文件的理解研究主要包括以下几个方面的内容。

1) 对招标程序各工作、时间、地点、联系方式的理解

招标文件对踏勘现场和招标答疑的时间、地点、联系人及提问问题和获得答复的时间方式进行了详细的规定，投标人要及时参加，以便准确获得相关信息，为编制投标文件提供依据。

招标文件对投标文件提交的时间、地点、联系方式及截止时间以及开标时间、地点、参加人员进行了规定，投标人必须及时准确送达投标文件和参加开标，否则将会失去中标机会。

2) 对投标担保和履约担保的理解

投标担保是要求投标人在投标过程中遵守《招标投标法》和相关法律法规的规定，是为了保证投标人在投标过程中不串通投标，不排挤其他投标人公平竞争，不以低于成本的报价竞价，不以向投标人或者评标委员会成员行贿的手段谋取中标，不以他人名义或者以其他方式弄虚作假、骗取中标时的经济担保。同时，它还是投标人在投标有效期内撤回投标标书，未能在规定期限内按要求提交履行保证金，未能在规定期限内签署合同协议等行为时的一种经济制裁手段。

履约担保是为了约束合同双方按合同约定了履行各自的职责和义务，在一方出现违约情况时给对方经济赔偿的一种保证。

上述担保方式一般采用保证金(含现金、银行支票或汇票)和银行保函。投标人要理解招标文件规定的投标担保和履约担保的方式以及金额的形式，投标人应按规定的方式、时间足额交纳。

3) 对招标文件组成内容和格式的理解研究

招标文件对招标文件的组成内容和格式进行了规定，要求投标人提交的电子材料《招标投标管理办法》要作出具体的规定。投标人应严格按招投标文件规定的格式和内容编制投标文件，如开标一览表、法定代表人证明书、技术标书格式、投标保证格式、项目经理承诺书，拟投入的项目机构管理人员、劳动力、主要材料，机械设备计划表、投标报价相关各种表格、合同条款响应书格式等。评标办法规定，投标文件如未按规定的格式填写以及内容不全或关键字迹模糊无法辨认的均按无效标处理，所以投标人要特别谨慎。

4) 对投标报价的理解研究

我国现阶段工程项目承发包价是政府宏观调控指导下，由市场竞争形成的。招标投标工程一般采用工程量清单计价模式编制招标标底和投标报价。《建筑工程工程量清单计价规范》规定了工程量计算规则、工程项划分和编码、项目特征描述、计量单位等。招标人对工程量负责，投标人对投标报价承担风险。投标人应仔细研究招标文件，对计价方式、承包方式、所采用的指导价格、现场条件、现场踏勘情况、可调价格因素、工程量偏差、漏项、工程变更调价方式和依据等作出充分的研究和分析，并研究分析施工现场情况和招标人对材料设备规格品质的要求、质量验收标准要求、工期要求、技术措施、地方政策性因素等对投标报价的影响，要研究分析评标方法中对投标报价评审、计分排名的要求。对投标报价的研究分析是对招标文件阅读理解和投标文件编制最关键的一步，它不仅决定着能否中标，更重要的是中标后能否获得利润和具备较强的抗风险能力。

5) 评标办法的理解研究

《招标投标法》规定，招标文件应当包括评标标准，评标委员会应按照招标文件确定的评标标准和方法，对投标文件进行评审和比较。招标文件中没有载明的，不得作为评标依据。

评标通常采用综合评分法、经评审的最低投标报价法、平均值评标法及其他法律允许的评标办法。

综合评分对投标文件提出的工程、施工工期、投标价格、主要材料品种和质量，施工组设计或者施工方案，以及投标人企业信誉、技术力量、技术装备、经济财务状况、企业业绩、已完工程质量情况、项目经理素质和业绩等因素，按满足招标文件中各项要求的程度和评价标准进行评审和比较，以评分的方式进行评估。

经评审的最低投标价法是在投标文件能够满足招标文件实质性要求的投标人中标评审出投标价格最低的投标人，但投标价格不能低于企业成本。

3.2.4 投标的分工和策划

投标人通过投标取得工程项目承包权是市场经济的必然趋势。投标人都希望能够中标，而要想从承包的工程项目中赢得利润，投标人应该在收到招标文件和收集招标项目信息后进行分工和策划，以决定采用哪些方法措施以长补短、以优胜劣。

1. 组建项目投标机构

投标人在确定参加某一项目的投标后，为了确保在投标竞争中获胜，必须在本企业中精心挑选具有丰富投标经验的经济、技术、管理方面的业务骨干组成专项投标组织机构，要抽调计划派驻该项目的经济、技术、管理的主要负责人作为投标组织机构成员。该工程项目投标机构应对投标人的企业资质、企业信誉情况、技术力量情况、技术装备情况、企业业绩和在建工程分布情况、技术工人和劳动组织分布情况、企业财务资金情况等非常清楚，对招标项目的审批情况、资金情况、地理环境、人文环境、政治环境、经济环境情况熟悉或能准确快捷地调查了解清楚；能及时掌握市场动态，了解价格行情和变动趋势；能判断拟投标项目的竞争态势；注意搜集和积累有关资料，熟悉《招标投标法》和国家及地方招标投标管理办法及招标投标的基本程序，认真研究招标文件的图样，善于运用竞争策略；能针对招标项目的具体特点和招标人的具体要求制定出技术先进、组织合理、安全可靠、进度保障、成本较低的施工方案和恰当的投标报价；能让自己的资格审查文件完全符合招标公告或招标文件资格审查的标准，以顺利通过资格审查；能让自己的投标文件具有很强的竞争力，在竞争对手中位居前列。

投标工作机构通常应由下列成员组成。

(1) 投标决策人。一般工程项目投标时，投标决策人由经营部经理担任；重大工程项目或对投标企业的发展有着重要意义的项目(如投标企业因业务拓展而进入一个新的市场、新区域的第一个项目投标)，投标决策人可由总经济师负责。

(2) 技术负责人。技术负责人由投标企业总工程师或主任工程师担任，主要是根据投标项目特点、项目环境、设计的要求制定施工方案和各种技术措施(如质量保证措施、安全保证措施、进度控制和保证措施)。

(3) 投标报价负责人。投标报价负责人由经营部门主管工程造价的负责人担任，主要负责复核清单工程量，进行工程项目成本单价分析，汇总单位工程、单项工程的造价和成本分析，为投标报价的决策提出建议和依据。

(4) 综合负责人。综合资料负责人可由行政部副经理担任，主要负责资格审查材料的整理，投标过程中涉及企业资料的组合，签署法人证明，并负责投标书的汇总、整理、装订、盖章、密封工作。

各位负责人的小组要根据投标项目情况配备足够的成员，以完成具体的工作。各小组又要分成两个支组：一个支组负责相关资料的编制；另一个支组负责编辑审核。拟委派项目部的技术、经济、管理人员要根据各自的岗位、专业情况分配到各小组中参与投标书的编制。物资供应部门、财务计划部门、劳动人事部门、机械设备部门要积极配合，提供准确的资源配置数据，特别是提供价格的行情、工资标准、费用开支、资金周转、成本核算等方面为投标提供依据。

投标机构的人员应精干，具有丰富的招标投标经验且受过良好的教育培训，有娴熟的投标技巧和较强的应变能力。这些人社会交际要广、信息要灵通、工作要认真、纪律性要强，确保投标策略和投标报价的机密性。

2. 投标策划

投标人要增大中标的机会，必须对招标文件进行准确的理解和对项目信息进行深入的调查研究。投标人只有结合投标企业的自身情况，采用适当的技巧和策略，才可以达到出奇制胜的效果。如果投标人在投标阶段就认真、细致、主动地进行投标策划、周密准备，也能为项目中标后在项目实施运作和完成合同约定等方面提供坚强的保障。

1) 投标策划的依据与资料

(1) 对招标文件、设计文件的理解和研究。

(2) 熟悉和精通有关法律法规、建设规范。

(3) 深入了解招标工程项目的地理、地质条件和周围的环境因素。

(4) 招标项目所在地材料、设备的价格行情、劳动力的供应情况及劳动力的工资情况。

(5) 业主的信誉情况和资金到位情况。

(6) 投标人企业内部消耗定额及有参考价值的政府消耗量定额。

(7) 投标人企业内部人工、材料、机械的成本价格体系。

(8) 投标人自身技术力量、技术装备、类似工程承包经验、财务状况等各方面的优势和劣势。

(9) 投标竞争对手的情况及对手常用的投标策略。

投标人只会有全面掌握与投标工程项目有关的信息、资料，才能正确地作出投标策划，并采用恰当的投标技巧和策略，显示自身的核心竞争力，以便在投标中获胜。

2) 投标策划的方式

(1) 以投标性质考虑，投标可分为风险标和保险标。

① 投标人明知工程承包难度大、技术要求高、风险大，且技术、设备和资金上都有未解决的问题，但考虑到已近尾声的临近项目的工作人员、设备、周转材料暂时无法安排调遣，或者因为工程盈利丰厚，又或者为了开拓新技术领域而决定参加投标，同时设法解决存在的问题，这种标就是风险标。投标后，如问题解决得好，可取得较好的经济效益，可锻炼一支好的施工队伍，使企业更上一层楼；如问题解决得不好，企业的信誉和经济将受到严重的损害，严重者可能导致企业陷入经营困境甚至破产倒闭。投风险标的决策必须具有高瞻远瞩的才华和胆量，必须做好风险预警和应急备案，必须谨慎从事。

② 投标人在技术、设备和资金等重大方面都有解决的对策，这种标就是保险标。如果企业经济实力较弱，经不起失策的打击，最好投保险标。

(2) 从投标效益来做策划时，可分为赢利标和保本标。

① 以盈利为目标的投标。如果招标工程项目是本企业的强项，又是竞争对手的弱项，或者本单位任务饱满、利润丰厚，而招标项目基本不具有竞争性，投标企业在这些情况下考虑企业超负荷运转，这种情况下的投标称为盈利标。

② 以保本为目的的投标。当企业后续工程或已经出现部分窝工，必须争取中标，而招标的工程项目本企业又没有明显优势，竞争对手多，投标人只是考虑稳定施工队伍，减少机械设备闲置，采取接近施工成本的报价方式投标，称为保本标。

(3) 投标策划实物与注意事项。

① 根据设计文件的深度和齐全情况进行策划。招标人用来招标的设计图样可能没有进行施工图样审查或图样会审，设计图样往往达不到施工图样深度，或各专业施工图样之间存在矛盾，甚至本专业施工图样存在错漏或不符合规范要求、不符合现场施工条件的情况。例如，施工设计图样基础采用静压预应力管桩，而通往施工现场的某一段路段道路宽度不

够，或途中有一座限载为 5t 或 10t 的小桥，静压桩机无法运到施工现场。这样，在施工期间必须对图样进行修改或补充。投标人可以在投标之前就对施工图样结合工程实际进行分析，了解清单项目在施工过程中发生变化的可能性，对于不变的项目内容报价要适中，对于估计工程实施时必须增加的项目综合单价报价可适当提高，对于有可能降低工程量或者施工图样工程内容说明不清的项目综合单价报价可适当降低。这样可以降低投标人的风险，使投标人获得更大的利润。

② 结合工程项目的现场条件进行投标策划。投标人应该在编制施工方案和分析综合单价报价之前对工程项目现场的条件进行踏勘，对现场和周围环境以及对此工程项目有关的资料进行收集。在编制施工方案时，基础的开挖方法、排水措施、基坑支护措施等都要结合地质、地形地貌、地下水文情况作出策划，主要工序的施工时间和质量措施要结合气候条件，如最高气温和最低气温分布的情况、雨雪期分布情况等作出策划安排。工程项目所在地主要材料的供应地点和价格，以及地方材料的采购地点和价格、供应方式、质量情况、货源供应量情况，既是作为施工方案的依据，又是投标报价的决定性因素。

③ 从工程项目的环境因素进行投标策划。投标人在应在投标报价和编制施工方案前了解项目所在地的环境，包括政治形势、经济环境、法律法规、民俗民风、自然条件、生产和生活条件、交通运输、供电供水情况、通信条件等，这些都是合理编制施工方案的依据，也会影响投标报价。例如，某招标工程项目所在地只是采用山坡地某座小型水库引出的管道供水，供水管道水压很小，工程施工时必须采用加压设备才能保证施工用水和混凝土养护等用水，所以投标报价策划时就应考虑加压设备的费用。这些环境影响因素在制定施工方案、施工进度计划以及在投标报价策划时，投标人均要周密分析考虑。投标人还要结合招标文件的说明以及招标文件中拟订合同条款的要求作出投标策略。对于法律法规和标准合同条款规定的应由业主承担的风险，投标人为了能中标，在编制施工方案和投标报价时可以不予考虑，而要由承包人承担的风险，投标人要充分考虑分析，并采用相应的策略在施工方案中予以体现，还要在投标报价中予以分解。

④ 根据业主的情况进行投标策划。投标人要从业主的项目审批情况、资金到位情况、业主的信誉情况、业主人员的法律意识和管理能力情况等多方面分析。有些建设业主的资金只到位了 30%～40%，后期资金筹措没有着落，这时投标人可将前期施工的项目如土石方、基础等的报价适当提高，而对后期施工的项目报价可适当降低。这样一方面可以及早收回资金，有利于资金周转；另一方面也能够减少因业主资金不到位引发拖欠工程进度款而造成的承包人的损失。

⑤ 从竞争对手考虑进行投标策划。对竞争对手考虑应包括投标的竞争对手有多少，其中优势明显强过本企业的有哪些，特别是工程所在地的潜在投标人可能会有下浮优惠。另外，投标人还要分析主要竞争对手的明显优势和明显缺点，以及以往同类工程的投标方法和投标策略，投标人要用自己的优势制订切实可行的策略，以提高中标的可能性。

⑥ 从工程清单着手作出投标策划。招标工程量清单的准确性由招标人负责。投标人在研究和复核工程量清单时，若发现工程量清单与施工图样所示工程量有误差，或发现清单上的工程量少于施工图样所示的工程量且估计必须按施工图样施工时(如钢筋工程、混凝土工程、屋面防水工程)，投标人可以适当提高报价；若发现清单中的工程量多于施工图样所示的工程量，或清单中部分项目有可能会被取消，可以将综合单价适当报低。无工程量而

只报单价的项目，估计日工资、零星施工机械台班小时、土石方中淤泥或岩石等备用单价，宜适当报高一些。这样既不影响投标总报价，又在以后发生此种项目施工时可多得利润。对工程量较大的项目报清单项目报价分析表时，人工费、机械设备费等可报高价，而材料费可报低价，因为材料费一般容易获得调整价差。对暂定工程或暂定数额的项目要具体分析，因为这类项目要待开工后再与业主研究是否实施，其中肯定要做的项目的单价可报高一些，不一定要做的项目的单价则应报低一些。

3.2.5　投标的可行性研究

投标人的投标是签订合同的要约，要约生效以后即对要约人产生约束。投标人编制的投标书是要约的书面形式，又是合同的组成部分，投标人应当按照招标文件的要求编制投标文件。投标文件应当对招标文件提出的实质性要求和条件作出响应，并一一作出相应的回答，不能存在遗漏或重大的偏离，否则将被评标委员会作为废标，从而使投标人失去中标的可能。

因此，投标人在编制投标文件时不能不结合自身的实力而一味作出响应，签订合同后如果不能完成自己的责任和义务，将要承担违约责任或不能实现预期利润甚至亏损，从而也就失去了投标的意义。投标人应根据自身的经济、技术、设备、人员和管理能力，汇总分析各种因素对工程成本的影响，从而作出合理的报价；应在工程项目实施组织方面作出合理的部署确保项目能按招标文件的要求和投标文件予以实施；在分析投标报价和签订合同时，价格要合理，以降低自身经济风险，确保实现预期利润。在工程项目实施过程中能否实现招标人和投标人双赢，投标人要对投标方案和投标文件的可行性进行分析。

1．投标人自身条件的可行性研究

投标人对自身条件的研究是投标研究的重要条件，一般来说，应研究以下几个方面的内容。

(1) 投标人应根据招标文件的规定或工程规模，考虑企业施工资质是否满足规定和需要。

(2) 投标人应研究分析项目负责人和项目管理人员的专业素质、管理能力、工作业绩情况，看其能否承担招标工程项目管理、指挥、协调的需要，若不能满足，看能否及时通过招聘解决。

(3) 投标人应研究分析企业各工种技术工人的数量和调配情况，劳动力能否满足工程项目建设施工的需要，工人数量不足时，能否及时通过招募补充。

(4) 投标人能否对工程项目部实施有效的管理，管理的方案是否可行。

(5) 投标人的机械设备、周转材料能否满足工程项目的需要，不能满足时，在经济上、时间上能否及时解决。

(6) 根据招标文件的说明，投标人的流动资金是否满足需要，是否有流动资金的计划方案。

2．对业主的研究

对工程项目业主的研究包括以下内容。

(1) 项目资金来源是否有保障以及工程款项支付的能力。招标人要重点研究工程项目

的资金是什么性质，资金是否落实，工程款项是否能够按时支付，还要研究业主的企业实力和社会信誉等。

(2) 研究业主的管理水平。业主的社会信誉、技术能力、管理水平很大程度上决定着工程项目能否按招标文件和合同顺利实施。有些项目的业主技术管理水平都很低，法制意识淡薄，又不讲道理，这样的项目业主将会使中标人的计划全部被打乱，进而给中标人带来不可估量的损失。

3. 对竞争对手的研究

对竞争对手的研究包括以下内容。

(1) 该公司的能力和过去几年内他们的工程承包业绩，包括已完成和正在实施的项目情况。

(2) 该公司的主要特点，其突出的优点和明显的弱点。

(3) 该公司正在实施的项目情况，其对此投标项目中标的迫切程度。

(4) 该公司在历次投标中的投标策略、方法、手段。

4. 对投标人技术方案的可行性研究

投标人要根据工程项目的特点和招标文件的规定，结合工程项目的地理、环境、人文、自然条件和设计图样的情况，在编制技术方案(或施工组织设计)时应确保工程进度、工程质量、工程安全、文明施工、工程成本控制等技术措施和组织措施周密可行，要确保能达到招标文件的要求，投标人要研究分析自身条件能否保证这些措施实施，能否按施工组织设计实现人、财、物的供应，能否实现工程项目的质量、进度、安全、造价等方面的目标计划。

投标人按照招标文件和企业的技术实力、企业定额以及市场价格，对工程量清单进行成本计价核算，并考虑适当的利润，最终形成工程项目的投标报价。投标报价不得低于企业成本价，因为投标人参与投标的最终目的是获得合理的利润。报价太低，企业会损失利润，而报价太高又将失去中标机会。可见，投标报价的可行性研究是投标的重要一步。

小 知 识

现行工程量清单计价所采用的方式有两种。

(1) 方案法：以所有编制的工程量、施工工艺、技术方案来计算，将工程耗用的人工量、材料实用量、材料工艺损耗量、辅助材料耗用量和使用机械台班量，作为核算工程量清单耗用各项费用的依据。

(2) 定额法：以构成工程量施工工艺技术定额作为工程量清单耗用各项费用的依据。

3.3 建筑工程项目的投标策略

建筑施工企业通过投标取得项目是市场经济条件下的必然。但是，作为投标人来说，并不是每标必投，因为投标人既要在投标中获胜，中标得到承包工程，又要从承包工程中赢利，就需要研究投标决策的问题。投标决策包括3方面内容：其一，针对项目招标决定投标或是不投标；其二，进行何种性质的投标；其三，投标中如何以长制短，将自己的施工技术或成本管理优势充分发挥出来。投标决策的正确与否关系到能否中标和中标后的效益，关系到施工企业的发展前景和职工的经济效益。因此，企业的决策班子必须充分认识到投标决策的重要意义，把这一工作摆在企业的重要议事日程上。

3.3.1 影响投标决策的内部因素

1. 技术实力

主要包括是否有精通本行业的估价师、工程师、会计师和管理专家组成的组织机构；是否有工程项目施工专业特长，能解决各类工程施工中的技术难题；是否具有同类工程的施工经验；是否有一定技术实力的合作伙伴，如实力强大的分包公商、合营伙伴和代理人等。

技术实力不但决定了承包商能承揽工程的技术难度和规模，而且是实现较低的价格、较短的工期、优良的工程质量的保证，直接关系到承包商在投标中的竞争能力。

2. 经济实力

主要包括是否具有充裕的流动资金；是否具有一定数量的固定资产和机具设备；是否具有必要的办公、仓储、加工场所；承揽涉外工程时，是否具有筹集承包工程所需外汇的能力；是否具有支付各种保证金的能力；是否有承担不可抗力带来风险的财力。经济实力决定了承包商承揽工程规模的大小，因此投标决策时应充分考虑这一因素。

3. 管理实力

管理实力决定着承包商承揽项目的复杂性，也决定着承包商能否根据合同的要求高效率地完成项目管理的各项目标，通过项目管理活动为企业创造较好的经济效益和社会效益，因此在投标时不能忽略这一因素。

4. 信誉实力

承包商的信誉实力事务性的资产是企业竞争力的一项重要内容。企业的履约情况、获奖情况、资信情况和经营作风都是建设单位选择承包商的条件，因此投标决策时应正确评价自身的信誉实力。

3.3.2 影响投标决策的企业外部因素

1. 建设单位情况

主要包括建设单位的合法地位、支付能力和履约信誉等。建设单位支付能力差、履约信誉不好都将损害承包商的利益，因此是投标决策时应予以充分重视的因素。

2. 竞争对手情况

包括竞争对手的数量、实力、优势等情况。这些情况直接决定了竞争的激烈程度。竞争激烈则中标率小，投标的费用风险就大；而且竞争越激烈，一般来说中标价越低，对承包商的经济效益影响越大。因此，竞争对手情况是对投标决策影响最大的因素之一。

3. 监理工程师情况

监理工程师立场是否公正直接关系到承包商能否顺利实现索赔以及合同争议能否顺利得到解决，从而关系到承包商的利益能否得到合理的维护。因此，监理工程师的情况对投标决策也有很大影响。

4. 法制环境情况

我国的法律、法规具有统一或基本统一的特点，但投标所涉及的地方性法规在具体内容上仍有不同，因而异地项目的投标决策除研究国家颁布的相关法律、法规外，还应研究地方性法规，进行国际工程承包时，则必须考虑法律适用的原则，包括强制性适用工程所在地法的原则。

5. 地理环境情况（包括项目所在地的交通环境）

地质、地貌、水文、气象情况部分决定了项目实施的难度，从而会影响项目建设成本。而交通环境不但对项目实施方案有影响，而且对项目的建设成本也有一定影响。因此地理环境也是投标决策的影响因素。

6. 市场环境情况

在工程造价中劳动力、建筑材料、设备以及施工机械等直接成本占 70% 以上，因此项目所在地的工、料、机具的市场价格对承包商的效益影响很大，从而对投标决策的影响也必定较大。

7. 项目自身情况

项目自身特征决定了项目的建设难度，也部分决定了项目获利的丰厚程度，也是投标决策的影响因素。

3.3.3 投标决策的内容

投标决策是指承包商为实现其一定利益目标，针对招标项目的实际情况对招标可行性决策的影响因素。

一般说来，建设工程投标决策主要包括 3 个方面：投标项目选择决策、施工方案决策、投标报价决策。

1. 建设工程投标决策

建设工程投标决策的首要任务是在获取招标信息后对是否参加投标竞争进行分析、论证，并作出抉择。

若项目对投标人来说基本上不存在技术、设备、资金和其他方面的问题，或虽有技术、设备、资金和其他方面的问题但可预见并已有了解决办法，就属于低风险标。低风险标实际上就是不存在什么未解决或解决不了的重大问题，没有大的风险的标。如果企业经济实力不强，投低风险标是比较恰当的选择。

若项目对投标人来说存在技术、设备、资金或其他方面未解决的问题，承包难度比较大，就属于高风险标。投高风险标，关键是能想出办法解决好工程中存在的问题。如果问题解决得当，可获得丰厚的利润，开拓出新的技术领域，锻炼出一支好的队伍，使企业素质和实力上一个台阶；如果问题解决得不好，企业的效益、声誉等都会受损，严重的可能会使企业出现亏损甚至破产。因此，承包商对投标进行决策时，应充分估计项目的风险。

承包商决定是否参加投标，通常要综合考虑各方面的情况，如承包商当前的经营状况和长远目标、参加投标的目的、影响中标机会的内部和外部因素等。一般说来，有下列情形之一的招标项目，承包商不宜选择投标。

(1) 工程规模超过企业资质等级的项目。

(2) 超越企业业务范围和经营能力之外的项目。

(3) 企业当前任务比较饱满，而招标工程是风险较大或盈利水平较低的项目。

(4) 企业劳动力、机械设备和周转材料等资源不能保证的项目。

(5) 竞争对手在技术、经济、信誉和社会关系等方面具有明显优势的项目。

2．施工方案决策

施工方案的选择不但关系到工程质量好坏、进度快慢，最终都会直接或间接影响到工程造价。因此，施工方案的决策不是纯粹的技术问题，也是造价决策的重要内容。

有的施工方案能提高工程质量，虽然成本要增加，但能降低返工率，又会减少返工损失。反之，在满足招标文件要求的前提下选择适当的施工方案，控制的成本和减少的返工损失之间如何权衡，需要进行详细的分析和决策。

有的施工方案能加快进度，虽然需要增加抢工费，但进度加快能节约施工的固定成本。反之，适当放慢进度，工人的劳动效率会提高，也不会发生抢工费，但工期延长引起固定成本增加，总成本又会增加。因此，必须进行详细的分析和决策，选择合理可行的施工方案。

3．投标报价决策

投标报价的决策分为宏观和微观决策，应先进行宏观决策，之后进行微观决策。

(1) 报价的宏观决策。就是根据竞争环境，宏观上采取报高价还是报低价的决策。

一般来说，项目有下列情形之一的，投标人可以考虑以追求效益为主，报高价：建设单位对投标人特别满意，希望发包给本承包商；竞争对手较弱，投标人与之相比有明显的技术、管理优势；投标人在建任务虽饱满，但招标利润丰厚，值得并能够承受超负荷运转。

有下列情形之一的，投标人可以考虑投标以保本为主，报保本价：招标工程竞争对手较多，投标人无明显优势，而投标人又有一定的市场或信誉方面的目的；投标人在建任务少、无后继工程，可能出现或已经出现部分窝工。

有以下情形之一的，投标人可以决定承担一定额度的亏损，报亏损价：招标项目的强劲竞争对手众多，但投标人出于发展的目的志在必得；投标人企业已出现大量窝工，严重亏损，急需寻求支撑；招标项目属于投标人的新市场领域，本承包商渴望参与进入；招标工程属于投标人垄断的领域，而其他竞争对手强烈希望插足。必须注意，我国有关建设法规都对低于成本价的恶意竞争进行了限制，因此对于国内工程来说是不能报亏损价的。

(2) 报价的微观决策。就是根据工程的实际情况与报价技巧具体确定每个分项目工程是报高价还是报低价，以及报价的高低幅度。这部分内容将在投标报价实务中详述。

3.3.4　投标策略

投标策略是投标人经营决策的组成部分，指导投标全过程。影响投标策略的因素十分复杂，加之投标策略与投标人的经济效益紧密相关，所以必须做到及时、迅速、果断。投标时，根据经营状况和经营目标，既要考虑自身的优势和劣势，也要考虑竞争的激烈程度，还要分析投标项目的整体特点，按照工程的类别、施工条件等确定投标策略。在实际工程中经常采用的投标策略由组建联营体以弱胜强策略、低投标报价或突然降低报价抢标策略、给予业主方面更多优惠条件策略等。

1. 组建联营体投标策略

联营体有别于一个承包商单独承包项目，是指两个或两个以上企业之间或企业和事业单位之间在平等自愿的基础上组成联营体，以联营体名义竞争承包工程任务。

(1) 联营体形式。根据组成的联营体性质，可以分为 3 种形式。

① 法人型联营体。各成员的联营体为新的经济实体，独立承担民事责任，具备法人资格。

② 合伙型联营体。组成的联营体不具备法人资格，各成员共同经营。联营各方按照出资比例或协议的约定，以各自所有的或者经营管理的财产承担民事责任，依照法律规定或协议负连带责任。

③ 合同型联营体。联营各方按照合同的约定各自独立经营，其权利和义务由合同约定，各自承担民事责任。

(2) 联营体特征。因为联营体由多家单位联营，所以联营体具有以下特征。

第一，联营体是参与工程竞争与实施承包的一个实体，必须是有两个或两个以上有独立法人的承包单位联合组建。

第二，参加联营体的各单位可以是各自独立经营的企业，但是在共同承包的项目中，必须根据合同或预先达成的协议承担各自的义务和分享权利，包括人力和财力资源的投入、机械设备等各项费用的分摊、利润分享、风险分担。

第三，联营体成员必须签订联营体合同或协议。在合同和协议中，应有使所有联营体成员受到法律约束的签字。联营体的合同和协议对内是合作与分工的依据，对外则是整体的承诺。

第四，联营体各单位要推选出一个单位作为责任方，代表联营体与业主签订合同，对业主负责，并协调联营体内部关系。一般情况下，联营体还应推选一名代表，作为本项目的总负责人和与业主的沟通人。

(3) 联营体优势和管理难点。基于联营体的上述特征，不论采取何种形式，它对承包和发包各方有优势。

对建设方来说，可以增强承包商实力。由于多家联合、资质互补，在资金、技术和管理上可以取长补短，发挥各自特点。其优势是：互相学习提高能力、有能力承包更大的工程任务；低成本高效率履行协议；提高竞争能力。

联营体投标进一步分担承包商的风险，增强抵御风险的能力。联营体除了可以发挥各家公司的优势外，另一重要作用是分担风险。例如，一家公司和其他公司组成联营体，其在单一项目上的资金占用和风险承担减小，就可以并行承揽多个甚至几十个项目，这样不但各项目互相衔接，可以避免资源忙闲不均，而且，即使有一个或几个项目出现亏损或需暂时垫付资金，其他项目的收益也可以弥补。

从财务与承包商的资金投入上看，联营体个体可减少财务份额，包括担保金、保险金、周转资金与机械设备投入。

对业主来说，联营体承包有以下优点：其一可以保证优质优价，由于联营体成员间优势互补，可以降低工程实施成本，提高质量；其二可降低风险，在项目实施过程中，若联营体一个成员企业破产，其他成员共同补充人力财力物力，不使工程进展受到影响，业主不会因此而造成损失；其三便于管理，多家单位中只需一个责任方与业主签约，便于业主管理。

当然，由于多家单位联营，联营体在管理上与独家承保相比难度更大，需要联营各方有很好的双赢意识、平衡艺术和沟通技能。这些都构成联营体项目管理的特点，也是管理上的难点，稍不注意就会出现纠纷，影响团队优势的发挥，尤其在经济利益分配方面可能出现矛盾。

2. 低投标报价中标策略

一般来说，投标人对投标报价的计算方法大同小异，造价工程师的基础价格资料也是相似的，因此，理论上各投标人的投标报价同招标人的标底价都应相差不远，为什么在实际投标中价格却出现很多差异呢？除了那些明显的计算失误、误解招标文件内容、有意放弃竞争而报高价者外，出现投标报价差异主要有以下原因：一是追求利润高低的不同。有的投标人急于中标以维持生存局面，不得不降低利润率，甚至不计取利润；也有的投标人机遇较好，并不急切求得中标，而追求较高的利润。二是各自拥有不同的优势。有的投标人拥有闲置的机具和材料；有的投标人拥有雄厚的资金；有的投标人拥有众多优秀管理人才等。三是选择的施工方案不同。对于大中型项目和一些特殊的工程项目，施工方案的选择对成本影响较大。科学合理的施工方案，包括工程进度合理安排、机械化程度的正确选择、工程管理的优化等，都可以明显降低施工成本，从而降低报价。四是管理费用的差别。集团企业和中小企业、老企业和新企业、项目所在地企业和外地企业之间的管理费用差别是比较大的，特别是在工程量清单计价模式下显示投标人个别成本，这种差别将显得更加明显。

投标报价不是中标的唯一因素，但却是中标的关键性因素。在议标中，投标者适时提出降价要求是议标的主要手段。降低投标报价可从以下 3 个方面入手。

(1) 降低投标利润。确定投标利润既要围绕争取最大未来收益这个目标，又要考虑中标率和竞争人因素的影响。通常，投标人准备两个价，应付一般情况的适中价格和应付特殊竞争环境需要的替代价格，后者是通过调整报价利润所得出的总报价。两个价格中后者可以低于前者，也可以高于前者。如果需要降低投标报价，即可采用低于适中价格，使利润减少以降低投标报价。

(2) 降低经营管理费。经营管理费应该作为间接成本进行计算，为了竞争的需要也可以降低这部分费用。

(3) 设定降价系数。降低系数是指投标人在投标作价时，预先考虑一个未来可能降价的系数。如果开标后需要降价竞争，就可以参照这个系数进行降价；如果竞争局面对投标人有利，则不必降价。

采用低价策略投标，应当对这个低报价进行多方面分析，分析的目的是探讨这个报价的合理性、竞争性、盈利性及风险性。降低投标报价必须讲究"合理"二字，并不是越低越好，不能低于投标人的个别成本，不能由于低价中标而造成亏损。投标人必须是在保证质量、工期的前提下，保证预期利润及考虑一定风险的基础上确定最低成本价。

3. 补充业主优惠条件

除中标关键因素——价格外，在议标谈判的技巧中，还可以考虑其他的许多重要因素，如缩短工期、提高工程质量、降低支付条件要求、提出新技术和新设计方案以及提供补充物资和设备等，以此优惠条件争得招标人的赞许，争取中标。例如，在鲁布革引水系统工程招标中，日本大成公司就是开标后承诺给予中方分包工程、赠与施工设备、免费培训中方水电施工队伍而中标的，这种策略在国际工程中经常采用。

小知识

在实际建筑工程投标时，我们经常会听到"串标"这个词语。什么是串标呢？

它是指投标人相互之间或者投标人与招标人之间为了个人或小团体的利益，不惜损害国家、社会、招标人和其他投标人的利益而互相串通，人为操作投标报价和中标结果，进行不正当竞争的一种违法行为。串标不仅严重干扰和破坏招标投标活动的正常顺序，而且还人为地哄抬投标报价，损害国家、集体和招标人或其他投标人的利益，甚至最终让技术力量较差、管理水平较低的投标人中标，导致工程质量、工期、施工安全无法得到保证。

串通投标的主要现象有如下表现。

1. 投标人之间相互串通

(1) 建立价格同盟，设置陪标补偿。在招标投标市场中，某些投标人或者包工头在获得项目招标信息后四处活动，联系在本地区登记备案的同类企业(潜在投标人)建立利益同盟，特别是本地区企业"围标集团"，排挤其他投标人，干扰正常的竞价活动，并相互勾结，私下串通，设立利益共享机制，就投标价格达成协议，约定内定中标人，以高价中标后给予未中标的其他投标人失标补偿费。这种"陪标"行为使投标人之间已经不存在竞争，使少数外围竞争对手的正常报价失去竞争力，导致其在评标时不能中标，也使招标人不能达到预期节约、择优的效果，并且失标补偿费也是从其支付的高价中获取的。

(2) 轮流坐庄。投标人之间互相约定，在本地区不同的项目或同一项目不同标段中轮流以高价中标，使投标人无论实力如何都能中标，并以高价位捞取高额利润，而招标人也无法选出最优投标人，使其造成巨大损失。

(3) 挂靠垄断。一家企业或个体包工头通过挂靠本地多家企业或者联系外地多家企业来在本地设立分支机构，在某一项目招标时，同时以多家企业的名义参加同一标的投标，形成实质的投标垄断，无论哪家企业中标，都能获得高额回报。同时，通过挂靠，使得一些不具备相关资质的企业或个人得以进入原本无法进入的经营领域。

2. 招标人(或招标代理机构)与投标人之间相互串通

(1) 透露信息。招标人(招标代理机构)与投标人相互勾结，将能够影响公平竞争的有关信息(如工程实施过程中可能发生的设计变更、工程量清单错误与偏差等)透露给特定的投标人，造成投标人之间的不公平竞争。尤其是在设有标底的工程招标中，招标人(招标代理机构)私下向特定的投标人透露标底，使其以最接近标底的投标价中标。

(2) 事后补偿。招标人与投标人串通，由投标人超出自己的承受能力压低价格，中标后再由招标人通过设计变更等方式给予投标人额外的补偿。或者是招标人(招标代理机构)为使特定投标人中标，与其他投标人约定，由其他投标人在公开投标时抬高价，待特定投标人中标后给予其他投标人一定的补偿。

(3) 差别待遇。招标人(招标代理机构)通过操作专家评审委员会，使其在审查评选标书时对不同投标人相同或类似的标书实行差别待遇。甚至在一些实行最低投标中标的招标中，为使特定投标人中标，个别招标人(招标代理机构)不惜以种种理由确定其他最低价标书为废标，确保特定投标人中标。

(4) 设置障碍。招标人(招标代理机构)故意在资格预审或招标文件中设置某种不合理的要求，对意向中的特定投标人予以度身招标，以排斥某些潜在投标人或投标人，操作中标结果。

招标文件对于串通投标的防范对策如下。

(1) 掌握串通形式和经常参与串标企业的信息。

(2) 在招标文件中制定串通投标行为的具体认定标准。

按照有关法律法规精神，参考国内外的相关做法，根据工程建设招标投标工作实际，明确串通投标违规行为的具体认定条件，并将其列入招标文件废标条款中。例如，有下列情形的可按废标处理。

① 不同投标人的投标文件中列出的人工费、材料费、机械使用费、管理费及利润的价格构成部分或全部雷同的。

② 不同投标人的施工组织设计方案基本雷同的。

③ 开标前已有反映，开标后发现各投标人的报价等与反映情况吻合的。

④ 不同投标人的投标文件出现评标委员会认为不应雷同的(文字编排、文字内容、文字及数字错误等)。

3.4 施工投标文件

最终确定报价后，便可编写投标文件。编制投标文件也称填写投标书或编制报价书。投标文件的编写要完全符合招标文件的要求，一般不带任何附加条件，否则会导致废标。

投标文件是投标活动的一个书面成果，它是投标人能否通过评标、决标而签订合同的依据。因此，投标应对投标文件的编制给予高度重视。

1. 投标文件的组成

投标文件一般包括以下几个方面的内容。

(1) 投标函及其附表。

(2) 法定代表人资格证明书和法定代表人的授权委托书。

(3) 各种资格证明材料。

(4) 详细的预算书、投标报价汇总表、主要材料用量汇总表。

(5) 计划投入的主要施工设备表、项目经理与主要施工人员表。

(6) 钢材、木材、混凝土、特材和其他需要甲方供应的材料的用量，所需要人工的总工日数等。

(7) 施工规划，包括主要的施工方法、技术措施、工程投入的主要物质机具设备进场计划及劳动力安排计划、质量保证体系及措施、工期进度安排及保证措施、安全生产及文明施工措施、施工平面布置图等。

项目管理班子配备，包括项目管理班子配备情况表、项目经理简历表、技术负责人简历表。

(8) 近两年来的工作业绩、获得的各种荣誉(需要提供证书的复印件，必要时验证原件)。

(9) 对招标文件中合同协议条款内容的确认和响应，该部分内容往往并入投标书或投标书附录。

(10) 资格预审资料(如经过资格审查则不需要提供)。

(11) 投标担保书和招标文件要求提交的其他条件等。

上述第1~6项及第9项内容组成商务标，第7项为技术标的主要内容，第8、第9项内容组成资信标(也可俗称综合标)或并入商务标、技术标内，具体根据招标文件规定。

投标人必须使用招标文件提供的投标文件表格格式，但表格可以按同样格式扩展。招标文件中拟定的供投标人投标时填写的一套投标文件格式，主要有标书及投标书附录、工程清单与报价表、辅助资料表等。

2. 编制投标文件的准备工作

(1) 组织投标班子，确定人员的分工。

(2) 仔细阅读招标文件中的投标须知、投标书及附表、工程量清单、技术规范等部分，发现需要业主解释澄清的问题应组织讨论。需要提交业主组织的标前会的问题，应书面寄交业主。标前会后发现的问题应随时函告业主，切勿口头商讨。来往信函应编号存档备查。

(3) 投标人应根据图纸审核工程量清单中分项、分部工程的内容和数量。发现错误则应在招标文件规定的期限内向业主提出。

(4) 收集现行定额、综合价单、取费标准、市场价格信息和各类有关标准图集，并熟悉政策性调价文件。

(5) 准备好有关计算机软件系统，力争投标文件全部用计算机打印，包括网络进度计划。

3. 编制投标文件的原则和要求

1) 编制投标文件的原则

(1) 严格保证所有定额、费率、单价和工程量的准确性。

(2) 不同的承包方式采用相应的单位计算标价，如按建筑工程的单位面积单价承包、按工程图纸及说明资料总价承包等。

(3) 规范与标准统一，文字与图纸统一。

(4) 投标书中各条款具有法律效力，是合同的依据，一经报出即不能撤回，故文字表述要力求准确、完整。

2) 编制投标文件的要求

(1) 投标文件必须采用招标文件规定的文件表格格式。填写表格应符合招标文件的要求，否则招评标时会被认为放弃此项要求。重要的项目和数字，如质量等级、价格、工期等如未能填写，也将作为无效或作废的投标文件处理。

(2) 所编制的投标文件"正本"只有一份，"副本"则按招标文件附表要求的份数提供。正本与副本若不一致，以正本为准。

(3) 投标文件应打印清楚、整洁、美观。所有投标文件均应由投标人的法定代表人签署，加盖印章以及法人单位公章。

(4) 应核对报价数据，消除计算错误。各分部分项工程的报价及单方造价、全员劳动生产率、单位工程一般用料、用工指标、人工费和材料费等的比例是否正常等，应根据现有指标和企业内部数据进行宏观审核，防止出现大的错误和漏项。

(5) 全套投标文件应当没有涂改和行间插字。如投标人造成图改或行间插字，所有这些地方均应由投标人签字并加盖印章。

(6) 如招标文件规定投标保证金为合同总价的某一百分比时，投标人不宜过早开具投标保函，以防止泄露自己的报价。

(7) 编制投标文件的过程中，投标人必须考虑开标后如果成为评标对象而在评标过程中应采取的对策，比如在我国鲁布格引水工程招标中，一家日本公司在这方面进行了很好的准备，决策及时，因而在评标中取胜，获得了合同。如果情况允许，投标人也可以向业主致函，表明投送投标文件后考虑到同业主长期合作的诚意，决定降低标价几个百分点。如果投标文件中采用了代替备选方案，函中也可阐明此方案的优点；也可在函中明确表示，将在评标时与业主招标机构讨论，使此报价更为合理等。应当指出，投标期间来往信函要写得简短、明确，措词要委婉、有说服力。来往信函不单是招标与投标双方交换意见与澄清问题，也是使业主对致函的投标人加深了解、建立信任的主要手段。

(8) 投标文件中每项要求填写的空格都必须填写，不得留空，否则被视为放弃意见；不填写重要数字可能被作为废标处理。

(9) 填报文件应反复校核，保证分项和汇总计算均准确无误。

(10) 最好打印填写投标文件，或用钢笔正楷书写。

(11) 所有投标文件的装帧应美观大方，投标商要在每一页上签字，较小工程可以装订成册，大、中型工程可分为下列几部分封装。

第一部分，有关投标者的资历、业绩与项目经理部的配备文件(综合标)，如投标委任书、投标者资历证明、已完成工程与在建工程表、主要技术人员表、项目经理业绩、投标保函、投标人在项目所在地的注册证明、投标附加说明等。

第二部分，与报价有关的技术文件(技术标)，如施工规划、施工机械设备表、施工进度表、劳动力计划表等。

第三部分，报价表(商务标)，包括工程量表、详细的工程预算书、单价表、总价表等。

总之，要避免因细节的疏忽和技术上的缺陷造成标书无效。

4. 整理备忘录提要

招标投标文件一般都有明确规定，不允许投标者对招标文件的各项要求进行随意取舍、修改或提出保留。但是在投标过程中，投标人对招标文件反复深入研究后，往往会发现很多问题，这些问题大体可分为3类。

第一类，对投标人有利的，可以在投标时加以利用或在以后提出索赔要求，这类问题投标者在投标时一般不提。

第二类，发现的错误明显对投标人不利的，如总价包干合同工程项目漏项或工程量少，这类问题投标人应及时向业者提出质疑，要求业主更正。

第三类，投标者希望通过修改招标文件的某些内容和条款或希望补充某些规定，以使自己在合同实施时能处于主动地位的问题。

上述问题在准备投标文件时应单独写成一份备忘录提要。但这份备忘录提要不能附在投标文件中提交，只能自己保存，留待合同谈判时使用。也就是说，当该投标使招标人感兴趣，邀请投标人谈判时，再把这些问题根据当时情况一个一个拿出来谈判，并将谈判结果写入合同协议书的备忘录中。

5. 投标文件的报送

报送投标文件也称递标，是指投标人在规定的截止日期之前将准备妥当的所有投标文件密封递送到招标单位的行为。

招标单位在收到投标人的投标文件后，应签收或通知投标人已收到其投标文件，并记录收件日期和时间，同时，开标之前所有投标文件均不得启封，并应采取措施确保投标文件的安全。

3.5 案 例 分 析

案例分析 1

×××教学楼工程投标资格预审文件的编制

一、资格预审须知

(一) 参加资格预审的单位必须具有独立的法人资格和相应的资质，非我国注册的单位应该通过建设行政主管部门有关管理规定取得相应的资质。

(二) 招标人拟对本工程的投标人进行资格预审。投标申请人可对本次发包的 (一个或多个)标段提出资格预审申请。

(三) 施工单位提供的全部资料必须准确详细，以便招标人作出正确的判断。资格预审将完全依据资格预审文件提供的资料或者按招标人要求所报资格预审文件的澄清材料。如果没按要求在资格预审文件中提供具体证明材料，可能导致资格预审不合格。

(四) 投标申请人如有分包，应详细提供分包理由和分包内容，如分包理由不充分或分包内容不适当，则不能通过资格预审。

(五) 如果参加资格预审的施工单位是由几个独立的分支机构或专业单位组成的，其预审申请应说明哪一分支机构或专业单位负责承担工程的各主要部分。

(六) 由两个以上具有独立法人资格的施工单位组成的联合体，联合体的每一个成员须提交要求单独参加资格预审的投标人提交的全套文件外，还应符合以下规定。

1. 投标人在提交投标文件的同时应附上联合体协议，该协议中应规定所有联合体成员在合同中共同和各自的责任。

2. 预审文件须包括一份联合体各方计划承担的合同额和责任的说明。联合体的每一成员须具备执行其所承担工程的充足经验和能力。

3. 预审文件应指定一个联合体成员作为主办人，主办人应被授权代表所有联合体成员接受指令，并由主办人负责整个合同的全面实施。

4. 资格预审后，联合体在组成等方面的任何变化，须在提交投标文件截止时间之前征得招标单位的书面同意。如果联合体的变化导致如下情况，则不能得到允许。

(1) 联合体成员中有事先未能通过资格预审的单位。

(2) 联合体成员中有不符合资格预审文件规定的标准的。

5. 不允许任何单位同时参加两个以上(含两个)联合体的投标，任何违反这一规定的资格预审文件及证明材料将被拒绝。

6. 联合体总体能力的评估以资质等级低的成员的资格条件为基础。

(七) 参加资格预审的单位应提交以下材料，以证明其符合规定要求及履行合同的能力。

1. 有关确定投标单位法律地位原始文件的副本(包括营业执照、企业资质登记证明书等)。在武汉建设网报名的除外(网上已自动完成)。

2. 企业近两年已完成工程。

3. 目前在建工程情况说明。

4. 执行本合同所具备的主要施工设备的详细说明。

5. 管理和执行合同所具备的主要人员(包括现场内外)的资历和经验。

6. 企业财务、经营管理概况(包括过去 3 经审计过的财务状况、资金平衡和负债情况及下一年度财务预测)。

7. 其他: _____。

(八) 资格预审申请表的每一页均应由投标申请人的法定代表人或委托人代理签字。如不是投标申请人的法定代表人签字,应附有法定代表人授权委托书。

(九) 资格预审将采取合格/不合格制。申请人必须满足全部强制性标准及其他列明的执行标准和要求,才能通过资格预审。对资格预审评审结果,招标人将不作任何有关此决定的解释。

(十) 有以下情况之一的资格预审文件将不能通过。

1. 超过递交资格预审文件的截止时间。

2. 任意改变本资格预审文件样本或删除、修改其内容及条款。

3. 资格预审申请人所投入的人力、财力及企业信誉等不能满足招标人要求。

4. 招标人在审查期间对申请人进行实地考察逐项落实,发现申请文件中有与实际不符。

(十一) 本资格预审文件中表的格式可以按同样格式进行扩展。

二、工程概述

(一) 工程概况。

建设单位: __××建设投资有限公司__   工程名称: __××教学楼__

工程地点: _____   建筑面积: 9700m²

招标方式: __公开招标__ 栋数: 1 栋__ 结构形式: 框架结构__

地上层数: __7 层__   工程总造价: 1100 万元__   地下层数: _____

(二) 招标要求。

招标范围: 土建及安装工程施工 工程质量: 优良__   工期: 300(日历天)__

(三) 投标条件要求。

本工程要求投标人具备在武汉注册总承包施工企业资质二级以上(含二级);在建筑市场内重合同、守信誉、评价好。

(四) 建设单位联系人: _____   联系电话: _____。

招标代理单位联系人: _____联系电话: _____。

三、资格预审申请书

武汉××建设投资有限公司:

1. 我方愿意按本资格预审文件的要求,申请参加××教学楼工程投标资格预审。

2. 我方愿意同业主在资格预审期间对我们所报内容进行实际考察,并核实其真实性与准确性,我方一定积极配合。

3. 我方理解并遵守:经业主调查后,如发现我方所报内容与实际不符,将被取消投标资格,一切责任由我方自负。

4. 在确定我方为投标人后,我方愿意接受业主指定的投标段分配方案,并按照要求提供投标保证金。

投标申请人(盖章): 武汉市××建筑工程公司

法定代表人(签章):

2×××年××月××日

四、资格预审申请表

组织机构及企业状况见表 3-2。

表 3-2 组织机构及企业状况

企业名称	武汉市××建筑工程公司		负责人	
注册地址			邮政编码	430072
成立时间		电话		传真
企业级别	总承包二级		营业执照	
承包经历	10 年(国内) 年(国际)		分包经历	年(国内) 年(国际)
职工人数	总人数： 人	技术人员： 人		行政人员： 人
公司主要业务概述	(1) 可承担单项建安合同不超过企业注册资本金 5 倍的下列房屋建筑方程的施工的施工：①28 层及以下、单跨跨度 36m 及以下的房屋建筑工程；②高度 120m 及以下的构筑物；③建筑面积 12 万㎡及以下的住宅小区或建筑群体。 (2) 建筑装修装饰工程专业二级：可承担单位工程造价 1200 万元及以下建筑室内、室外装修装饰工程(建筑幕墙工程除外)的施工			

组织机构图如图 3.1 所示。

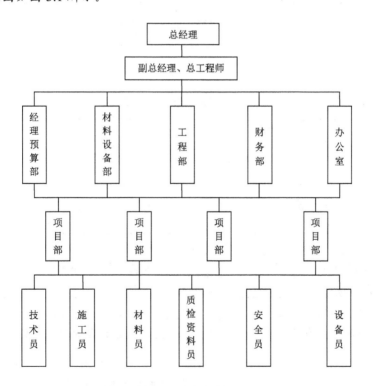

图 3.1 组织机构图

投标申请人(盖章)：武汉市××建筑工程公司
法定代表人(签章)：

2×××年××月××日

财务状况见表 3-3。

表 3-3 财务状况表

1. 资本	法定资本：2630 万元		固定资本：1530 万元
	已发行股本： 元		流动资金：1100 万元

2. 过去 3 年及当年每年承担的建筑工程的价值				
年 份	2007 年	2006 年	2005 年	2004 年
国 内	8565 万元	8500 万元	8050 万元	6800 万元
国 外	0 万元	0 万元	0 万元	0 万元

3. 目前承担工程的大概价值

在建工程造价约为 5600 万元

4. 年最大施工能力

5. 请附上公司前 3 年审计账目的副本(损/益、资产/负债)及您认为有用的其他财务资料，以下列明所有附件：

2001—2003 年财务情况详见附表(略)

6. 请附下一年财务预测

7. 能够提供资信证明的银行名称及地址

开户行： 地址：武汉市××区

投标申请人(盖章)：武汉市××建筑工程公司

法定代表人(签章)：

为达到本项目现金流量需要提出的信贷计划见表 3-4。

表 3-4 现金流量信贷计划

	信贷来源	信贷金额
1		
2		

附：银行信贷证明格式

银行：_____ 地址：_____ 日期：_____

致：_____(招标人)

兹开县最高限额为：_____元人民币的银行信贷，供_____

(招标人)在为期_____月内在_____(工程

项目)需要时使用。本行保证由_____(资格预审投标人)提供的

财务报表中所开列的作为流动资产的各项中无一包含上述所提到的银行信贷中。

银行盖章：

银行法定代表人签字：

2×××年××月××日

说明：银行信贷应为经授权可出具银行贷款的商业机构按照认可的格式出具的一种银行原始文件。

主要施工人员情况见表3-5。

表3-5　主要施工人员情况

人数	895	技术人员	150	工人	739
管理人员	190	行政人员	40	其他	6

公司领导情况

姓　名	年　龄	职　务	本公司从事施工年限
×××	××	经理	任法人代表×年，从事施工管理×年
×××	××	副经理	从事施工管理×年

主要技术人员情况

姓　名	年　龄	职　务	本公司从事施工年限
×××	××	总工	从事施工管理×年
×××	××	科长	从事建筑设计×年，施工管理×年

计划用于本工程的主要人员

姓　名	职务(职称)	从业年限	负责过的主要工程(形式与规模)
×××	项目经理(工程师)	15	××××大厦，框架15层，7979m²
×××	项目技术负责人(高级工程师)	14	××××综合楼，框架7979 m²
×××	施工员(工程师)	15	××××综合楼，框架7979 m²
×××	质检资料员(工程师)	12	××××27#住宅楼，砖混5298 m²
×××	材料员(工程师)	15	××××27#住宅楼，砖混5298 m²
×××	预算员(高级经济师)	21	××××27#住宅楼，砖混5298 m²
×××	安全员(工程师)	15	××××27#住宅楼，砖混5298 m²

投标申请人(盖章)：武汉市××建筑工程公司

法定代表人(签章)：

施工技术装备见表3-6。

表3-6　施工技术装备

1. 申请人计划用于本工程的自有抓取机械设备(监理：填写检测设备)

种类(名称)	数　量	型　号	出厂期	现在/万元
塔吊	1	FQ/23B		24
龙门吊	2	F2D15		2.4
井架卷扬机	2	30m、2t		4.2
电渣压力焊机	2	KDE-500		24
钢筋对焊机	2	VN-75		11
钢筋弯曲机	2	GW40A		1.5
高压泵	2	多级		2.8
砂浆搅拌机	1	HJ-200		2
钢筋切断机	1	GQ40-2		3
交流焊机	1	BX3-300		15
手提电锯	2	MJ50		1.1

续表

种类(名称)	数　量	型　号	出厂期	现在/万元
圆盘锯	1	MJ105		4
插入式振捣器	10	ZN50		1.1
平板振捣器	4	DZ50		0.1
钢筋调直机	1	GJ4-4/14		5.2
打夯机	1	HC700		1.5
潜水泵	2	2 英寸(约 5.08cm)		3
载重汽车	1	Q=5t		10
管子切断机	1	φ150		3
手提砂轮机	1	φ150		0.3
污水泵	1	φ150		0.2
木工圆锯机	1	MJ224		2.2
木工平刨床	1	MB103		3.8
2. 计划为本工程新购置的机械设备				
3. 计划为本工程新购置的机械设备				

投标申请人(盖章): 武汉市××建筑工程公司

法定代表人(签章):

项目经理(总监)简历表见表 3-7。

表 3-7　项目经理(总监)简历表

姓名	工作经验	性别	年龄	学历	职称	资质级别	证书编号	发证机关

工　作　简　历		
时间	单位	职务

主持工程项目主要业绩

序号	建设单位	项目名称	建设规模/m^2	工程造价/万元	开、竣工时间	工程质量
1						
2						

近两年所获荣誉、称号

注:

投标申请人(盖章): 武汉市××建筑工程公司

法定代表人(签章):

类似工程经验见表 3-8。

表 3-8 类似工程经验表

1	工程名称 ××实验楼		
2	工程地址		
3	建设单位名称	联系人	联系电话
4	建设单位地址		
5	参与该工程的方式 独立承包(√) 分包( ) 联合体( )		
6	与投标申请人的项目类似的工程性质和特点 1. 同为框架结构 2. 层次相近 3. 面积相近 4. 人工挖孔桩基础		

投标申请人(盖章): 武汉市××建筑工程公司

法定代表人(签章):

在建工程项目见表 3-9。

表 3-9 在建工程项目

业主(项目名称)	项目经理	项目所在地及其内容	监理单位	合同金额/万元	在项目中参与百分比	经核证的已定金额	质量与安全	工程计划完工日期
武汉××房地产开发公司××小区 3#4#楼			武汉××建设监理有限责任公司					

注: 项目包括那些已收到"中标通知书"或"意向书"但未签署合同的项目。

投标申请人(盖章): 武汉市××建筑工程公司

法定代表人(签章):

联合体情况见表 3-10。

表 3-10 联合体情况

主办人：联合体投标

1. 成员

2. 成员

3. 成员

注: 附联合体共同投标协议。

招标人或招标代理机构意见见表 3-11。

表 3-11 招标人或招标代理机构意见

招标人或招标代理机构意见

案例分析 2

投标书(综合标)格式的编制

通用投标书(综合标)格式

一、标函

_____:

(一) 根据已收到的_____工程的招标文件，遵照《中华人民共和国招标投标法》等有关法律法规规定，经考察现场和研究招标文件后，我方愿以人民币(大写)_____元(RMB：¥_____元)的报价投标，并按招标文件的要求承包上述工程的施工，竣工后并修补其任何工程缺陷。

(二) 一旦我方中标，我方保证在合同协议条款中规定的开工日期开始施工，并在合同协议条款中规定的预计竣工日期完成交付上述工程。

(三) 我方保证在本工程的工程质量达到_____，并保证承担工程质量若未达到_____，应承担一切责任。

(四) 我方保证在工程施工过程中，不影响业主方正常的工作秩序，不污染其环境，遵照甲方的要求施工。若造成环境污染，我方愿承担相应的责任和义务。保证文明施工达到优良施工工地，安全生产合格。

(五) 如果我方中标，我方将按招标文件的规定提交_____元(RMB：¥_____元)作为我方的履约保证金，并按约定的时间递交。

(六) 如果我方中标，我方愿意接受业主方提出的工程款付款条件。

(七) 你方的招标文件、中标通知书和本投标文件将构成约束我们双方的合同。

投标人(盖章):

法定代表人或委托代理人(签字或盖章):

单位地址: 电话: 传真:

年 月 日

二、投标函附表

投标函附表见表 3-12。

表 3-12 投标函附表

序号	项目内容	约定内容	备注
1	履约保证金的金额	(　　)元	
2	开工的时间		

续表

序号	项目内容	约定内容	备注
3	误期赔偿的金额	( )元/天	
4	工程达到优良标准补偿金	合同价款的( )%	
5	工程达到优良标准补偿金	( )元	
6	工程质量未达到优良标准时的补偿金	( )元	
7	保修金的约定	合同价格的( )元	
8	保修期的约定	屋面、卫生间、外墙与水电设施等	
9	优惠条件		

投标人(盖章):

法定代表人或委托代理人(签字或盖章):

年　　　月　　　日

三、主要材料汇总表

主要材料汇总表见表 3-13。

表 3-13　主要材料汇总表

项目		数量				单位差价/元	总差价/元
		单位	土建	安装	合计		
钢材		t					
		t					
	分项合计	t					
木材		m^3					
		m^3					
	分项合计	m^3					
水泥		t					
		t					
	分项合计	t					
商品混凝土	C15	m^3					
	C20	m^3					
	分项合计	m^3					
	其他材料						
人工	总用量	工日					

投标人(盖章):

法定代表人或委托代理人(签字或盖章):

年　　　月　　　日

四、法定代表人授权委托书

本授权委托书声明：我_____(姓名)系_____(授权人)的法定代表人，现授权委托_____(单位)_____(姓名)为我的代理人，以本公司的名义参加湖北××学校实验楼的投标。授权委托人在开标、合同谈判过程中所签署的一切文件和处理与之有关的一切事务，我均予以承认。

代理人无转委托权，特此委托。

投标人(盖章): 法定代表人(盖章):

代理人: 性别: 年龄:

身份证号码: 职务:

授权委托日期: 年 月 日

五、法定代表人的资格证明书

(略)

六、计划投入的主要施工机械设备表

计划投入的主要施工机械设备见表3-14。

表 3-14 计划投入的主要施工机械设备表

序号	机械或设备名称	型号规格	数量	国别产地	制造年份	额定功率	生产能力	备注
1								
2								
3								
4								
5								

投标人(盖章):

法定代表人或委托代理人(签字或盖章):

年 月 日

七、主要施工人员

主要施工人员表见表3-15。

表 3-15 主要施工人员表

名称		姓名	职务	职称	主要施工经验与承担过的项目
总部	生产经理				
	总工程师				
	技术负责人				
施工现场	项目经理				
	技术负责人				
	质量负责人				
	材料负责人				
	场容与安全管理				
	预算合同管理				
	信息资料管理				

投标人(盖章):

法定代表人或委托代理人(签字或盖章):

年 月 日

八、详细的工程预算书及报

(一) 详细的工程预算书

(二) 投标报价汇总

投标报价汇总表

汇总表

定额直接费	土建	安装	
预算			
投标			

投标人(盖章):

表人或委托代理人(签字或盖章):

年   月   日

九、近两年承建工程一览表

近两年承建工程见表 3-17。

表 3-17 近两年承建工程一览表

建设单位	项目名称	结构类型及层数	建筑面积/m²	开、竣工日期	合同价/万元	质量等级	项目经理	建设地点

投标人(盖章):

法定代表人或委托代理人(签字或盖章):

年   月   日

十、临时设施布置及临时用地表

(一) 临时设施布置。

投标人应提交一份施工现场的临时设施布置图标并附文字说明,说明加工车间、现场办公、设备及仓储、供电、供水、卫生及生活等临时设施的布置情况,包括用电设备的额定功率及施工高峰时用电的总功率、对施工用电的总线径要求等。

(二) 临时用地表。

临时用地表见表 3-18。

表 3-18　临时用地表

用途	面积/m²	位置	需用时间

投标人(盖章)：

法定代表人或委托代理人(签字或盖章)：

年　　　月　　　日

本章小结

　　本章主要讲述的是施工企业投标阶段的主要工作内容，进行工程投标必须严格遵守投标程序，在投标阶段具体工作有认真仔细地按业主要求编写资格预审文件；进行业主情况、市场材料价格行情、施工现场条件等方面的调查；根据自身实力进行投标决策；研究招标文件；会审施工图纸和校核工程量清单；编写施工规划与工程报价书；报送投标文件、参加开标会议等。

　　投标文件一般包括 3 方面的内容：其一，综合标部分，主要包括投标函及附表、各种资格证明文件、施工企业业绩及项目经理部的配备情况与投入设备情况；其二，技术部分，主要是项目施工的施工规划文件；其三，商务标部分，主要是工程报价标及详细的工程预算书等。

　　为了防止盲目投标，投标前应进行投标决策，内容有项目选择决策、施工方案决策、投标决策、投标报价决策等。为了提高中标概率，施工企业可采用组建联营体投标、低报价投标和补充业主优惠条件投标策略。

习　　题

一、填空题

1. _____是投标人经营决策的组成部分，指导投标全过程。

2. 投标报价的决策分为_____决策，应先进行_____，之后进行_____决策。

3. 以投标性质考虑，投标可分为_____和_____。

4. 招标工程量清单的准确性_____负责。

5. 承包商决定是否参加投标，通常要综合考虑各方面的情况，如_____、_____和_____等。

二、选择题

1. 影响投标决策的内部因素有(　　)。
   A. 经济　　　　　　B. 管理　　　　C. 信誉　　　　D. 技术实力
2. 影响投标决策的企业外部因素为(　　)。
   A. 建设单位情况　　　　　　　　　　B. 竞争对手情况
   C. 监理情况　　　　　　　　　　　　D. 地理环境
3. 降低投标报价可从以下 3 个方面入手(　　)。
   A. 降低投标利润　　　　　　　　　　B. 降低经营管理费
   C. 降低成本　　　　　　　　　　　　D. 降低质量
   E. 设定降价系数
4. 根据工程的实际情况与报价技巧具体确定每个分项目工程是报高价还是报低价，以及报价的高低幅度是(　　)。
   A. 报价的微观决策　　　　　　　　　B. 报价的分项决策
   C. 报价的宏观决策　　　　　　　　　D. 报价的细部决策
5. 投标工作机构通常应由下列成员组成(　　)。
   A. 投标决策人　　　　　　　　　　　B. 技术负责人
   C. 投标报价负责人　　　　　　　　　D. 法人
   E. 总经济师

三、思考题

1. 投标经营人员应满足哪些要求？
2. 简述投标的基本工程程序。
3. 编制资格预审文件时应注意哪些问题？
4. 施工现场勘察应了解哪些要求？
5. 简述投标文件的组成。
6. 编制投标文件时应注意哪些问题？
7. 在什么情况下，施工企业应放弃投标？
8. 组建联营体承包项目有哪些优势？

四、案例分析题

某建设项目概算已批准，项目已列入地方年度固定资产投资计划，并得到规划部门批准，根据有关规定采用公开招标确定招标程序如下，如有不妥，请改正。

①向建设部门提出招标申请；②得到批准后，编制招标文件，招标文件中规定外地区单位参加投标需垫付工程款，垫付比例可作为评标条件；本地区单位不需要垫付工程款；③对申请投标单位发出招标邀请函(4 家)；④投标文件递交；⑤由地方建设管理部门指定有经验的专家与本单位人员共同组成评标委员会。为得到有关领导支持，各级领导占评标委员会的 1/2；⑥召开投标预备会由地方政府领导主持会议；⑦投标单位报送投标文件时，A 单位在投标截止时间之前 3h，在原报方案的基础上，又补充了降价方案，被招标方拒绝；⑧由政府建设主管部门主持，公证处人员派人监督，召开开标会，会议上只宣读 3 家投标单位的报价(另一家投标单位退标)；⑨由于未进行资格预审，故在评标过程中进行资格审查；⑩评标后评标委员会将中标结果直接通知了中标单位；⑪中标单位提出因主管领导生病等原因 2 个月后再进行签订承包合同。

第 4 章

建筑工程投标报价

教学目标

通过本章的学习，应了解建筑工程项目投标报价的原则、程序；熟悉建筑工程施工合同价谈判；掌握建筑工程项目投标报价技巧。

学习重点

(1) 建筑工程项目投标报价技巧。
(2) 建筑工程施工合同价谈判。

学习建议

本章主要讲述的是建筑工程项目投标报价技巧，我们在掌握技巧后更要加强对市场的研究，以确定符合市场要求的、合理的分项单价和取费标准，采用适当的投标策略和技巧，从中提高企业中标率，保证合理的高利润和在承包市场的竞争地位。建议与预算报价这门专业课一起融会贯通来找到学习的策略。

引言

对于施工企业而言，投标的目的是为了能够中标，而中标的关键除了施工组织管理和企业自身的能力外，还有就是投标报价的高低的取舍，如何运用投标技巧和进行谈判是投标能够中标的主要切入点。另外招标人投标时，一般除了考虑报价和技术方案外，还要分析其他条件，如工期、支付条件等。因此投标决策的运用对中标具有重要意义。

4.1 建筑工程投标报价概述

施工项目投标报价是建设工程投标内容中的重要部分，是整个建设工程投标活动的核心环节，报价的高低直接影响能否中标和中标后是否获利。

4.1.1 建设工程投标报价的原则

建设工程投标报价时，可以按下述原则确定报价策略。
(1) 按招标要求的计价方式确定报价内容及各项目的计算深度。
(2) 按经济责任确定报价的费用内容。
(3) 充分利用调查资料和市场行情资料。
(4) 依据施工组织设计确定的基本条件。
(5) 投标报价计算方法应简明适用。

4.1.2 建设工程投标报价的工程程序

施工项目投标报价的工作程序为：报名参加投标→办理资格审查→取得招标文件→研究招标文件→调查投标环境→制定施工方案→计算投标报价→决定报价技巧→编制标书→投送标书。

1. 研究招标文件

投标单位报名参加或接受邀请参加某一工程的投标，通过了资格审查，取得招标文件后，首要的工作就是要认真仔细地研究招标文件，充分了解其内容和要求，以便有针对性地安排投标工作。

2. 调查投标环境

所谓投标环境就是招标工程施工的自然、经济和社会条件，这些条件都是工程施工的制约条件，必然会影响到工程成本，是投标单位报价时必须考虑的，所以在报价前要尽可能地了解清楚。

3. 制定施工方案

施工方案是投标报价的一个前提条件，也是招标单位评标时要考虑的因素之一。施工方案应由投标单位的技术负责人主持制定，主要考虑施工方法、主要施工机具的配置、各工种劳动力的安排及现场施工人员的平衡、施工进度及分批竣工的安排、安全措施等。施工方案的制订应在技术和工期两方面对招标单位有吸引力，同时又有助于降低施工成本。

4. 计算投标报价

投标计算是投标单位对承建招标工程所需发生的各种费用的计算。在进行投标计算时，必须首先根据招标文件复核或计算工程量，并按照确定的施工方案及采用的合同形式报出相应的价格。报价是投标的关键性工作，报价是否合理直接关系到投标的成败。

5. 确定报价技巧

正确的报价技巧对提高中标率并获得较高的利润有重要作用。报价技巧在后文中进行详细阐述。

6. 编制、投送标书

投标报价完后，即应编制正式标书。投标单位应按招标单位的要求编制标书，并在规定的时间内将投标文件送到指定地点。

4.2 建筑工程项目投标报价技巧

4.2.1 投标报价的确定方法

1. 投标报价的确定方法

(1) 投标报价的计算依据。

(2) 招标单位提供的招标文件。

(3) 招标单位提供的设计图纸及有关的技术说明书等。

(4) 国家及地区颁发的现行建筑、安装工程预算定额及与之相配套的费用定额、规定等。

(5) 地方现行材料预算价格、采购地点及供应方式等。

(6) 招标文件及设计图纸等不明事项经咨询后由招标单位书面答复的有关资料。

(7) 企业内部制定的有关取费、价格等的规定和标准。

(8) 其他与报价计算有关的各项政策、规定及调整系数等。

在标价的计算过程中，对于不可预见费用的计算必须慎重考虑，不要遗漏。

2. 投标报价的计算方法

计算标价之前，投标人应充分熟悉招标文件和施工图纸，了解设计图意、工程全貌，同时还要了解并掌握工程现场情况，并对招标单位提供的工程量清单进行审核。工程量确定后，即可进行投标报价的计算。

(1) 定额计价法。即以定额为依据，按定额规定的部分子项目逐项计算工程量，套用定额基价确定直接费，然后按规定的取费标准确定构成工程价格的其他费用和利税，由此获得建筑工程造价的一种计价模式。

(2) 工程量清单计价法。即由招标人按国家统一的 GB 50500《建设工程工程量清单计价规范》要求及施工图提供工程量清单，由投标人对工程量清单进行核定，并依据工程量清单、施工图、企业定额以及市场价格自主报价、取费，从而获得建筑安装工程造价的一种计价模式。

工程量清单中部分分项工程量清单为不可调整的闭口清单，投标人对招标文件提供的分部分项工程量清单必须逐一计价，对清单所列内容不允许进行任何变动。投标人如果认为清单内容有不妥或遗漏，只能通过质疑的方式由清单编制人进行统一的修正更改，并将修正的工程量清单发往所有投标人。措施项目清单为可调整清单，投标人对招标文件中所列项目可根据企业自身特点进行适当的变更增减。投标人要对拟建工程可能发生的措施项目和措施费用盘点考虑。其他项目清单由招标人部分和投标人部分组成。当投标人认为招标人列项不全时，投标人自行增加列项。

工程量清单计价是指按招标文件的要求完成工程量清单包含的全部费用，包括分部分项工程费、措施项目费、其他项目费和规费、税金。对整个计算过程，投标人要反复审核，保证各项基础数据和工程总造价正确无误。

工程量清单计价法与传统定额计价法的区别如下。

(1) 项目划分。定额以工序为划分项目；工程量清单以工程实体为划分项目，综合了相关的工序，而且实体项目与措施项目分离。

(2) 施工工艺、方法。定额是按照大多数企业采用的常规工艺、方法取定的；工程量清单则由企业自主决定施工工艺、方法。

(3) 人工、材料、机械消耗量。定额按社会平均水平计取；工程量清单计算规则则是按设计图示尺寸工程实体的数量进行计算，不考虑施工方法的影响。

3．投标报价技巧

报价技巧是指在投标报价中采用一定的手法或技巧使业主可以接受，而中标后又能获得更多的利润。常用的报价技巧主要有下面几种方法。

1) 不平衡报价法

不平衡报价法是指一个工程量项目的投标报价总价基本确定后，调整内部各个项目的报价，既不提高总价，又不影响中标，同时总结算时能得到更理想的经济效益。一般可以考虑不平衡报价法的情况有如下几种。

(1) 对能早日结账收款的项目(如土方开挖、基础工程、桩基工程等)可适当提高报价，这样有利于资金周转、存款利息也较多；而后期项目的报价可适当降低。

(2) 估计今后工程量会增加的项目，单价可适当提高；将工程量减少的项目单价降低。

上述两种情况要统筹考虑，即对于工程量有错误的早期工程，如果实际工程量可能小于工程量表中的数量，则不能盲目抬高价格，要具体分析后再定。

(3) 图纸不明确或有错误，估计修改后工程量要增加的，可以抬高单价；而工程内容解说不清楚的，则可适当降低单价，待澄清后可再要求提价。

(4) 暂定项目，又叫任意项目或选择项目，对这类项目要具体分析。因为这类项目要在开工后再由业主研究是否实施以及有哪家承包人实施。如果工程不分标，另由一家承包人施工则其中肯定实施的项目单价可高些，不一定实施的项目则应低些。如果工程分标，该暂定项目也可能由其他承包人施工时，则不宜报高价，以免抬高总报价。

采用不平衡报价法一定要建立在对工程量表中的工程量仔细核对分析的基础上，特别是报低单价的项目，如果工程量执行时增多造成承包人的重大损失；不平衡报价过多或过于明显，可能会引起业主反对，甚至导致废标，因此不平衡报价法的运用应控制在合理的范围内，一般为 8%～10%。

2) 多方案报价法

对于一些招标文件，如果发现工程范围不明确、条款不清楚或技术规范要求过于苛刻时，则要在充分估计投标风险的基础上按多方案报价法处理。也就是按原招标文件报一个价，然后再提出"如某某条款有某些变动，报价可降低多少"，由此可报一个较低的价格。这样可以降低总价，吸引业主。

3) 增加建议方案法

有时招标文件规定可以提出一个建议方案，即可以修改原设计方案而提出投标者的方案。投标者这时应抓住机会，组织一批有经验的设计施工工程师，对原招标文件的设计和施工方案仔细研究，提出更合理的方案，促成自己的方案中标。这种新建议方案可以降低总造价或缩短工期，或使工程运用更为合理。

运用增加建议方案法时要注意 3 点：第一，对原招标方案一定也要报价，这反映了对原招标文件内容的响应；第二，建议方案一定要比较成熟，有很好的可操作性；第三，建议方案不要写得太具体，要保留方案的关键技术，防止业主将此方案交给其他承包人。

4) 费用构成调整报价

(1) 计日工单价的报价。如果是单纯报计日工单价，而且不计入总价时，可以报高些，以便在业主额外用工或使用机械时多盈利。但如果计日工单价要计入总报价时，则需要具体分析是否报高价，以免抬高总报价。

(2) 暂定工程量的报价。暂定工程量有 3 种：第一种是业主规定了暂定工程量的分项内容和暂定总价款，规定所有投标人都必须在总报价中加入这笔固定金额，但由于分项工程量不是很准确，允许将来按投标人所报单价和实际完成的工程量付款。由于这种情况暂定总价款是固定的，对总报价水平竞争力没有任何影响，因此，投标时应将暂定工程量的单价适当提高，这样既不会因为今后工程量的变更而吃亏，也不会削弱投标报价的竞争力。第二种是业主列出了暂定工程量的项目和数量，但并没有限制这些工程量的估价总价款，要求投标人既列出单价，也应按暂定项目的数量计算总价，当将来结算付款时可按实际完成的工程量和所报单价支付。这种情况投标人必须慎重考虑，如果单价定高了会增大总报价，影响投标报价的竞争力，如果单价定低了，将来这类工程量增加会影响收益，一般来说，这类工程可以采用正常价格。第三种是只有暂定工程的一笔固定总金额，至于金额将来的用途由业主确定。这种情况对投标人的竞争没有实际意义，投标人按招标文件要求将规定的暂定金额列入总报价即可。

(3) 阶段性报价。对于大型分期建设工程，在一期工程投标时，可以将部分间接费摊到二期工程，少计利润争取中标。这样在二期工程招标时，凭借第一期工程的经验、临时设施以及创立的信誉，比较容易中标。但应注意分析二期工程实现的可能性，如开发前景不明确，后续资金来源不明确，实施二期工程可能性不大，则不宜考虑这种报价技巧。

(4) 无利润报价。缺乏竞争优势的承包人在某些不得已的情况下，为了中标其报价不能考虑自身利润。这种报价一般是出于以下情况采用：有可能在中标后，将大部分工程包给索价较低的分包商；分期建设的项目，先以低价获得首期工程，而后赢得机会创造二期工程中的竞争优势，在以后的工程中获得利润；承包人长时期没有在建的项目，如果再不中标，企业难以维持生存。

5) 突然降价法

这是针对竞争对手采取的一种报价技巧，其运用的关键在于突然性；先按一般情况报价或表现出自己对该工程兴趣不大，到快要截止投标时间时突然降价。要注意降价幅度应控制在自己的承受能力范围以内，且降价报出的时间一定要在投标截止时间之前，否则降价无效。

例如，某承包人参与某厂房项目的投标，经过对招标文件仔细研究后编制了投标文件，并于投标截止日期前 1 天上午将投标文件报送业主。次日(即投标截止日当天)下午，在规定的开标时间前 1 小时，该承包人又补充了一份协议，其中声明将原报价降低 4%。最终该投标人中标。在这个案例中，投标人很好地运用了突然降价法。首先原投标文件的递交时间比规定的投标截止时间仅提前 1 天，这既符合常理，又为竞争对手调整、确定最终报价留有一定时间，起到了迷惑竞争对手的作用。若提前时间太多，会引起竞争对手的怀疑。而在开标时间前 1 小时突然递交一份补充文件，这时竞争对手已不能再调整报价了，最终该投标人赢得项目。

6) 许诺优惠条件

投标报价时附带优惠条件是行之有效的一种手段。招标人投标时，一般除了考虑报价和技术方案外，还要分析其他条件，如工期、支付条件等。因此，投标人可主动提出提前竣工、低息贷款、赠与施工设备、免费转让某新技术、免费技术协作、代为培训人员等，这些均是吸引业主、利于中标的辅助手段。

小 知 识

施工企业的报价确定方式有按编制工程概预算的方法确定投标报价、按工程量清单报价编制投标价、按总值浮动率编制投标报价。

目前施工企业常用投标报价技巧有不平衡报价法、多方案报价法、增加建议方案、无利润算标等。

4.3 建筑工程施工合同谈判

施工合同具有标的物特殊、履行周期长、条款内容多、涉及面广的特点，而且往往一个大型工程施工合同的签订关系到一家企业的生死存亡。所以，应该给予工程施工合同的谈判足够重视，从而能从合同条款上全力维护己方的合法权益。

谈判是工程施工合同签订双方对是否签订合同以及合同具体内容达成一致的协议过程。通过谈判，能够充分了解对方及项目的情况，为高层决策提供信息和依据。

谈判活动的成功与否，通常取决于谈判准备工作的充分程度和在谈判过程中策略与技巧的运用。

4.3.1 谈判的准备

1. 收集资料

谈判准备工作的首要任务就是要收集整理有关合同对方及项目的各种基础资料和背景

资料。这些资料的内容包括对方的资信状况、履约能力、发展阶段、已有成绩等，还包括工程项目的由来、土地获得情况、项目当前的进展、资金来源等。这些资料的体现形式可以是我方通过合法调查手段获得的信息，前期接触过程中已经达成的意向书、会议纪要、备忘录、合同等，对方对我方的前期评估印象和意见，双方参加前期阶段谈判的人员名单及其情况等。

2．具体分析

在获得了这些基础资料、背景资料的基础上，即可进行一定的分析。俗话说"知己知彼，百战不殆"，谈判的重要准备工作就是对己方和对方进行充分分析。

(1) 调查研究工作。签订工程施工合同之前，首要确定工程施工合同的标的物，即拟建工程项目。建设项目的设计任务书和选点报告批准后，发包方就可以进行招标或委托取得工程设计资格证书的设计单位进行设计。随后，发包方需要进行一系列建设准备工作。一旦建设项目得以确定，有关项目的技术资料和文件已经具备，建设单位便可进入工程招标程序，和众多的工程承包单位接触，此时便进入建设工程合同签订前的实质性准备阶段。发包方还应该实地考察承包方以前完成的分类工程的质量和工期，注意考察承包方在被考察工程施工中的主体地位，是总包方还是分包方。不能仅通过观察下结论，最佳的方案是亲自到过去承包方合作的建设单位进行了解。完成上述工作后，发包方有了非常直接感性的认识，才能更好地结合承包方递交的投标文件，作出正确的选择。因此，全面考察选择一个合适的承包方，是发包方最重要的准备工作。

对于承包方而言，在获得发包方发出招标公告或通知的消息后，不应该一味盲目地投标，首先应该开展一系列调查研究工作。承包方需要了解的问题为：工程建设项目是否确实由发包方立项？项目的规模如何？是否合适自身的资质条件？发包方的资金实力如何？等。这些问题可以通过审查有关文件，如发包方的法人营业执照、项目可行性研究报告、立项批复、建设用地规划许可证等加以解决。承包方为了承接项目，往往主动提出某些让利的优惠条件，但是项目是否真实、发包方主体是否合法、建设资金是否落实等原则性问题必须明确，否则，即使在竞争中获胜中标承包了项目，一旦发生问题，合同的合法性和有效性便得不到保证。此种情况下，受损害最大的往往是承包方。

上述对项目可行性的研究和分析关系到项目本身是否有效益以及己方是否有能力投入或承接，该项目是否值得己方投入人力、物力和财力，是否值得与对方进一步谈判，这是一个大方向的分析与决策，一旦发生错误将导致整个项目的亏损，甚至危及己方整体利益。

(2) 对对方的分析。对对方基本情况的分析主要从以下几部分入手。

对对方谈判人员的分析，即了解对手谈判组由哪些人员组成，了解他们的身份、地位、权限、性格、喜好等，注意与对方建立良好的关系，发展谈判双方的友谊，争取在到达谈判桌以前就有了亲切感和信任感，为谈判创造良好的氛围。

对对方实力的分析，指对对方自信、技术、物力、财力等状况的分析。当今信息时代很容易通过各种渠道和信息传递手段取得有关资料。外国公司很重视这方面的工作，他们往往通过各种机构和组织以及信息网络对我国公司的实力进行调研。

对于承包方而言，一要注意审查发包方是否为工程项目的合法主体。发包方作为合格的施工承发包合同的一方，对拟建项目的地块应持有立项批文、建设用地规划许可证、建设用地批准书、建设工程规划许可证、施工许可证等证件；二要注意调查发包方的资信情况，是否具备足够的履约性能力。如果发包方在开工初期发生资金紧张问题，则很难保证今后项目的正常进行，会出现目前建筑市场屡禁不止的拖欠工程款和垫资施工现象。

对发包方而言，必须注意承包方是否有承包该工程项目的相应资质。对于无资质证书承揽工程、越级承揽工程、以欺骗手段获取资质证书、允许其他单位或个人使用企业的资质证书和营业执照的，该施工企业需承担法律责任。对于将工程发包给不具有相应资质的施工企业的，发包方也应按规定承担法律责任。

(3) 对谈判目标进行可行性分析。分析工作中还包括分析自身设置的谈判目标是否正确合理、是否切合实际、是否能为对方接受，以及对方设置的谈判目标是否正确合理。如果自身设置的谈判目标有疏漏或错误，或盲目接受对方的不合理谈判目标，同样会造成项目实施过程中的无穷后患。在实际操作，由于建筑市场目前是发包方的市场，承包方中标心切，往往接收发包方极不合理的要求，比如带资垫资、工期极短等，造成发生回收资金、工期反索赔等方面的困难。

(4) 在双方地位上分析。对此项目双方所处地位的分析也是必要的。如果己方整体上存在优势而局部有劣势，则可以通过以后的谈判等弥补局部的劣势。如果己方在整体上已显劣势，则除非能有契机转化这一情势，否则就不宜再耗材耗资去进行无利的谈判。

4.3.2 谈判的战略和技巧

谈判是通过不断的会晤确定各方权力、义务的过程，直接关系到谈判桌上各方最终利益的得失。因此，谈判绝不是一项简单的机械性工作，而是集合了策略与技巧的艺术，下面介绍几种常见的谈判策略和技巧。

1. 掌握谈判议程，合理分配各议题的时间

工程建设这样的大型谈判一定会涉及诸多需要讨论的事项，而各谈判事项的重要性并不相同，谈判各方对同一事项的关注程度也不相同。成功的谈判者善于掌握谈判的进程，在充满合作气氛的阶段，展开自己所关注的议题的商讨，从而抓住时机，达成有利于己方的协议。而在气氛紧张时，则引导谈判进入双方具有共识的议题，一方面缓和气氛，另一方面缩小双方差距，推进谈判过程。同时，谈判者应懂得合理分配谈判时间，对于各议题的商讨时间应得当，不要过多拘泥于细节性问题，这样可以缩短谈判时间，降低交易成本。

2. 高起点战略

谈判的过程是各方妥协的过程，通过谈判，各方都或多或少放弃部分利益以求得项目的进展。有经验的谈判者在谈判之初会有意识向对方提出苛刻的谈判条件，这样对方会过高估计本方的谈判底线，从而在谈判中更多作出让步。

3. 注意谈判氛围

谈判各方往往存在利益冲突，要兵不血刃即获得谈判成功是不现实的。但有经验的谈判者会在各方分歧严重、谈判气氛激烈的时候采用润滑措施，舒缓压力。我国常见的方式就是饭桌式谈判，通过餐饮宴联络谈判方的感情，拉近双方的距离，进而在和谐的氛围中重新回到议题。

4．拖延和休会

当谈判遇到障碍、陷入僵局的时候，拖延和休会可以使明智的谈判方有时间冷静思考，在客观分析形势后提出代替性方案。在一段时间的冷静处理后，各方面都可以进一步考虑整个项目的意义，进而弥合分歧，将谈判从低谷引向高潮。

5．避实就虚

这就是孙子兵法中已提出的军事策略。谈判各方都有自己的优势和弱点，谈判者应在充分分析形势的情况下作出正确的分析，利用对方的弱点猛烈攻击，使其妥协。而对己方的弱点则要尽量注意回避。

6．分配谈判角色

任何一方的谈判团体都由众多人士组成，谈判中应利用各人不同的性格特征扮演不同的角色，有的积极进攻，有的和颜悦色，这样可以事半功倍。

7．充分利用专家的作用

现代科技发展使个人可能成为各方面的专家，而工程项目谈判又涉及广泛的科学领域，充分发挥各领域专家的作用，既可以在专业问题上获得技术支持，又可以利用专家权威性给对方以心理压力。

在限定的谈判时间和时限中，合理、有效地利用以上谈判策略和技巧，将有助于获得谈判的优势。

4.3.3　谈判语言表达方式

1．建立良好的谈判气氛

(1) 好的开场。为了吸引对方注意力，在面对面的交谈中说好第一句话是相当重要的。如果对方集中注意力听第一句话时，获得的却是一些杂乱无章的刺激，那么往往会导致后面的谈话丧失效用。在为对方讲解方案或理念时应有一个好的开场白，突出要点，提出要点。

(2) 提供建议。设计或施工方案除了与其自身的客观条件相协调以外，一般对方会提出一些条件限制和要求，这是对方的一种主观特殊需要。对于一些与方案相矛盾的主观要求，设计师应主动与对方沟通，根据对方的实际需要合理化建议。

(3) 语气肯定。在交谈中多用肯定语气会使对方产生更大的兴趣。当对方对某一问题犹豫不决的时候，应以肯定语气提出自己的见解，供对方参考或打消其顾虑。

(4) 防止干扰。谈判现场的电话声或公文传送人、秘书和其他人进出等外部因素会干扰并分散大家的注意力，使其不能集中全部精力参加正常的业务洽谈。这种情况下可以用巧妙的问话来排除干扰。另外，在讲话的时刻意停顿一下，产生意外的短促真空，这样对重新唤起对方注意力往往有很好的效果。同时，在洽谈过程中双眼要目视对方的眼睛、这一方面可使其精神集中；另一方面也可以通过对方的眼神变化观察其细微反应。

2．语言技巧用运

洽谈是通过双方的信息交流与反馈来完成的，而这种信息的传递与接受则需要通过双方之间听、问、答、谈等基本方法及其技巧的运用。

1) 倾听技巧

在业务洽谈中，潜心地听取对方意见与看法往往比滔滔不绝的谈话更为重要。学会倾听才能探索到对方的心理活动，观察和发现其兴趣所在，从而确定对方的真正需要，以此不断地调整和修改设计或装修方案，突出方案的要点。在洽谈中，要想获得良好的听的效果，应掌握四大倾听技巧。

(1) 专心致志地倾听。精力集中、专心致志地倾听是倾听技术最重要、最基本的方面。有时，对方的话还没说完，听者大都已经理解了，这样，听者常常由于精力富余而开"小差"。也许恰恰在这时，对方提出一个问题要求作出回答，或者传递一个至关重要的信息，如果因为心不在焉没有及时反应，不仅会出现尴尬的场面，而且会给自己在对方心里的印象产生不良影响。

(2) 有鉴别地倾听。有鉴别地听必须建立在专心倾听的基础上，因为不用心听就无法鉴别对方传递的信息。如果错把对方的某个借口当做反对意见加以反驳，从而激怒对方，使对方感到有义务为他的借口进行辩护，就会在无形中增加双方沟通与交流的阻力。只有在摸清对方真正意图的基础上，才能有效地调整谈话策略，有针对性地解决对方的问题。

(3) 不因反驳而结束倾听。当已经明确了对方意见时，也要坚持听完对方的叙述，不要因为急于纠正对方的观点而打断其谈话。即使根本不同意对方的观点，也要耐心地听完意见。听得越多就越容易发现对方的真正动机和主要的反对意见，从而及早地加以解除。

(4) 要有积极的回应。要使自己的倾听获得良好的效果，不仅要潜心地听，还必须有反馈的表示，比如点头、起身、双眼注视对方，或重复一些重要的句子，或提出几个对方关心的问题。有必要时，还可以用当场勾画草图的方式将自己的想法直观地表现出来。这样，对方会因为受到专心倾听而愿意更多、更深地提出自己的观点。

2) 答辩技巧

洽谈中的答辩主要是消除对方疑虑，纠正其错误看法，肯定自己的合理建议。答辩中要掌握以下4个原则性技巧。

(1) 答辩简明扼要。要根据对方能否理解谈话的主旨以及对谈话中重要情况理解的程度来调整说话速度。在向对方介绍一些主要的设计或施工方案要点和重要问题时，说话的速度要适当放慢，使其易于领会。要随时注意对方的反应，根据对方的理解程度来调整说话速度，避免长篇大论。

(2) 避免正面争论。在洽谈中，最忌讳与对方争论。在答辩中必然涉及对方的反映意见，如果争论很激烈并且持续不停，那就要寻找隐藏在对方心底的真正动机，有针对性地逐一加以解释和说明。

(3) 运用"否定"技术。在任何情况下，都不要直截了当反驳对方，断然的否定很容易使其产生抵触情绪。应首先明确表示同意对方的看法，然后再用婉转的语言提出自己的观点。

(4) 保持沉着冷静。任何时候都要冷静地回答对方，即使是在对方完全错误的情况下也要沉住气。如果对方带有很多偏见和成见，并带有很多感情色彩，这时用讲道理的方法是改变不了其成见的，沉着冷静的言谈举止不仅会强化对方的信心，而且在一定程度上会使洽谈的气氛朝着有利的方向发展。

3) 说服技巧

在建筑项目的洽谈中，能否说服客户接受自己的观点，是项目是否成功的关键之一。说服，就是综合运用听、问、答等各种技巧，千方百计地影响对方，让对方能够接受自己的观点和建议。

(1) 寻找共同点。要想说服对方，首先要赢得他的信任，消除其对抗情绪，用双方共同感兴趣的话题为跳板，因势利导地提出建议。应避免讨论一些容易产生分歧意见的问题，而先强调彼此的共同利益。当项目洽谈即将结束时，再把这些问题拿出来讨论，这样对方就能够比较容易地取得一致意见。

(2) 耐心细致。说服必须耐心细致、不厌其烦，要把问题的关键和核心陈述清楚，一直坚持到对方能够听取自己的意见为止。有时，对方不能马上作出决定，这时就应该耐心等待。同时，在等待的时候，可适当运用幽默达到一种共识。

(3) 把握时机。成功地说服在于把握时机。这包含两方面的含义：一是要把握对说服工作的有利时机，趁热打铁，重点突破；二是要向客户说明，达成共识符合双方的利益。

4.3.4 施工合同价的确定

施工项目合同谈判过程中，双方应注重对合同价格方式的选择。建设工程施工合同价格的确定方式主要有 3 种：固定合同价、可调合同价和成本加酬金合同价。

1. 固定合同价

固定合同价是指合同中确定的工程合同价在实施期间不因价格变化而调整。固定合同价可以分为固定合同总价和固定合同单价两种。

1) 固定合同总价

固定合同总价是指承包整个工程的合同价款总额已确定，在工程实施中不再因环境的变化和工程量的增减而变化，所以，固定合同总价应考虑价格风险因素，也即在合同中明确规定合同总价包括的范围。

这类合同价可以使业主对总开支做到大体心中有数，在施工过程中可以更有效地控制资金的使用。但对承包人来说，要承包全部的工作量和价格的风险，工作量风险有工程量计算错误、工程范围不确定、工程量变更或者由于设计深度不够所造成的误差等；价格风险有报价计算错误、漏报项目、物价和人工费上涨等，因此，承包人在报价时应对于一切费用的价格变动因素以及不可预见因素充分估计，并将其包含在合同价格之中。

(1) 固定合同总价的特点如下。

① 发包人可以在报价竞争状态下确定项目的总造价，可以较早确定或预测工程成本。

② 承包人承担较大风险，其报价应充分考虑不可预见等费用。

③ 评标时易于迅速确定最低报价的投标人。

④ 在施工进度上能极大地调动承包人的积极性。

⑤ 发包人能更容易、更有把握地控制项目进度。

⑥ 必须完整而明确地规定承包人的工作。

⑦ 必须将设计和施工方面的变化控制在最小限度内。

(2) 固定合同总价适用于以下情况。

① 工程量小、工期短，估计在施工过程中环境因素变化小、工程条件稳定并合理。

② 工程设计详细，图纸完整、清楚，工程任务和范围明确。

③ 工程结构和技术简单，风险小。

④ 投标期相对宽裕，承包人可以有充足的时间详细参考现场、复核工程量、分析招标文件、拟定施工计划。

2) 固定合同单价

固定合同单价是指合同中确定的各项单价在工程实施期间不因价格变化而调整，而在每月(或每个阶段)工程量结算时，根据实际完成的工程量结算，在工程全部完成时以竣工图的工程量最终结算工程量总价款。由于这类合同价无论发生哪些影响价格的因素都不得对单价进行调整，因而对承包人而言，承担了单价变化的风险。

固定合同单价适用于工期较短、工程量变化幅度不太大的项目。

2. 可调合同价

可调合同价是指合同中确定的工程合同价在实施期间可随价格变化而调整。业主和承包人在商订合同时，以招标文件的要求及当时的物价计算出合同总价。如果在执行合同期间由于通货膨胀引起的成本增加达到某一限度时，合同总价则相应调整。可调合同价使业主承担了通货膨胀的风险，承包人则承担其他风险，一般适用于工期较长(如一年以上)的项目。

根据《建设工程施工合同示范文本》(GF 1999—0202)，合同双方可约定在以下条件下对合同价款进行调整。

(1) 法律、行政法规和国家有关政策变化影响合同价款。

(2) 工程造价管理部门公布价格调整。

(3) 一周内承包人因停水、停电、停气造成的停工累计超过 8h。

(4) 双方约定的其他因素。

3. 成本加酬金合同价

成本加酬金合同价又称为成本补偿合同价，这是与固定合同总价恰好相反的一种合同价格形式，它是指合同价中工程成本部分按现行计价依据计算，酬金部分则按工程成本乘以通过竞争确定的费率计算，将两者相加确定出合同价。采用这种合同价格，承包人不承担任何价格变化或工程量变化的风险，这些风险主要由业主承担，对业主的投资控制很不利。而承包人则往往缺乏控制成本的积极性，常常不仅不愿意控制成本，反而是期望通过提高成本以提高自己的经济效益。所以，应尽量避免采用这种合同价格。

1) 成本加酬金合同价用于的情况

(1) 工程特别复杂，工程技术、结构方案不能预先确定，或者虽然可以确定工程技术和结构方案，但是不可能进行竞争性的招标活动并以总价或单价合同的形式确定承包人，如研究开发性质的工项目。

(2) 时间特别紧迫，如抢救、救灾工程，来不及进行详细计划和商谈。

2) 成本加酬金合同价的形式

(1) 成本加固定百分比酬金确定的合同价。这种合同价是发包人对承包人支付的人工、材料和施工机械使用费、措施费、施工管理费等按实际直接成本全部补偿，同时按照实际承接成本的固定百分比付给承包人一笔酬金，作为承包人的利润。

这种方式的报酬费用总额随成本加大而增大，不利于缩短工期和降低成本，一般在工程初期很难描述工作范围和性质或工期紧迫无法按常规编制招标文件时采用。

(2) 成本加固定金额的合同价。这种合同价与上述成本加固定百分比酬金合同相似，其不同之处仅在于发包人付给承包人的酬金是一笔固定金额的酬金。如果设计变更或增加新项目，当费用超过原估算成本一定比例(如 10%)时，固定的报酬也要增加。

在工程总成本一开始估计不准、变化可能不大的情况下，可以采用此合同价格形式，有时可分几个阶段谈判付给固定报酬。这种方式虽然不能鼓励承包人降低成本，但为了尽快得到酬金，承包人会尽力缩短工期。

(3) 成本加奖罚确定的合同价。采用这种合同价，首先要确定一个目标成本，这个目标成本是根据粗略估算的工程量和单价表编制出来的，在此基础上根据工程实际成本支出情况另外确定一笔奖金。奖金的额度应当在合同中根据估算指标规定的一个底点(估算成本 60%～75%)和顶点(估算成本 110%～135%)来确定，承包人在估算指标的顶点以下完成工程，则可得到奖金，超过顶点则要对超出部分支付罚款。如果成本在底点之下，则可加大酬金值或酬金百分比。采用这种方式应注意：当实际成本超过顶点对承包人罚款时，最大罚款限额不超过原先商定的最高酬金值。

在招标时，如果图纸、规范等准备不充分，仅能制定一个估算指标时可采用这种形式。

(4) 最高限额成本加固定最大酬金确定的合同价。采用这种合同价，首先要确定限额成本、报价成本和最低成本，当实际成本没有超过最低成本时，承包人花费的成本费用及应得酬金等都可得到发包人的支付，并与发包人分享节约额；如果实际工程成本在最低成本和报价成本之间，承包人只能得到成本和酬金；如果实际工程成本在报价成本与最高限额成本之间，则只能得到全部成本；实际工程成本超过最高限额成本时，则超过部分发包人不予支付。在非代理型(风险型)CM 模式的合同中就采用这种方式。

小知识

在施工承包合同中采用成本加酬金计价方式时，业主与承包人应该注意以下问题。

必须有一个具体而明确的如何向承包人支付酬金的条款，包括支付时间和酬金百分比，以及发生变更和其他变化时酬金如何调整。

应该列出工程费用清单，要规定一套详细的工程现场有关的数据记录、信息储存甚至记账的格式和方法，以便对工地实际发生的人工、机械和材料消耗等数据认真而及时地记录。

4.4 案例分析

案例分析 1

1. 背景内容

一大型商业网点开发项目为中外合资项目，我国以承包人采用固定合同总价的形式承包土建工程。由于工程巨大、设计图纸简单、做标期短，承包人无法精确核算，其中钢筋工程报出的工程量估计为 1.2 万 t。施工中，钢筋实际工程量达到 2.5 万 t，承包人就此增加费用 600 万美元，要求发包人给予索赔。

2. 问题

(1) 本工程采用固定总价合同是否妥当，为什么？

(2) 发包人是否应该给予承包人赔偿，为什么？

3. 解答

1) 不妥当。因为本工程量大、设计图纸简单，无法精确计算工程量，对于承包人来说存在的风险很大。

2) 发包人不应该给予赔偿。由于本合同形式采用固定合同总价形式，承包人应该承担全部工程以及价格的风险，发生的损失自行承担。

 案例分析 2

1. 背景内容

2005 年 6 月某市受到台风的影响，遭受了 50 年一遇的特大暴雨袭击，造成了一些民用房屋的倒塌。为了对倒塌房屋、重度危房户实行集中安置重建，确保灾后重建顺利开展，市政府及有关部门组成领导小组，决定领用各级慈善补助专款，进行统一规划、统一设计、统一征地、统一建设两栋住宅楼，投资概算为 1800 万元。为了确保灾后房屋倒塌户在春节前住进新房，该重建工程计划从 8 月 1 日起施工，要求主体工程在 12 月底全部完工。因情况紧急，建设单位邀请市 3 家有施工经验的一级施工资质企业进行竞标，考虑到该项目的设计与施工必须马上同时进行，采用了成本加酬金的合同形式，通过商务谈判，选定一家施工单位签订了施工合同。

2. 问题

(1) 本工程采用成本加酬金合同价是否合适？说出理由。

(2) 采用成本加酬金合同价有何不足之处？

3. 解答

(1) 该工程采用成本加酬金的合同形式是合适的，因为该项目工程非常紧迫，设计图纸未完成，来不及确定其工程造价。

(2) 采用成本加酬金合同的缺点是：①工程造价不易控制，业主承担了项目的全部风险；②承包人往往不注意降低成本；③承包人的报酬比较低。

 案例分析 3

1. 背景内容

某承包商通过资格预审后，对招标文件进行了仔细分析，发现业主所提出的工期要求特别苛刻，且合同条款中规定每拖延一天工期罚合同价的 1‰，若要保证实现该工期要求，必须采取特殊措施，从而大大增加成本；还发现原设计结构方案采用框架剪力墙体系过于保守。因此该承包商在投标文件中说明业主的工期要求难以实现，因而按自己认为的合理工期(比业主要求的工期增加 6 个月)编制施工进度计划并据此报价;还建议将框架剪力墙体系改为框架体系，并对这两种结构体系进行了技术经济分析和比较，证明框架体系不仅能保证工程结构的可靠性和安全性、增加使用面积、提高空间利用灵活性，而且可以降低造价约3%。

该承包商将技术标和商务标分别封装，在封口处加盖本单位公章和经项目经理签字后，在投标截止日期前 1 天上午将投标文件报送业主。次日(即投标截止日当天)下午，在规定的开标时间前 1 小时，该承包商又递交了一份补充材料，其中声明将原报价降低4%。但是招标单位的有关工作人员认为，根据国际上"一标一投"的惯例，一个承包商不得递交两份投标文件，因而拒收承包商的补充材料。开标会由市招投标办的工作人员主持，市公证处有关人员到会，各投标单位代表都到场。开标前，市公证处人员对各投标单位的资质进行审查，并对所有投标文件进行审查，确认所有投标文件均有效后，正式开标。主持人宣读投标单位名称、投标价格、投标工期和有关投标文件的重要说明。

2. 问题

(1) 该承包商运用了哪几种报价技巧? 其运用是否得当? 请逐一加以说明。

(2) 从所介绍的背景资料来看，在该项目招标程序中存在哪些问题? 请分别进行简单说明。

3. 解答

1) 3 种报价方法

(1) 多方案报价法(运用不当，只报一个价)。

(2) 增加建议方案法(运用得当，结构体系改变)。

(3) 突然降价法(运用得当)。

2) 存在以下问题

(1) 招标单位的有关工作人员不应拒收承包商的补充文件。

(2) 应该由招标人主持会议。

(3) 资格预审应在投标前进行，公证人员无权审查，到场的作用在于确认开标的公正性和合法性。

(4) 该投标文件无法人或其代理人印鉴，应作为废标处理。

(5) 应由承包商单位法人签字才有效。

本章小结

本章主要讲述的是投标报价的技巧和原则，以及如何选择正确的方法，包括谈判的内容、合同价的特点、施工企业报价的确定方式。

其中施工企业报价的确定方式有按编制工程概算的方法确定投标报价、按工程量清单报价编制投标价、按总值浮动率编制投标报价。

施工企业投标报价技巧有不平衡报价法、多方案报价法、增加建议方案、无利润算标法。

习 题

一、填空题

1. _____是指一个工程量项目的投标报价总价基本确定后，调整内部各个项目的报价，既不提高总价，又不影响中标，同时总结算时能得到更理想的经济效益的方法。

2. 建设工程投标报价的工程程序：_____。

3. 谈判语言表达方式有_____和_____。

4. 固定合同价的定义_____。

5. 采用_____合同价，首选要确定一个目标成本，这个目标成本是根据粗略估算的工程量和单价表编制出来的。

6. _____报价是缺乏竞争优势的承包人在某些不得已的情况下，为了中标，其报价不能考虑自身利润的一种报价策略。

二、选择题

1. 投标报价的计算方法有( )。
   A. 定额计价法　　　　　　　　　　B. 工程量清单计价法
   C. 实物计价法　　　　　　　　　　D. 工料单价法

2. 建设工程投标报价的原则有( )。
   A. 按招标要求的计价方式确定报价内容及各项目的计算深度
   B. 按预算书上定额计价方式确定报价内容
   C. 按经济责任确定报价的费用内容
   D. 按工程量清单计价的方式来确定项目计算深度
   E. 依据施工组织设计确定的基本条件

3. 固定合同总价适用于以下情况( )。
   A. 工程量小、工期短，估计在施工过程中环境因素变化小、工程条件稳定
   B. 工期长，施工复杂的项目
   C. 工程设计详细，图纸完整、清楚，工程任务和范围明确
   D. 工程结构和技术简单，风险小

4. 对于单纯报计日工单价，而且不计入总价时，可以报( )，以便在业主额外用工或使用机械时多盈利。
   A. 高价　　　　　　　　　　　　　B. 低价
   C. 不报价　　　　　　　　　　　　D. 暂估价

5. 投标报价的策略有( )。
   A. 多方案报价法　　　　　　　　　B. 增加建议方案法
   C. 突然降价法　　　　　　　　　　D. 增加条款法
   E. 协商法

三、思考题

1. 建设工程投标报价的原则有哪些？
2. 确定建设工程投标报价有些方法？
3. 简述投标报价技巧的内容。
4. 怎样进行施工合同和谈判？

四、案例分析题

某工程项目招标收到了若干份投标。一投标人在投标截止时间前一天递交了一份合乎要求的投标文件，其报价为一亿元。在投标截止期前 1h，他又交了一封按投标文件要求密封的信，在该补充信中声明："出于友好的目的，本投标人决定将计算总标价及所有单价都降低 4.934%。"但是招标单位有关工作人员认为，根据国际上"一标一投"的惯例，一个投标人不得递交两份投标文件，因而拒收该投标人的补充材料。

问题：

(1) 招标单位有关工作人员的做法合适吗？

(2) 如果他只提到将其报价降低 4.934%，行不行？

(3) 如果投标人在其信中提出将其报价比评标价最低的投标降低 4.934%，行不行？

(4) 投标人采用了哪种报价技巧？

(5) 在实际的投标工作中，运用了哪些投标报价技巧？是否收到理想的效果？

(6) 简述施工合同价的特点以及区别。

第5章

建筑工程项目开标、评标及定标

教学目标

通过对本章的学习，应掌握投标人及其资格要求，投标前的相关准备工作，建筑工程评标方法，经评审的最低投标价法的优缺点，开标、评标的相关规定和程序，定标过程操作实务和相关的法律规定。

学习重点

(1) 建筑工程评标方法。
(2) 开标、评标、定标的程序以及相关法律规定。

学习建议

本章讲述投标的相关知识，其中重点介绍开标、评标、定标的程序及相关规定，所以要熟悉相关的招标投标法。并在课下应了解如何进行资格预审、投标前如何进行调查与施工现场勘查，如何编制施工规划、如何编制工程投标书以及投标文件、中标前期如何进行施工合同的谈判等。

引言

工程项目招标投标是进行合同签订前的重要环节，在我国建筑业与国际接轨的过程中，除了招标、投标之外，进行开标、评标、定标同样要遵循一定的法律程序。因此要学习具体的开标、评标、定标的相关内容。

5.1 标前工作内容

5.1.1 投标人及其资格要求

投标人是响应招标、参加投标竞争的法人或者其他组织。响应投标是指投标人应当对招标人在招标文件中提出的实质性要求和条件作出响应。我国《招标投标法》对投标人的要求与招标人相同，从宏观上看，也存在与招标人同样的问题。但与招标人不同的是，自然人不能作为建设工程项目的投标人。这是由于我国的有关法律、法规对建设工程投标人的资格有特殊要求。在建设工程中，投标人一般应当是法人，其他组织投标的主要是联合体投标。

投标人应当具备以下条件。

1. 投标人应当具备承担招标项目的能力

投标人应当具备与投标项目相适应的技术力量、机械设备、人员、资金等方面的能力，具有承担该招标项目的能力。参加投标项目是投标人的营业执照中的经营范围所允许的，并且投标人要具备相应的资质等级。因为我国要求，承包建设项目的单位应当持有依法取得的资质证书，并在其资质等级许可的范围内承担工程，禁止超越本企业资质等级许可的业务范围或者以任何形式用其他企业的名义承揽建设项目。

2. 投标人应当符合招标文件规定的资格文件

招标人可以在招标文件中对投标人的资格条件作出规定，投标人应当符合招标文件规定的资格条件，如果国家对投标人的资格条件有规定的，则依照其规定。对于参加建设项目设计、建筑安装、监理以及主要设备、材料供应等投标的单位，必须具备下列条件。

(1) 具有招标条件要求的资质证书，并为独立的法人实体。

(2) 承担过类似建设项目的相关工作，并有良好的工作业绩和履约记录。

(3) 财产状况良好，没有处于财产被接管、破产或其他关、停、并、转状态。

(4) 在最近 3 年没有骗取合同以及其他经济方面的严重违法行为。

(5) 近几年有较好的安全记录，投标当年内没有发生重大质量和特大安全事故。

招标人都会对投标人的资格条件提出一定的要求。在国际工程领域中，投标人一般都没有政府颁发的资质证书，但投标人同样会有严格的要求。

5.1.2 调查研究、收集投标信息和资料

调查研究主要是对投标和中标后履行合同有影响的各种客观因素、工程业主和监理工程师的资历以及工程项目的具体情况等进行深入细致的了解和分析。具体包括以下内容。

1．政治和法律方面

投标人首先应当了解在招标投标活动中以及在合同履行过程中有可能涉及法律，也应当了解与项目有关的政治形势、国家政策等，即国家对该项目采取的是鼓励政策还是限制政策。

2．自然条件

自然条件包括工程所在地的地理位置和地形、地貌、气象状况，包括气温、湿度、主导风向、年降水量，洪水、台风及其他自然灾害状况等。

3．市场情况

投标人调查市场情况是一项非常艰巨的工作，其内容也非常多，主要包括建筑材料、施工机械设备、燃料、动力、水和生活用品的供应情况、价格水平，还包括过去几年在批发物价和零售物价指数以及今后的变化趋势和预测，劳务市场情况如银行贷款的难易程度以及银行贷款利率等。

对材料设备的市场情况尤需详细了解。包括原材料和设备的来源方式，购买的成本，来源国家或厂家供货情况；材料、设备购买时的运输、税收、保险等方面的规定、手续、费用；施工设备的租赁、维修费用；使用投标人本地原材料、设备的可能性以及成本比较。

4．工程项目方面的情况

工程项目方面的情况包括工作性质、规模、发包范围；工程的技术规模和对材料性能及工人技术水平的要求；总工期及分批竣工交付使用的要求；施工场地的地形、地质、地下水位、交通运输、给排水、供电、通信条件等情况；工程项目资金来源；对购买器材和雇用工人有无限制条件；工程价款的支付方式、外汇所占比例；监理工程师的资历、职业道德和工作作风等。

5．业主情况

包括业主的资信情况、履约态度、支付能力，在其他项目上有无拖欠工程款的情况，对实施的工程需求的迫切程度等。

6．投标人内部情况

投标人对自己的内部情况、资料也应当进行归纳整理。这类资料主要用于招标人要求的资格审查和本企业履行项目的可能性。

7．竞争对手资料

掌握竞争对手的情况是投标策略中的一个重要环节，也是投标人参加投标能否获胜的重要因素。投标人在制定投标策略时必须考虑到竞争对手的情况。

5.1.3　建立投标机构

投标人应当建立投标机构，负责投标的整体工作。投标机构的人员应当经过特别选拔，工作人员应当由市场营销、工程科研、生产和施工、采购、财务等各方面的人员组成。

5.1.4 对是否参加投标的决策

1. 投标决策应当考虑到的问题

承包商在进行是否参加投标的决策时，应考虑到以下几个方面的问题。

(1) 承包招标项目的可行性与可能性。如本企业是否有能力(包括技术力量、设备机械等)承包该项目，能否抽调出管理力量、技术力量参加项目承包，竞争对手是否有明显的优势等。

(2) 招标项目的可靠性。如项目的审批程序是否已经完成、资金是否已经落实等。

(3) 招标项目的承包条件。如果承包条件苛刻，自己无力完成施工，则也应放弃投标。

对于是否参加投标的决策，承包商的考虑务求全面，有时很小的一个条件未得到满足都可能招致投标和承包的失败。

2. 运用综合评价法进行投标决策

投标人应当在分析掌握所有资料的前提下，对是否参加投标以及投什么样的标进行决策。在投标决策当中，较常用的方法是综合评价法，即由有关单位在决定是否参加某工程项目投标时，将影响其投标决策的主客观因素用某些具体的指标表示出来，并定量地对此作出综合评价，以此作为投标决策的依据。下面以建设项目为例说明其具体步骤。

1) 确定影响投标的指标

一个施工企业在决定是否参加具体工程投标时所应考虑的因素是不一同的，但一般都要考虑到能源、技术、资金、竞争对手、企业的发展等多方面的影响因素，一般有以下几个需要考虑的指标。

(1) 国家对该项目的鼓励或限制。

(2) 管理条件。能否抽出足够的、水平相应的管理人员参加该工程。

(3) 技术人员条件。能否有足够的技术人员参加该工程。

(4) 工人条件。职工的技术水平、工种、人数能否满足该工程要求。

(5) 机械设备条件：能否满足该工程所需要的施工机械要求。

(6) 类似工程的经验。

(7) 业主的资金情况。

(8) 市场情况。

(9) 项目的工期要求及交工条件。

(10) 对该项目有关情况的熟悉程度。

(11) 竞争对手情况。

(12) 今后在该地区对企业带来的影响与机会。

2) 确定各指标的权重

上述各项指标对企业参加投标的影响程度是不同的，为了在评价中能反映出各指标的相对重要程度，应当对各指标赋予不同的权重。各指标权重为 W_i，W_i 之和应当等于 1。

3) 各指标的评分

用上述各指标对项目进行衡量。可以将标准划分为好、较好、一般、较差、差 5 个等级，各等级赋予定量数值(U)，如可按 1.0、0.8、0.6、0.4、0.2 打分。

4) 计算综合评价总分

在上述各步骤完成以后，将各指标权重与等级分相乘，求出该指标得分。各项指标得分之和即为此工程投标机会总分。

5) 决定是否投标

将总得分与过去其他投标情况进行比较或者与公司事先确定的准备接受的最低分数相比较，决定是否参加投标。如果有多个投标机会进行选择，则最高的总分值为优先投标项目。

小 知 识

投标竞争，实质上是各个投标商之间实力、经验、信誉以及投标策略和技巧的竞争，因而投标决策是投标商依据企业内部的各种资源和条件以实施这些谋划和行动的一系列动态过程的前奏。

5.1.5 准备相关的资料

1. 准备资格预审材料

如果招标项目要求进行资格预审，投标人应当按照招标人的要求认真编制并递交资格预审材料。

2. 准备投标担保

一般情况下，招标人还要求投标人交纳投标保证金或者出具投标保函。为了减少占压流动资金，投标人一般都是采取出具投标保函的方式提供投标担保。投标担保的作用是投标人保证其投标被接受后，对投标文件规定的责任不得撤销或者反悔。开具有投标保函的单位一般是银行或者担保公司，其担保责任如下。

(1) 投标人在招标文件规定的投标有效期内撤回其投标。

(2) 投标人在投标有效期内收到招标人的中标通知后：①不能或拒绝按投标须知的要求签署合同协议时；②不能或拒绝按投标须知的规定提交履约保证金。

出现上述情况的，招标人有权要求投标保函的出具人支付投标保函规定的数额之内的金额。投标保证金的金额可以为投标报价的某个百分比，也可以是一个固定的数额。

小 知 识

投标前施工单位必须准备的资料如下。

(1) 资金：万元；其中固定资金：万元；流动资金：万元。

(2) 法人和技术负责人的专业、学历。

(3) 建造师和技术负责人的资格证书扫描件。

(4) 造价师证扫描件。

(5) 财务人员会计证书扫描件。

(6) 专职安全员和施工员等岗位人员的证书扫描件。

(7) 项目经理和技术负责人的工程业绩和竣工合同扫描件。

(8) 施工机器设备和发票。

(9) 公司邮政编码、开户银行地址、开户银行电话等。

(10) 其他业绩证书扫描件。

(11) 项目经理和技术负责人个人业绩(施工合同、竣工验收等业绩)。

5.2 建筑工程评标方法

5.2.1 概述

编制招标文件时，评标方法的选择与评标办法的制度极其重要，会极大地影响中标候选人的排列，并最终影响中标价格和工程质量。《招标投标法》第四十一条规定，中标人的投标应当符合下列条件之一。

条件(1)能够最大限度地满足招标文件中规定的各项综合评价标准。

条件(2)能够满足招标文件的实质性要求，并且经评审的投标价格最低，但是投标价格低于成本的除外。

因此，狭义的评标方法只有两种，第一种可以称为综合评价法，第二种可以称为最低投标价(或评标价)法。也有人认为，评标方法与评标办法是两个不同的概念。评标办法大于评标方法的外延。评标办法通常包括评标原则、评标委员会的组成、评标方法的选择和相应的评标细则、评标程序、评标结果公示、中标人的确定等。

在目前的评标中，通常有以下几个评标方法：性价比法、经评审的最低投标价法、最低评标价法、二次平均法、综合评分法、摇号评标法。

1. 价性比法

价性比(或性价比)评标方法是一种特殊的综合评标办法，是指按照要求对投标文件进行评审，计算出每个有效投标人除价格因素以外的其他各项评分因素(包括技术、财务状况、信誉、业绩、服务、对招标文件的响应程度等)的汇总得分，以投标人的投标报价除以该汇总得分，以商数(评标总得分)最低(性价比则为最高)的投标人为中标人候选人或者中标人的评标方法。

2. 经评审的最低投标价法

经评审的最低投标价法与《招标投标法》第四十一条规定的中标人条件之二(即能够满足招标文件的实质性要求，并且经评审的投标价格最低；但是投标价格低于成本的除外)相对应。经评审的最低投标价法是指对符合招标文件规定的技术标准和满足招标文件实质性要求的投标报价，按招标文件规定的评标价格的调整方法，将投标报价以及相关商务部分的偏差进行必要的价格调整和评审，即将价格以外的有关因素折成货币或给予相应的加权计算，以确定最低评标价或最佳投标人。经评审的最低投标价的投标人应当推荐为中标候选人，但是投标价格低于成本的除外。

3. 最低评标价法

所谓最低评标价法，是指以价格为主要因素确定中标候选供应商的评标方法，即在全部满足招标文件实质性要求的前提下，依据统一的价格要素评定最低报价，以提出最低报价的投标人作为中标候选人或者中标人的评标方法。

4. 二次平均法

所谓二次平均法，就是先对所有投标人的有效报价进行一次平均，再对不高于第一次平均值的报价进行第二次平均，将第二次平均价作为最佳报价的一种评标方法。在这种评标方法中，第一次平均价就是所有有效投标人投标价的简单平均，但是，第二次平均价的算法各地在实践中有很大的差异。

5. 综合评分法

所谓综合评分法，是指在最大限度地满足招标文件实质性要求的前提下，按照招标文件中规定的各项因素进行综合评审后，以评标总得分最高的投标人作为中标候选人或者中标人的评标方法。这种方法把技术、商务、价格等各方面的指标分别进行打分，所以也称打分法。

6. 摇号评标法

摇号法(或摇珠法)就是对报名的投标人进行资格审查，然后按照公开、公平、公正的原则，运用市场机制，通过投标人充分的投标竞争(报价)，经专家合理评审确定若干入围投标人后，采取摇号方式产生中标候选人的评标方法。可见，摇号评标并不是没有经过资格审查而完全属于抓阄式的随机确定中标人的一种评标方法。

小知识

2003 年实施的《政府采购法》并没有详细规定评标方法。但是，2004 年 8 月实施的《政府采购货物和服务招标投标管理办法》第五十条明文规定："货物服务招标采购的评分方法分为最低评标价法、综合评价法和性价比法。"在建筑工程（如装修）、建筑服务（如物业管理）和建筑设备采购中，也适用这些法律法规。在实践中，各地、各单位总结出了其他的评价方法。由于习惯的说法，一般并不严格区分评标办法与评标方法的区别。本章中所介绍的评标方法仅指评标办法中的评标方法选择，其含义是非常广泛的。

每个招标项目都有其特定的评标方法。这些评标方法除了依据《招标投标法》、《政府采购货物和服务招标投标管理办法》和《政府采购法》外，还有各部委、地方政府和行业主管部门制定的评标方法，如交通部（现交通运输部）于 2001 年 8 月发布的《公路工程勘察设计招标投标管理办法》等。

通常只研究经评审的最低投标价法和综合评分法。

5.2.2 经评审的最低投标价法

1. 定义

经评审的最低投标价法：经评审的最低投标价法与《招标投标法》第四十一条规定的中标人条件之二(即能够满足招标文件的实质性要求，并且经评审的投标价格最低；但是投标价格低于成本的除外)相对应。经评审的最低投标价法是指对符合招标文件规定的技术标准和满足招标文件实质性要求的投标报价，按招标文件规定的评标价格的调整方法，将投标报价以及相关商务部分的偏差进行必要的价格调整和评审，即将价格以外的有关因素折成货币或给予相应的加权计算，以确定最低评标价或最佳投标人。经评审的最低投标价的投标人应当推荐为中标候选人，但是投标价格低于成本的除外。

这种评标方法的实质是把涉及投标人各种技术、商务和服务内容的所有指标要求都按照统一的标准折算成价格进行比较，取评标价最低者为中标人的办法。经评审的最低投标价法俗称为合理低价法。采用这种评标办法，就是仅对商务报价进行评审和比较，对投标人的技术标只进行符合性评审。但是，要保持经评审的合理低价有效，就必须满足两个前提条件：一是该投标文件实质性响应招标文件；二是经评审的最低价不能低于其个别成本。

项目法人招标目的是：在完成合同任务的条件下，获得一个最经济的投标。经评审的投标价格最低才是最经济的投标，而投标价格最低不一定是最经济的投标，所以采用评标价最低授标是科学的，但前提是能够满足招标文件的实质性要求，即投标人能顺利完成本合同任务。值得注意的是，用经评审的投标价格最低选择中标人，可使投标人获得最为经济的投标，而投标价格最低不一定是最为经济的投标；经评审的投标价格是评审时使用的，合理实施时仍然按中标人的投标价格结算。

2. 经评审的最低投标价法的优缺点

1) 优点

经评审的最低投标价法符合市场经济体制下业主追求利润最大化的经营目标。因为是经评审的最低价中标，合理适度地增加投标者在报价上的竞争性，对于业主来说可以节约资金，提高投资效益。通过竞争，能突出体现招标节约资金的特点。根据统计，经评审的最低投标价法的一般节资率在 10%左右。

经评审的最低投标价法能够在不违反法律、法规原则的前提下，最大限度地满足招标人的要求和意愿。市场经济条件下，业主作为未来建设项目的所有者，集项目的责、权、利于一身。业主投资一个项目，往往面临众多竞争对手，业主只有用最小的投资建成项目，才能获得最佳的投资效益，才能在激烈的竞争中始终立于不败之地。

经评审的最低投标价法能保证落实招标投标的公平、公开、公正原则。同时，该方法比较科学、细致，可以告知每个投标人各自不中标的原因。经评审的最低投标价法将投标报价以及相关商务部分的偏差进行必要的价格调整和评审，即将价格以外的有关因素折成货币或给予相应的加权计算，以确定最低评标价或最佳的投标，并淡化标底的作用，明确标底只是在评标时作为参考，不作为商务评标的主要依据，一般允许招标人可以不做标底，这样可以有效防止泄标、串标等违法行为。

2) 缺点

经评审的最低投标价法对事先(招标前)的准备工作要求比较高，特别是对于关键的技术和商务指标(即需要标注"*"的)需要慎重考虑。标注"*"的指标，属于一票否决的项目，只要有一项达不到招标人的要求，即可因"没有实质上响应招标要求"而被判定为不合格投标，不能再进入下一轮评审。

采用经评审的最低投标价法评标时，对评委的要求比较高，需要评委认真评审和计算才能得出满意的结果，所以这种评审比较浪费时间。

虽然多数情况下避免了最高价者中标的问题，但是对于某些具有竞争性的国际招标引进项目却难以准确地划定技术指标与价格的折算关系，表现不出性价比的真正含义。例如，目前国际招标的办法中，技术上的正偏差(高水平的技术因素，加价因素也只有 0.5%，有时反映不出真正的水平差距)导致招标人即使有资金、有理由，也难以引进水平更高一点、价格也稍高一点的设备和技术。

3. 经评审的最低投标价法的评审方法与要点

评标委员会先对各投标人进行符合性审查和技术合格性审查，然后进行商务和经济评审，详细评审投标文件，确定有无漏项及需要增减的项目。评标时，要把涉及投标人各种技术、商务和服务内容的指标要求，都按照统一的标准折算成价格。进行比较时，如果有漏项，一般按所有符合资格的投标人同类项目的最高报价进行补充，相反，如果有多计项目，则按所有符合资格的投标人同类项目的最低报价进行删减，然后再将有效投标价由低到高进行排序，依次推荐前 3 名投标人为中标候选人，取评标价最低者为中标人。

按评审的最低投标价法评审时，评标委员可以是同一专业的，也可以是不同专业而互补的，可以通过讨论和协商确定，最后将各个评委独立提出的意见汇总得出评标结论。

这种评审方法的要点如下。

(1) 招标人在出售招标文件时，应同时提供工程清单的数据应用电子文档以及工程量清单的数据应用电子文档的格式、工程数量、运算定义等，确保各投标人不修改格式，否则评标工作量巨大，且容易出错。

(2) 对于资质、资格、业绩等条件，采取的是合格者通过、不合格者淘汰的办法，即对于正偏离的项目，不予加分。例如，我国现行的机电产品国际招标的做法是：先进行初步审查，即符合性审查(审查有无法人代表授权书、投标保证金，是否签字等)，接着进行商务条件符合性审查，再进行技术指标符合性审查，然后进行价格折算，最后进行价格比较。

(3) 在运用经评审的最低投标价法招标投标的过程中会存在一些误区，如有些招标人认为：这种评标办法，只要技术标通过，看投标价格就可以定标了；只要技术标响应招标文件，报的文件最低且不低于成本价就能中标等。其实并非如此，因为特殊情况下允许对某种情况的投标人加价。例如，在国际招标中，国产和国内供应者和直接进口的投标价进行比较，低价者中标。虽然直接进口的价格高，但是进口产品的技术含量换算成价格未必就没有优势。再例如，对于技术商务指标允许有偏差的，对其偏差部分也进行加价折算，一般是加价 0.5%。

另外，需要考虑修正的因素包括一定条件下的优惠，如世界银行贷款项目对借款国国内投标人有 7.5%的评标优惠；工期提前的效益对报价的修正；同时投多个标段的评标修正，如投标人的某一个标段已被确定为中标，则在其他标段的评标中按照招标文件规定的百分比(通常为 4%)乘以报价额后，再在评标价中扣减此值。招标人认为可接受的且可用货币数量表示的非重大偏离或保留，如对没有在投标价中或上述几种调整中反映的任何其他可接受的且可用数量表示的变更，应对偏离的价格进行适当的调整。

(4) 检查和更正在计算和总和中的算术错误，包括对投标中工程量清单进行算术性检查和更正。评标委员会可以通过书面方式要求投标人对投标人文件中含义不明确、对同类问题表述不一致或者有明显文字和计算错误的内容进行必要的澄清、说明或者补正。澄清、说明或者补正应以书面方式进行，并不得超出投标文件的范围或者改变投标文件的实质性内容。投标文件中的大写金额和小写金额不一致的，以大写金额为准；总价金额与单价金额不一致的，以单价金额为准，但单价金额小数点有明显错误的除外；对不同文字文本的投标文件的解释发生异议的，以中文文本为准。

(5) 以上所有修正因素都应在招标文件中明确规定，一定要避免在招标文件中对如何折成货币或给予相应的加权计算不进行明确规定而在评标时才制定具体的评标计算因素及其量化计算方法的做法，因为这样容易出现带有明显利于某一投标的倾向性。再根据经评审的最低投标价法完成详细评审后，评标委员会应当拟定一份标价比较表，并将其连同书面评标报告提交招标人。标价比较表应当载明投标人的投标报价、对商务偏差的价格调整和说明以及评审的最终投标价。中标人的投标应当符合招标文件规定的技术要求和标准，但评标委员会无需对投标文件的技术部分进行价格折算。

4. 经评审的最低投标价法的适用范围

经评审的最低投标价法最适合于使用财政资金和其他共有资金进行的采购招标中，如适用于施工招标和设备材料采购类招标，但是不适合于服务类招标。经评审的最低投标价法更能体现"满足需要即可"的公共采购的宗旨，所以这种招标方法也称为合理低价法。该办法也适用于具有通用技术、性能标准或对技术、性能无特殊要求的招标项目，如农村简易道路、一般建筑、安装工程等招标项目。一些乡、镇、县的评标，因为专家数量有限，所以特别适合采用此方法评标。

《招标投标法》也规定了经评审的最低投标价法。一些地方政府则规定了经评审的最低投标价法的适用范围，如《浙江省重点建设工程施工招标最低投标价示范办法》、《杭州市建设工程施工"无标底"招标投标的暂行规定》和《浙江省水利工程建设项目招标投标管理办法》等相关招标投标法律、法规和规章及众多的招标文件中的评标方法里都出现了经评审的最低投标价法。

那么，对于大中型工程工程是否合适使用经评审的最低投标价法呢？答案是肯定的。我国利用世界金融组织或外国政府的贷款、援助资金的项目使用该方法的也比较多，如小浪底水利枢纽工程的招标就采用这种方法。其他如云南鲁布革水电站、福建水口电站、四川二滩水电站和湖南江垭水电站等工程都采用了这种评审方法，并成功地选择了最经济合理的合同对象，也为国内经评审的最低投标价法的实施积累了丰富的经验。

5. 经评审的最低投标价法举例

小浪底水利枢纽工程在国际招标投标时，法国的杜美兹公司、德国的旭普林公司和法国的斯皮公司参加了小浪底水利枢纽工程三标段(发电系统)的投标。该标段的评标方法采用的是经评审的最低投标价法。经过评标专家的评审，并根据经评审的最低投标价法的评审计算依据，对所有投标人的投标报价以及投标文件的商务部分进行了必要的价格调整。最后，法国杜美兹公司以经评审的最低投标价中标，承担了小浪底水利枢纽工程三标段的施工任务。

5.2.3 最低评标价法

1. 定义

所谓最低评标价法，是指以价格为主要因素确定中标候选供应商的评标方法，即在全部满足招标文件实质性要求的前提下，依据统一的价格要素评定最低报价，以提出最低报价的投标人作为中标候选人或者中标人的评标方法。

最低评标价法中，投标人的报价不能低于合理的价格。采用最低评标价法进行评标时，中标人须满足两个必要条件：第一，能满足招标文件的实质性要求；第二，经评审投标价格为最低。但投标价格低于成本的除外，否则就是不符合要求的投标。所以，这种方法也称为合理低价评标法。

2．最低评标价法的评审方法与要点

这种评标方法非常简单，即通过资格审查的投标人根据业主在招标文件中公布的合同估算价，在规定的同一时间递交招标文件，由招标人当场宣布投标价，并按由低到高的顺序将投标价排列后经各投标单位签字认定开标结果，按投标价格由低到高的顺序进行排列，投标价排名第一位的投标人即为中标人。

由于最低评标价法没有严格的法律规定，从《招标投标法》、《政府采购法》、《政府采购货物和服务招标投标管理办法》、《关于加强政府采购和服务项目价格评审管理的通知》等法律、法规来看，无论是采用公开招标还是采用询价、竞争性谈判方式采购，在全部满足招标文件实质性要求的前提下，依据统一的价格要素评定最低报价，以提出最低报价的投标人作为中标候选人，以及从符合采购需求、质量和服务相等且报价最低的原则确定成交人；或采用最低评审法的，按投标报价由低到高的顺序来确定中标人等，这些法律、法规对最低评标价法的规定过于笼统。因此，采用这种评标方法时要注意以下几点。

(1) 在建筑工程类投标中，投标人容易出现低价或超低价者抢标的现象，甚至存在低价抢标、高价索赔的心理。一些投标人先低价中标，然后提出种种理由，要求变更设计，追加投资，等于中标后变相提高价格，或偷工减料、降低质量。因此，对于出现低于正常报价15%的情况时，需要作出证明，否则按废标处理，以防止这样的投标人入围甚至中标。建议招标人最好设立标底，严格控制低价抢标行为，标底应在开标时公布。

(2) 在建筑工程类招标中，采用最低评标价评标时，在资格审查和符合性审查时要严格一些，特别是在公司资质、防止分包转包、施工人员、设备的进场要求、工程进度要求、验收要求、违约责任、工程变更和处理措施等方面要进行明确。因为采用最低评标价法进行评标时，价格是定标的唯一因素。

(3) 在这种评标方法中，要配套并严格执行招标文件履约保证金和质量保证金制度。按招标文件中的规定，根据中标价格低于招标人成本价的不同比例分别向中标单位收取不同比例的履约保证金和质量保证金，并要求以现金或银行支票的形式先行提交，否则，不予签订施工合同。

(4) 最低评标价法的操作者不能过于教条而只追求最低价。低价中标应以响应招标文件的实质性要求为前提。招标采购单位在选择最低评标价法后，应量化相应的评审指标，确保产品的价格基于同一标准。不同技术参数的产品在质量方面是有差异的，价格自然也会不同。如空调设备，技术参数不一样，价格就不同，质量上也有差距，耗电量和噪声差别也很大。家具采购也很典型，只要稍微有些规模的家具厂都能做，都能响应招标文件的要求，但是价格相差很大，产品质量相差也很大。

(5) 采用最低评标价法时，对优于招标文件的要求时是否优惠小心处理。如在某计算机采购招标时，采购人对显示器的要求是19in。代理机构在招标文件中规定，高于招标文件要求的，评审时将给予1%～5%幅度不等的价格扣除。开标时，由供应商提供的是21in的显示器，得到了2%的价格扣除。最终，这家供应商因为2%的价格扣除而如愿中标。如果不在投标人购买标书时事先宣布加价的方案，一旦没有中标的投标人投诉或起诉，招标机构和业主必输无疑。

3．最低评标价法的优缺点

1) 优点

最低评标价法最大的优点是节约资金，对业主有利。据统计，深圳市自采用最低评标价法定标以来，在 2003 年 1~6 月的 274 项招标工程中，其招标价格相对标底平均下滑 13.7%；厦门市在采取最低评标价法后，所有工程的造价在承诺保证工期、质量目标的前提下均有较大幅度的降低，并且根据对已开标项目的统计，中标价比工程预算控制价评价降低 23.86%。激烈的市场竞争，以及最低价中标的本质要求，使业主基本上能达到最低价中标的愿望。

最低评标价法由于投标人最低价中标，所以完全排除了招标过程中的人为影响。最低评标价法不编标底甚至公开招标，明确标底只是在评标时作为参考，这样就有效地防止了围标、买标、卖标、泄标、串标等违纪违法行为发生，最大限度地减少了招标投标过程中的腐败行为。最低评标价法抓住了招标的核心，符合市场经济竞争法则，能够充分发挥市场机制的作用。价格是投标人最有杀伤力的武器。招标遵循公开、公正、公平的原则，其中最一目了然的就是投标人的投标价格。随着我国市场经济体制的完善与健全，符合资格审查条件的企业间的竞争主要是企业自主报价的价格竞争，这是招标投标竞争的核心。

由于投标人是低价中标，在施工质量上更是不敢有一丝马虎，尤其是不能造成返工，一旦返工将造成双倍成本，直接影响中标人的经济效益。因此，有时候这种评标方法反而有利于促进投标人提高管理水平和工艺水平，降低生产成本，保证工程质量。

最低价中标是一种有效的国际通用模式，尤其是在市场经济比较发达的国际和地区，如英国、美国、日本等。他们的建设工程不论是政府投资还是私人投资，都通过招标投标由市场形成工程价格，造价最低的拥有承包权，政府只是通过严格的法律体系规范市场行为。我国的公路施工企业必将发展为一个多能的综合型建筑企业，随着我国加入世界贸易组织，在全球经济一体化和国际竞争日益激烈的形势下，建筑市场将进一步对外开放，只有推行国际通行的招标投标方法，才能为建筑市场主体创造一个与国际惯例接轨的市场环境，使之尽快适应国际市场的需要，以有利于提高我国工程建设各主体参与国际竞争的能力，并有利于提高我国工程建设的管理水平。

另外，最低评标价法还能减少评标的工作量。从最低价评起，在评出符合中标条件的投标时，高于该价格的投标便无须再进行详评，因此，节约了评标时间、减少了评标工作量，同时，最大限度地减少了评标工作中的认为因素。由于定标标准单一、清晰，因此，这种评标方法简便易懂、方便监督，能最大限度地减少评标工作中的主观因素，降低暗箱操作的概率。

2) 缺点

最低评标价法尽管有着操作简易等优点，但是由于满足基本要求后价格因素占绝对优势，因此也存在一定的局限性。如采购人的需求很难通过招标文件全面地体现，投标人的竞争力也很难通过投标文件充分体现，因此，最低评标价法缺乏普遍适用性。

采用最低评标价法时，价格是唯一的武器，因此，不少投标人为了中标，将不惜代价搞低价抢标。如某省交通厅在公路招标时，采用的是最低评标价法，但是实现的初期曾出现了大量的恶性压价现象。其中，有一条高速公路全线 16 个标段投标价普遍低于业主估算价的 35%，平均中标人为业主评估价的 60.9%。在如此大大低于成本的中标价格下，要保质按时完成施工任务，必然给合同的履行带来困难，即交付给业主的是伪劣工程或豆腐渣工程。由于公开招标面向全社会，难免出现鱼目混珠的局面，即规模小或是使用劣质建筑产品的投标价较低，而规模大或是全部采用优质材料和产品投标的报价必然较高，招标人在缺乏信息的条件下无法全面了解各投标人的信用和实力情况，难以甄别报价的真实性，因此在这样的条件下就容易选择实力差、信用低的单位中标。

最低评标价法也增加了投标人的承包风险。在大规模的工程建设面前，由于投标人在提交正常履约保函的基础上往往需要提交大量的履约保证金(现金)，使原本用于企业再发展的微利全用于支付银行的利息，给企业在资金周转上造成极大的困难。有时投标人为了生存，会发生恶意抢标行为，在几乎无利润可得的情况下硬性中标，而某一两个低价项目则可能拖垮整个公司。

采用最低评标价法，表面看似乎能节省投资，但不少投标人不管什么项目，先低价中标再说，然后以工程需要变更为由要求业主追加投资，造成招标后续工作非常被动，甚至价格出奇的高。合理的设计变更是保证工程质量的一个环节，然而，有些中标人却把变更设计当成违规谋利的突破口。

4．最低评标价法的应用范围

最低评标价法是《政府采购货物和服务招标投标管理办法》规定的政府采购和服务所用的评标方法之一，最适用于标准定制商品及通用服务项目的评审。目前，最低评标价法在政府采购活动中得到了广泛运用。其原因是低价评标价法相对简单和灵活、资格性门槛低、投标人质疑少，再加上采购时间短，采购组织者和采购人在采买货物金额不多的项目中乐于采用此方法。特别是《关于加强政府采购货物和服务项目价格评审管理的通知》下发后，采购组织机构在采用竞争性谈判、询价采购方式办理政府采购时，很多地方政府都倾向于采用最低评标价法。如福建省就规定一些通信设备、发电设备、医疗设备、交通设备等采购时必须使用最低评标价法。

在建筑工程领域，除简易工程外，其他工程不适合采用最低评标价法。

5.2.4 综合评分法

1．综合评分法的评审方法与要点

评标委员会对所有通过初步评审和详细评审的投标人的评标价、财务能力、技术能力、管理水平以及业绩与信誉进行综合评分，然后按综合评分由高到低排序，推荐综合评分得分最高的 3 个投标人为中标候选人。即先进行符合性审查，再进行技术评审打分，然后进行商务评审打分，接着进行价格评审打分，最后再将技术、商务和价格各子项分数相加(总分为 100 分)，以综合得分最高者为中标人。

综合评分的主要因素有价格、技术、财务状况、信誉、业绩、服务、对招标文件的响应程度以及相应的比重或者权值等。上述因素应当在招标文件中事先规定。评标时，评标委员会各成员应当独立对每个有效投标人的标书进行评价、打分，然后汇总每个投标人每项评分因素的得分。综合评分法的计算公式是

$$评标总得分 = F_1 \times A_1 + F_2 \times A_2 + \cdots + F_n \times A_n \qquad (5\text{-}1)$$

式中　F_1、F_2、$\cdots$、F_n——各项评分因素的汇总得分；

　　　A_1、A_2、$\cdots$、A_n——各项评分因素所占的权重($A_1 + A_2 + \cdots + A_n = 1$)。

《政府采购货物和服务招标投标管理办法》明确规定：采用综合评分法的，货物项目的价格分值占总分值的权值为 30%～60%；服务项目的价格分值占总分值的权值为 10%～30%；执行统一价格标准的服务项目，其价格不列为评分因素；有特殊情况需要调整的，应当经同级人民政府财政部门批准。

一般实践中，技术的权重为40%～60%，商务的权重为10%～30%，价格的权重为30%～50%。这取决于招标者或业主以哪方面的考虑为主。

在政府采购货物或服务时，一般以所有有效投标人的最低报价为基准价，基准价与各投标人的报价比较后，再乘以价格分的权重得到各投标人的价格分，即

$$投标报价得分=(评标基准价/投标报价)×价格权值×100 \qquad (5\text{-}2)$$

在建筑工程类招标中，采用综合评分法确定价格分时，可以通过以下方式确定评标基准价：由所有通过符合审查的投标报价的平均值确定，即所有被宣读的投标价的平均值，然后将该平均值乘以1与下浮率(从某几个下浮率中现场随机抽取确定)的差作为评标基准价。

综合评分法的注意事项如下。

(1) 在招标过程中，如果资格预算设置太多的限制条件，或由于资格资质条件设置得不合理，会导致歧视性条款，造成潜在投标人的不公质疑和投诉。如果在符合性审查中标注大多" ＊ "，可能导致投标人不满足商家而流标。因此，把需要标注" ＊ "改成打分项目，会比较合理。

(2) 综合评分一般要设立标底，或设定投标价上限。同时，分数值的标准不宜太笼统，如不可以只制定价格而没有细则；要说明各投标人的具体分数值是如何计算的，还应细分每一项的指标，如技术分包括哪些考核指标，如何计算给分或者扣分的标准办法。

(3) 必须在招标文件中事先列出需要考评的具体项目和指标以及分数值，并且要按照有关法律法规来制定评标准则，不得擅自修改，例如对价格分占 30%～60%的比例，不能改变超出范围。

(4) 目前，在一些招标采用综合评分法，综合得分采用去掉最高分和最低分再平均的办法，这是违反相关规定的，虽然这些做法已形成了习惯性操作，并屡试不爽。

例如，在某案例中，受采购人委托，2009 年 9 月 18 日，某区政府采购中心发布招标公告，以公开招标方式采购一批计算机。据招标文件规定，此次评标采用综合评分法进行。2009年 10 月 11 日，开评标活动如期举行。评标过程中，7 名专家组成的评标委员会按照习惯性操作，对供应商的每项评分因素进行评审，并且都采取去掉一个最高分和去掉一个最低分后再平均，最后把单项得分进行汇总，进而得出供应商的评标总得分。通过 9 个多小时的评审，项目终于有了结果，采购中心项目负责人舒了一口气："这个项目终于完成了。"

但令他没想到的是，评标委员会屡试不爽的习惯性操作——去掉一个最高分和一个最低分后进行平均的评审模式却给采购中心带来了投诉。最终，该项目也因评标过程不符合《政府采购货物和服务招标投标管理办法》第五十二条的有关规定而被废标了。

"我们以前采用综合评分法评标时，都是这么做的。但这种操作确实没有法律依据，所以面对质疑，我们还真没法受理。"采购中心项目负责人无可奈何地说。

透过此起案例，有两个问题值得思考：一是采用综合评分法进行评审时，是否可以采

用去掉一个最高分和一个最低分再平均的方法得出投标人的单项得分？二是采购实践中，执行机构认为公平合理的习惯性操作能否一直沿用？

(1) 所有专家打分都应汇总。"我们采用综合评分法时，去掉一个最高分和一个最低分这种方法，有关各方面都认为很公平，可以有效避免评审过程中主观因素左右评标的情形。如果有专家想徇私舞弊或者个别专家对某个供应商有成见，其打分都可能被排除。总之，这是一种比较客观科学的做法。"很多从业人员对此表示认同，而事实上，也有不少政府采购代理机构也是如初操作。实际上，根据《政府采购货物和服务招标投标管理办法》第五十二条的规定，评标时，评标委员会各成员应当独立对每个有效投标人的标书进行评价、打分，然后汇总每个投标人的每项评分。因此，案例中，采购中心的操作是违法的。

(2) 对此习惯性操作应予以反思。针对案例中采购中心沿用习惯性操作的问题，参与评标的专家指出，由于规范政府采购行为的法律法规刚出台不久，且依然在补充与完善中，因此，在采购实践中，难免会出现有些环节找不到相关法律条文进行规范的情形，也难免出现更具操作性的行为与法律的规定背道而驰的情况。但无论如何，政府采购的有关法律法规的规定就失去了存在价值，整个政府采购活动也必将退回到无序状态。因此，政府采购代理机构在摸索中发现更具有操作性的方法时，应该及时与立法机构沟通，使更具有操作性、更合理的方法尽快纳入法制体系。

2. 综合评分法的优缺点

1) 优点

采用综合评分法比较容易制定具体项目的评标办法和评标标准，评标时，评委容易对照标准打分，工作量不大。

2) 缺点

采用综合评分法时，技术、商务、价格的权重比较难于制定，特别是难于详细制定评分标准使之精确到每一个分数值，另外也难于找到制定技术和价格等标准分值之间的平衡关系，有时候很难招标到"价廉物美"或"物有所值"的投标人，所以比较难于在标准细化后最大限度地满足招标人的愿望。如果评分标注细化不足，则评标委员在打分时的自由裁量权容易过大，客观度不够，特别是在目前不正当竞争行为比较多的情况下，容易被个别的投标人或者评委人为地破坏。如果各项评分标准非常客观且公开，有些投标人自己就会认为实力不够而放弃投标，那么招标任务就难以完成。另外，这种招标方式容易发生最高价者中标现象，引起人们对于政府采购和招标投标的质疑。

3. 综合评分法的应用范围

综合评分法最适合在评审政府采购货物或服务时使用，这是《政府采购货物和服务招标投标管理办法》推荐的货物或服务招标评审办法之一。目前，很多地方政府在进行政府财政采购货物或服务时优先使用这种评标方法(少数地方政府采用最低评标方法、综合评标法或价性比法)。对建筑工程类的评标，综合评标法则适用于特别复杂、技术难度大和专业性较强的工程基建、安装、监理等项目的招标。对于建筑工程中的建筑设备招标，如果设备复杂、价格很高、技术要求高，则不适用综合评分法。

5.3 开标与评标

5.3.1 开标

1. 开标的一般规定

招标机构在预先规定的时间将各投标文件正式启封揭晓，称为开标。良好的开标制度与规则是招标成功的重要保证。

《招标投标法》第三十五条规定："开标有投标人主持，邀请所有投标人参加。"第三十六条同时规定："开标时，由投标人或者推选的代表人检查投标文件的密封情况，也可以由招标人委托的公证机构检查并公证；经确认无误后，由工作人员当众拆封，宣读投标人名称、投标价格和投标文件的其他主要内容。招标人在招标文件要求提交投标文件的截止时间前收到的所有投标文件，开标时都应当当众予以拆封、宣读。开标过程应当记录，并存档备查。"《政府采购法》没有具体规定开标的程序和事项，但是，在其配套法的《政府采购货物和服务招标投标管理办法》第三十一条规定："投标人应当在招标文件要求提交投标文件的截止时间前，将投标文件密封送达投标地点。招标采购单位收到投标文件后，应当签收保存，任何单位和个人不得在开标前开启投标文件。"第三十八条规定："开标应当在招标文件确定提交投标文件截止时间的同一时间公开进行；开标地点应当为招标文件中预先确定对的地点。招标采购单位在开标前，应当通知同级人民政府财政部门及有关部门。财政部门及有关部门可以视情况到现场监督开标活动。"第三十九条规定："开标由招标采购单位主持，采购人、投标人和有关方面代表参加。"

《政府采购货物和服务招标投标管理办法》第四十条规定："开标时，应当由投标人或者推选的代表检查投标文件的密封情况，也可以由招标人委托的公证机构检查并公证；经确认无误后，由招标工作人员当众拆封，宣读投标人名称、投标价格、价格折扣、招标文件允许提供的备选投标方案和投标文件的其他主要内容。未宣读的投标价格、折扣价格和招标文件允许提供的备选投标方案等实质内容，评标时不予承认。"第四十二条规定："开标过程应当由招标采购单位制定专人负责记录，并存档备查。"

可见，《招标投标法》和《政府采购货物和服务招标投标管理办法》都对开标过程进行了具体的规定，相关规定都差不多，但是《政府采购货物和服务招标投标管理办法》更具体、更详细、更具有可操作性。

2. 开标过程操作实务

(1) 应按招标文件中规定的日期、地点和程序进行。按照规定，开标应当在招标文件确定的提交投标文件截止时间的同一时间公开进行。实践中，一般是和招标通告中规定的截止时间相一致或随后马上宣布。也有的地方规定，开标应在招标文件中规定作为截止日期的时间或在任何截止日期延长通知中规定的截止日期，在招标文件规定的地点，按招标文件规定的程序进行。

(2) 开标形式应采取公开形式，即应该允许投标商或其代表出席。投标人代表必须持本人身份证参加开标会。投标人代表如果不是法定代表人，还应持法定代表人的授权书。

(3) 应做好开标记录。开标前，投标方须有法定代表人或其委托代表人(具有法定代表人签署的授权书)参加，并签到证明其出席开标会议，否则视为该投标方自动退出投标。规定日期之后收到的投标以及没有开封和开标时没有宣读的投标均不应予以考虑。

(4) 开标时，先由投标方检查投标文件的密封情况，确认无误后由工作人员当众拆封并唱标。

(5) 开标后，招标代理机构打印投标文件符合性审查表给各投标人签名确认。开标记记录表见表5-1。

表5-1 开标记录表

序号	招标单位名称	投标保证金/投标保证函	报价文件(唱标信封)	密封性是否完好	投标文件(1正×副)	投标人代表签字确认
1						
2						

3．开标会议程序

表5-2说明了开标会议的一般程序和发言的主要内容。

表5-2 开标会议的一般程序和发言的主要内容

序号	程序内容	主持人讲话提要(参考)
1	宣布开标会开始	今天，由我代表××主持××开标会议，现在我宣布开标会议正式开始
2	宣布开标会纪律	宣布开标会议纪律
3	介绍与会人员，宣布唱标、记录人员名单	(1) 介绍出席本次开标会议的各有关部门的领导 (2) 介绍参加投标单位 (3) 本次开标会议由××招标投标管理中心的××唱标，××记录
4	介绍工程基本情况及评标办法	主要介绍工程概况、建筑面积、建设地点、质量要求、工期要求、评标办法及其他需要说明的情况
5	检查标书的密封情况并签字确认	请投标人或其推选的代表或招标人委托的公证员检查证书的密封情况，并在检查结束后到记录人员处签字确认
6	资格预审(可选)	进入资格预审程序，请各投标人不要离开开标现场，随时接受招标人的咨询
7	公开资格预审结果	合格的有：××，不合格的有：××，原因是：
8	唱标	下面进行唱标，由工作人员当众拆封，宣读投标人名称、授权委托人、项目经理投标报价和投标文件的其他主要内容
9	宣读标底(如有标底)	宣读本工程的标底
10	宣布开标会议结束	开标会议结束，进入评标程序，请各投标人原地休息

4．某建筑工程招标开标会议实录

> 各位领导、各位代表、上午好！
>
> ××工程在××举行招标开标会议。投标文件递交截止日期时间已到，共收到该工程××份招标文件。招标人将拒绝接受在此时间之后送达的投标文件。
>
> 根据××工程招标文件的规定，开标会议于 2009 年××月××日××时整在××准时召开。受招标人××委托，××公司对本项目招标实施全过程代理。同时，××对本项目招标进行依法监督。在此，我们对各位领导对本项目给予的支持表示衷心感谢！开标会议正式开始。
>
> 1) 宣布开标会议纪律
>
> (1) 请与会各方代表暂时关闭通信工具或设置为振动状态，会议进行过程中请勿接打电话。
>
> (2) 会议进行过程中，请勿在会场内随意走动、大声喧哗，请遵守工作人员安排。
>
> (3) 会议结束前请勿提前退出会场，任何单位和个人不得扰乱会场秩序。
>
> (4) 如对开标过程有异议，请于唱标结束后举手示意，待允许后方可发言，或者以书面形式向招标人陈诉。
>
> 2) 介绍参加会议的领导和各方代表
>
> (1) 招标代表：××。
>
> (2) 招标监督机构代表：××。
>
> (3) 投标人代表：××。
>
> 3．检查投标文件密封情况
>
> (1) 请投标人代表检查投标文件的密封情况。
>
> (2) 投标人对投标文件的密封情况有无异议？如有异议，请举手示意。
>
> (3) 本次开标会议，到投标文件截止时间为止，共收到投标文件××份，招标人、监督人及各投标人对投标文件的密封情况均无异议，投标文件密封符合招标文件要求，密封完好。
>
> (4) 唱标开始。唱标顺序按照先投后开，后头先开的原则进行。
>
> (5) 唱标完毕。请各投标人检查本单位的投标文件主要内容的记录情况，并在开标记录上签字。请记录人、唱标人、监标人分别在开标记录上签字。
>
> (6) 各投标人对开标过程有无异议？如果有，请举手示意。投保人对开标过程均无异议，开标完毕。
>
> (7) 开标会议到此结束。会议结束后，将进入评标程序(各投标人准备好原件在会场外等候验证)。评标结果将在××予以公示。谢谢大家！

5．开标时特殊情况处理

在某工程招投标中规定递交投标文件的截止时间及开标时间为中午 12 点整。有 6 个投标人出席，共递交了 37 份投标文件，其中有一个出席者同时代表了两个投标人。业主通知此人，他只能投 1 份投标文件并应撤回 1 份投标文件。另一名投标人晚到了 10min 送达投标文件，原因是门口警卫搞错了人，把他阻拦了。随后警卫向他表示了歉意，并出面证实了他迟到的原因。但业主拒绝接受他送达的投标文件。针对以上两种情况问：业主的做法是否正确？

同一投标人只能单独或作为合伙人投 1 份投标文件，但他不一定亲自递交，可以委托别人代他递交投标文件并出席开标会。一名代表可同时被授权代表不止一名投标人递交投标文件并出席开标会。所以第一种情况业主的做法是不对的。

在预定递交投标文件截止时间及开标时间已过的情况下，不论由于何种原因，业主可以拒绝递交的投标文件。理由是开标时间已到，部分投标文件的内容可能以宣读，迟交投标文件的投标人就有可能进行有利于自己的修改。我国《招标投标法》第二十八条规定："在招标文件要求提交投标文件的截止时间后送达的投标文件，招标人应当拒收。"所以对于第二种情况，业主的做法是对的。

6．开标会议案例分析

1）案例背景

不久前的一天，××市政府宾馆突然入住了大量办公设备投标供应商。原来，两天后，该市的市、县联合办公自动化设备招标采购开标仪式即将在这里举行。在这两天里，各投标商为投标进行着最后的准备，其中之一就是按照招标文件的要求对投标文件进行密封。

早在招标采购的调研阶段，接受委托的××市政府采购中心了解到有意向参与办公自动化设备投标的供应商将达到50家以上。为了节省开标时间，方便主持人唱标，××市政府采购中心在招标文件中要求投标供应商把开标一览表和投标文件分开密封。"不仅如此，每包10万元的投标保证金还有一并放入装有开标一览表的密封袋，不能分别放在每包投标文件里。"一名投标供应商有些无奈地说："我们在密封时，还真得仔细、认真才行。"

转眼就到了开标时间。当主持人宣布开标纪律之后，邀请两名投标人代表和现场监管人员一同检查投标文件的密封情况。这时，意外发生了，有两家投标供应商只有投标文件的密封袋，却不见开标一览表的密封袋。经过现场询问才知道，这两家投标供应商并非忘记提交开标一览表，而是没有仔细阅读招标文件的投标人须知，把开标一览表、投标保证金和投标文件密封在了一起。

于是，由投标人代表当场便对这两家供应商的投标有效性提出了异议。为了保证招标的公平性，在与现场监督人员商讨之后，政府采购中心宣布这两家供应商的投标为无效投标。这两家投标供应商感到十分委屈："为了这次招标，我们披星戴月，全力以赴，没想到最后却因密封的问题把参与评标的资格给丢了。"

此案例有3个问题引人关注：第一，投标文件密封要求严格，究竟是为了什么？第二，投标文件不密封是否会失去投标资格？第三，投标文件的密封要求是不是越严格越有利于采购？

2）案例分析

(1) 投标文件密封是为了保护供应商。投标文件密封最主要的作用是保证投标的公平，让所有投标人在开标前都处在同一起跑线上。一旦投标供应商对当次投标的承诺泄密，即有可能被他人利用，功亏一篑。另外，投标文件密封还可以防止在评标开始前被招标代理机构看到投标内容，防止发生纠纷。笔者认为，投标文件严格密封要求很有必要，同时，这也是对投标供应商的一种长久保护。因为在投标文件中，可能含有供应商的多个商业秘密，而投标人之间又是商场对手，一旦商业秘密外泄，投标供应商的损失将是巨大的。现在的投标供应商比较注重投标文件的密封，而且一旦发现有其他投标供应商密封得不合要求，就会提出异议，担心是否有采购人私自拆除中意供应商投标文件并加以授意。因此，规定投标文件严格密封是必要的，可以防止多个环节的泄密，从而保证招标的公平和公正。

(2) 投标文件密封不当，完全可以废标。对投标文件进行密封是相关法律法规的要求。《招标投标法》第三十六条规定："开标时，由投标人或者推选的代表检查投标文件的密封情况，也可以由投标人委托的公证机构检查并公证；确认无误后，由工作人员当众拆封，宣读投标人名称、投标价格和投标文件的其他主要内容。"《政府采购货物和服务招标投标管理办法》第三十一条规定："投标人应当在招标文件要求提交投标文件的截止时间前，将投标文件密封送达投标地点。"第四十条规定："开标时，应有投标人或者其推选的代表检查投标文件的密封情况，也可以由招标人委托的公证机构检查并公证。"可见，相关法律已对投标文件密封规定得相当具体，没有密封的文件是完全可以废标的。

(3) 对投标文件的密封要求如何理解？在实践中，有大量的投标供应商因投标文件密封不合格被判无效投标。的确，有些评标项目由于标的额巨大，分包较多，投标文件的密封要求烦琐，投标供应商稍有差错就可能错失良机。甚至由招标代理机构要求投标人使用 U 盘提交开标一览表的，个别投标供应商虽然按要求提交了 U 盘，却没有对 U 盘设置密码，因此被判无效投标，可谓"损失惨重"。笔者认为对招标文件的密封要求严格，符合法律的初衷，但应该灵活处理。如投标文件本来是密封的，只是在开标现场有磨损或密封袋有一定损坏，但看不到投标文件的内容的，以及密封不十分严密，在搬运过程有一定损坏的，就不应该拘泥于法律字眼，草率宣布投标文件为无效投标。

因此，投标文件的密封尺度应该理解为能够保证招标文件内容不外泄即可，死抠法律字眼，只会让投标不那么"人性化"，反而不利于招标采购。

(4) 基本工作最好都做在前面。笔者认为，法律肯定是要遵守的，否则法律就没有任何意义了。但是，对招标代理机构来说，要在法律允许的范围内尽量替投标供应商考虑，使投标过程尽量人性化。对投标人来说，对于比较重要的投标，一定要仔细，防止出现低级错误，最好把基本工作做在前面，不要因为一些明显的小差错而失去投标资格。

5.3.2 评标

1. 评标程序和流程

评标过程是招标投标程序的重要组成部分。评标是一项关键性的并且是一项十分细致的工作，它直接关系到招标人能否得到最有利的投标。

2. 评标委员会的组成

评标委员会由采购人代表或者有关技术、经济等方面的专家组成，成员人数应当为 5 人以上的单数。其中，技术、经济等方面的专家不得少于成员总数的 2/3。采购数额在 300 万元以上以及技术复杂的项目，评标委员会中技术、经济的专家人数应当为 5 人以上的单数。招标采购单位就招标文件征询过意见的专家，不得再作为评标专家参加评标。采购人不得以专家身份参与本部门或者单位采购项目的评标。采购代理机构工作人员不得参加有本机构代理的采购项目的评标。评标委员会成员名单原则上应在开标前确定，并在招标结果确定前保密。

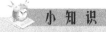

小知识

评标操作实务

《政府采购货物和服务招标投标管理办法》规定，评标工作由招标采购单位负责组织，具体评标事务由招标采购单位依法组建的评标委员会负责，并独立履行下列职责。

(1) 审查投标文件是否符合招标文件要求，并作出评价。

(2) 要求投标供应商对投标文件有关事项作出解释或者澄清。

(3) 推荐中标候选供应商名单，或者受采购人委托按照事先确定的办法直接确定中标供应商。

(4) 向招标采购单位或者有关部门报告非法干预评标工作行为。

一些地方政府对评委会的组建还有细化规定，如一些地方规定评审委员会专家(不含采购人代表)与评审项目有以下情形之一的，应当主动提出回避。

(1) 近3年内曾在参加该采购项目的单位中任职(包括一般工作)或担任顾问的。

(2) 配偶或直系亲属在参加该采购项目的单位中任职或担任顾问的。

(3) 配偶或直系亲属参加同一项目评审工作的。

(4) 与参加该采购项目的单位发生过法律纠纷的。

(5) 评审委员会中，同一任职单位评审专家超过两名的。

(6) 任职单位与采购人或参加采购项目的供应商存在行政隶属关系的。

这些规定是为了确保评标专家客观、公正地履行职责。

3. 评标内容

资格审查或符合性审查：《政府采购货物和服务招标投标管理办法》第四十四条规定，评标委员会审查投标文件是否符合招标文件要求，并作出评价。

(1) 基本要求。主要考查投标人是否符合《政府采购法》第二十二条的规定，即投标供应商是否具备下列条件。

① 具有独立承办民事责任的能力。

② 具有良好的商业信誉和健全的财务会计制度。

③ 具有履行合同所必需的设备和专业技术能力。

④ 有依法缴纳税收和社会保障资金的良好记录。

⑤ 参加政府采购活动前3年内，在经营活动中没有重大违法记录。

⑥ 法律、行政法规规定的其他条件。

(2) 项目要求。有些招标项目有注册资金的门槛，有相应的设备经营生产或经营许可证要求，有资质要求等跟项目有关的要求等。

(3) 其他要求。审查投标书是否完整，有无计算上的错误，是否提交了投标保证金，文件签署是否合格，投标书的总体编排是否有序等。

(4) 技术评审。技术评审的目的在于确认备选的中标人完成招标项目的技术能力以及其所提供方案的可靠性。与资格评审不同是，这种评审的重点在于评审投标人将怎样实施该招标项目。

技术评审的主要内容有如下几方面。

标书是否包括了招标文件所要求提交的各项技术文件，它们同招标文件中的技术说明和图样是否一致。

实施进度计划是否符合业主或采购人的时间要求，这一计划是否科学和严谨。

投标人准备用哪些措施来保证实施进度。

如何控制和保证质量，这些措施是否可行。

如果投标人在正式投标时已列出拟与之合作或分包的公司的名称，则这些合作伙伴或分包公司是否具有足够的能力和经验保证项目的实施和顺利完成。

投标人对招标项目在技术上有何种保留和建议，这些保留是否影响技术性能和质量，其建议的可行性和技术经济价值如何。

总之，评标内容与招标文件中规定的条款和内容相一致。除对投标报价进行比较外，还应考虑其他有关因素，经综合考虑后，确定选取最低报价的投标。因此，技术评审通常并非以投标报价最低作为选取标准，而是将各种因素转换成货币值进行综合比较，并选取成本最经济的投标。

(5) 商务与经济评审。商务评审的目的在于从成本、财务和经济分析等方面评定投标报价的合理性和可靠性，并估量授标给各投标人后的不同经济效果。参加商务评审的人员通常要有成本、财务方面的专家，有时还要有估价以及经济管理方面的专家。

商务评审的主要内容如下。

① 将投标报价与标底价进行对比分析，评标该报价是否可靠合理。

② 投标报价的构成是否合理。

③ 分析投标文件中所附资金流量表的合理性及其所列数字的依据。

④ 审查所有保函是否被接受。

⑤ 进一步评审投标人的财务状况和资信程度。

⑥ 投标人对支付条件有何要求，给业主或采购人以何种优惠条件。

⑦ 分析投标人提出的财务和付款方面建议的合理性。

关于价格的评审，《政府采购货物和服务招标投标管理办法》第四十一条规定："开标时，投标文件中开标一览表(报价表)内容与投标文件中明细表内容不一致的，以开标一览表(报价表)为准。投标文件的大写金额和小写金额不一致的，以大写金额为准；总价金额与单价汇总金额不一致的，以单价金额计算结果为准；单价金额小数点有明显错位的，应以总价为准，并修改单价；对不同文字文本投标文件的解释发生异议的，以中文文本为准。"

4．关于实质性响应

评标委员会对投标人的投标文件进行评审，其中一点就是看其是否实质性响应了招标文件。所谓实质性响应，是指与招标文件要求的全部条款、条件和规格相符，没有重大偏离的投标。对关键条文的偏离、保留或反对，如关键技术指标以及投标保证金、付款方式、售后服务、质量保证、交货日期、设备数量的偏离，可以被认为是实质上的偏离。

不实质性响应招标文件的投标文件可以被拒绝，但是，实际操作中，关于实质性响应的认定却经常发生争议。请看下面的案例：某地政府采购中心招标一批建筑消防设备，招标公告发出后，共有 5 家投标人购买标书，截止到开标时间，最终有 3 家递交投标文件。这 3 家投标单位中，没有一家投标人完全满足关键技术指标(用*表示)，招标人考虑到时间紧迫，如果因为不够 3 家，就要废标，如果重新招标，时间和精力不允许，遂要求专家按正常程序评标，在资格审查和符合性审查过程中适当放松一点。专家按评审原则评出 C 公司作为第一中标候选人。评标结束 3 天后，A 公司向当地监管部门提出投诉，要求取消本次评审。A 公司的理由很充分，包括 A 公司在内，完全满足招标文件的投标人没有一家，按政府采购法律，本次招标无效。当地监管部门经核实确认后，A 公司的投诉事实清楚，宣布本次招标无效。招标人受到严厉批评，相关专家受到停止评标资格 6 个月的处罚。

5. 评审过程中的澄清

《招标投标法》第三十九条规定："评标委员会可以要求投标人对投标文件中含义不明确的内容做必要的澄清和说明，但是澄清或者说明不得超过投标文件的范围或者改变投标文件实质性内容。"《政府采购货物和服务招标投标管理办法》第四十四条规定，评标委员会的职责之一是要求投标"供应商对投标文件有关事项作出解释或者澄清"。第五十四条第二款规定："对投标文件中含义不明确、同类问题表述不一致或者有明显文字和计算错误的内容，评标委员会可通过书面形式(应当由评标委员会专家签字)要求投标人作出必要的澄清、说明或者纠正。投标人的澄清、说明或者补正应当采用书面形式，由其授权的代表签字，并不得超出投标文件的范围或者改变投标文件的实质性内容。"

评标过程的澄清是投标人的澄清，和招标过程中招标人对招标文件的澄清是两码事。在评标过程中，投标人的澄清要注意以下几点。

(1) 澄清内容和范围的把握。相关法律法规规定，只对招标文件含义不明确的内容进行必要的澄清和说明，对同类问题表述不一致或者有明显文字和计算错误的内容也可以进行澄清。如果投标标书前后矛盾，评标委员会无法认定以哪个为准，再如投标文件正本和副本不一致，或副本看不清楚，投标人就可以对此进行澄清。但是，如果评标过程中，投标人再补递交文件，如业绩复印件，这是不允许的。

(2) 澄清要采用书面形式。澄清过程中的资料一定要采用书面形式。但是，书面形式未必一定要亲自在现场签署。实践中，在开标、评标时，投标人可能不在现场，可以采取发传真的形式补交澄清文件，这是允许的。

5.3.3　述标

1. 一般要求和形式

在有的评标过程中，还安排了述标环节。所谓述标，就是投标人派出代表，在评标现场向评标委员会介绍投标方案和相关资源、力量等。在述标过程中，投标方要重点介绍投标单位的施工资质、技术力量构成、公司业绩，公司准备在该工程中实施的计划和方案，尤其是在施工过程中如何保证工程质量，有什么技术手段，有什么组织保证，如何努力实现建设方的工程建设目标。

关于述标，《政府采购法》和《招标投标法》都没有专门要求，一般比较重要的招标才会安排述标程序，如一些建筑方案设计、城市规划设计的招标，仅靠评审专家阅读投标文件可能不容易掌握，或不好与投标人进行沟通。这种情况下，安排述标程序就能让评审专家更好地与投标人进行沟通，了解投标人的思路和目的。述标有两种形式，一种是必须到现场述标，并且每个投标人安排 5～30min 的述标时间，一般要求用 PPT 多媒体演示进行述标。在有的招标中，还要求拟派往现场述标的级别为一定层次的负责人。另外一种方式是，述标时不需要投标人到场，仅允许采用视频光盘的形式述标，时间一般为 5～15min，述标视频光盘随投标文件一同提交。

2. 述标时的组织和注意事项

对招标代理来说，良好的述标秩序和组织是保证评标顺利进行的保证。如何进行人性化的安排减少投标人的述标精力消耗，也是考验招标代理机构的重要环节。对投标人来说，如何在述标环节减少失误，尽可能在最短的时间内陈述出自己的优势，也是非常值得注意的事情。

如果是不需要现场述标的环节，就相对容易操作了，投标人将述标视频光盘文件交给招标代理机构，招标代理机构只需要在评标现场播放就可以了。在这种情况下，投标人有足够的时间进行修改和浓缩投标人的材料，投标人只需要确保述标视频光盘能顺利播放就可以了。

如果是需要现场环节的述标，特别是投标人数量比较多的情况下，则需要招标代理机构科学、合理、妥当地安排，衔接严密。一般情况下，各投标人述标顺序可以通过抽签的方式确定，或按开标的顺序确定。这样，各投标人心中有数，招标代理机构可以提前提醒下一个述标者进行准备。

对投标人来说，要在有限的时间内将尽量多的信息展示出来给评委专家以增加其对自己的印象和好感。首先，要精选材料，只说重点和亮点；其次，要尽量把 PPT 做得好一点，清楚、美观、顺畅是基本要求；其次，要把握时间，适当打感情牌，不要引起评标专家的反感。

3. 招标评审过程中的述标评论举例

某省安全生产管理局采购招标一套应急指挥系统，委托某招标代理机构招标。由于这是全国第一个安全生产应急指挥系统样板工程，相关领导将在项目建成后在现场召开会议，推广经验。因此，采购人非常重视，派出了一名处长进行监督招标，在评审环节加入了述标程序，述标时间为 10min。而对各投标人来说，攻下该省的这个采购项目，其他各省也就容易拿下了，并且，其他各省也会跟随该省陆续采购这个应急指挥系统。因此，各投标人非常重视，甚至有的派出了副总级别的人亲自出马。

A 公司是北京的一家公司，该公司实力雄厚，拥有安防工程一级资质，注册资金为 1000 万人民币。其在本项目中投入技术人员 14 人，并且项目负责人拥有高级项目经理证书。但是在述标环节，该公司没有把亮点讲清楚，把公司背景介绍得过多，并且对应急指挥车系统的原理讲解得也过多，给专家的印象一般。

B 公司是南京一家公司，该公司实力也很雄厚，在安防领域很有名。该公司 PPT 制作精美，述标过程重点突出，结合总体方案作出了想象直观的三维演示文档，取得了很好的效果。更难能可贵的是，该公司在现场派发了彩图资料，并带来了实物模型(招标文件没有规定)，彻底征服了现场的评标专家，最终，经过 3 轮评审，该公司顺利中标。

C 公司是某省本地的一家公司，公司副总亲自出面，另外带了两名女助手出马。女性述标，声音甜美清楚，效果比前两家要好，遗憾的是，该公司的述标时间太长，严重超出了规定的述标时间，加之该公司财务一般，最终以微弱的劣势失去了中标机会。不过，述标环节给专家留下了深刻印象，特别是述标过程中的敬业精神，给评审专家留下了非常好的印象，因为该投标人的述标安排在最后，轮到该公司述标时已是中午 12:30，该公司副总一直到述标结束后才离开评标现场。

5.3.4 评标过程

1. 评审内容

评审委员会开始评标之前，必须首先认真研读招标文件。招标人或者其委托的招标代理机构应当向评标委员会提供评标所需的重要信息和数据，以及清标工作组关于工程情况和清标工作的说明，协助评标委员会了解和熟悉招标项目的以下内容：

(1) 招标项目规模、标准和工程特点。

(2) 招标文件规定的评标标准、评标办法。

(3) 招标文件规定的主要技术要求、质量标准及其他与评标有关的内容。

该建筑工程项目招标评审的主要内容为初步评审、技术文件评审和经济评审。

2. 评审程序

评审程序整体分为两个阶段：第一阶段进行技术文件(含部分商务)的评审；第二阶段进行报价文件的评审。

评标委员会首先对投标文件的技术文件(含部分商务)进行初步评审，只有通过初步评审才能进入详细评审。

通过初步评审的主要条件如下。

(1) 投标文件按照招标文件规定的格式、内容填写，字迹清晰可辨。

① 投标书按招标文件填写了工期、项目经理等，且有法定代表人或其授权代理人亲笔签字，盖有法人章。

② 投标书附录的所有数据均符合招标文件规定(表格不能少，若无则填无)。

③ 投标书附表齐全完整，内容均按规定填写。

④ 按规定提供了拟投入主要人员(以资格预审时强制性条件列明的人员为准)的证件复印件，并且证件清晰可辨、有效。

⑤ 投标文件按招标文件规定的形式装订，并标明连续页码。

(2) 投标文件(正本)上法定代表人或法定代表人授权代理人的签字(含小签)齐全，符合招标文件。凡投标书、投标书附录、投标担保、授权书、投标书附表、施工组织设计的内容必须逐页签字。

(3) 法人发生合法变更或重组，与申请资格预审时比较，其资格应没有实质性下降。

① 通过资审后法人名称变更时，应提供相关部门的合法批件及营业执照和资质证书的副本变更记录复印件。

② 资格没有实质性下降是指投标文件仍然满足资格预审中的强制性条件(经验、人员、设备、财务等)。

(4) 按照招标文件规定的格式、时效和内容提供了投标担保。

① 投标担保为无条件式投标担保。

② 投标担保的受益人名称与招标人规定的受益人名称一致。

③ 投标担保金额符合招标文件规定的金额。

④ 投标担保有效期为投标文件有效期加 30 天。

⑤ 投标担保为银行汇票的，出具汇票的银行级别必须满足投标人须知资料表的规定。

(5) 投标人法定代表人的授权代理人，其授权符合招标文件规定，并符合下列要求。

① 授权人和被授权人均在授权书上亲笔签名，不得用签名章代替。

② 附有公证机关出具的加盖钢印的公证书。

③ 公证书出具的时间为授权书出具时间的同日或之后。

(6) 以联合体形式投标时，提交了联合体协议书副本，并且与通过资格预审时的联合体协议书正本完全一致。

(7) 有分包计划的提交了分包协议，且分包内容符合规定。

(8) 投标文件载明招标项目完成期限不得超过规定的时限。

(9) 工程质量项目必须满足招标文件的要求。

(10) 投标文件不应附有招标人不能接受的条件。

投标文件不符合以上条件之一的，评标委员会应当认为其存有重大偏差，并对该投标文件作废标处理。

3．详细评审

评标委员会还应对通过初步评审法人投标文件的技术文件(含部分商务)从合同条件、财务能力、技术能力、管理水平以及投标人以往施工履约信誉等方面进行详细评审，并按通过或不通过对技术文件进行评价。

(1) 对合同条件进行详细评审时，投标文件如有不符合以下条件之一的，属重大偏差，评标委员会应对其作废标处理。

① 投标人应接受招标文件规定的风险划分原则，不得提出新的风险划分办法。

② 投标人不得增加业主的责任范围，或减少投标人的义务。

③ 投标人不得提出不同法人工程验收、计量、支付办法。

④ 投标人对合同纠纷、事故处理办法不得提出异议。

⑤ 投标人在投标活动中不得含有欺诈行为。

⑥ 投标人不得对合同条款有重要保留。

(2) 对财务能力、技术能力、管理水平和以往施工履约信誉进行详细评审时，发现投标人有以下情况之一的，如 2/3 以上(含)评委认为不通过，应对其作废标处理。

① 相对资格预审时，其财务能力具有实质性降低，且不能满足最低要求。

② 承诺的质量检验标注低于国家强制性标注要求。

③ 生产措施存在重大安全隐患。

④ 关键工程技术方案不可行。

⑤ 施工业绩、履约信誉证明材料存在虚假。

4．报价文件的评审

评标委员会对通过技术文件(含部分商务)评审的投标文件进行报价文件的评审。

首先对报价文件按下列条款进行初步评审(符合性审查)，若不符合下列条款之一的，评标委员会应当认为其存在重大偏差，并对该文件作废标处理。

(1) 投标书报价单按照招标文件规定填报了补遗书编号、投标报价等，由法人代表或其授权的代理人亲笔签名，且盖有法人章。

(2) 工程清单量逐页有法人代表或其授权代理人的亲笔签字。

(3) 投标人提交的调价函符合招标文件要求(如有)。

(4) 一份投标文件中只有一个投标报价，在招标文件没有规定的情况下，不得提交选择性报价。

5. 评标价的评审

(1) 招标人开标宣布的投标人报价，当数字表示的金额与文字表示金额有差异时，以文字表示的金额为准。经投标人确认且符合招标文件要求的最终报价即为投标人的评标价。

(2) 投标人开标时确认的最终报价，经评标委员会校核，若有算术上和累加运算上的差错，按以下原则进行处理。

① 投标人的最终投标价(文字表示的金额)一经开标宣布，无论何种原因，不准修正。

② 当算术性差错绝对值累计在投标价的1%以内时，在投标价不变和注意报价平衡的前提下，允许投标人对相关单价、合计价、总额价和暂定金(必须符合招标文件的要求)予以修正。

③ 当算术性差错绝对值累计在投标价的1%(含)以上时，则为无效标。

(3) 要求投标人对上述处理结果进行书面确认。若投标人不接受，则其投标文件不予评审。

(4) 评标委员会对报价各细目单价的构成和各章合计价的构成是否合理，有无严重不平衡报价进行评审。

(5) 当一经开标宣布的最低报价与次报价相差10%(含)以上时，最低报价将被视为低于成本价竞标，作废标处理。

(6) 投标人的报价应在招标人设定的投标价控制价上限以内，投标价超出投标控制价上限的，视为超出招标人的支付能力，作废标处理。

6. 评标基准价的确定

确认方式：将所有被宣读的投标价去掉一个最低值和一个最高值后的算术平均值，将该平均值下降若干个百分点，作为评标基准价。

若发现投标人以他人的名义投标、串标投标、以行贿手段谋取中标或者以其他弄虚作假方式投标的，则其投标作废标处理。

7. 综合评价

某项目采用综合评分法，即对通过初步评审和详细评审的投标文件，按其投标报价得分和信誉得分由高到低的顺序排列，依次推荐前3名投标人为中标候选人。

该项目按投标人投标价和企业资质与信誉两大部分进行评分，投标人投标价80分，企业资质与信誉20分。具体评分内容及分值如下。

(1) 投标价(80分)。投标人投标价得分的计算按下列方法进行。

① 投标人的评标价等于评标基准价的，得80分。

② 投标人的评标价低于评标基准价的：下浮在5%(含)以内的，每浮一个百分点扣2分；下浮在5%以上的，每浮一个百分点扣3分；中间值按比例内插，扣到0分为止。

③ 投标人的评标价高于评标基准价的：上浮在 5%(含)以内的，每浮一个百分点扣 3 分；上浮在 5%以上的，每浮一个百分点扣 4 分；中间值按比例内插，扣到 0 分为止。

(2) 企业资质与信誉(20 分)。企业资质与信誉得分的计算按下列方法进行。

① 施工企业主的资质为招标同类工程资质的得 5 分，为施工一级的另外加 2 分，为施工特级的另外加 3 分，其他每项资质加 1 分。本项总得分最高不超过 10 分。

② 取得 ISO 9001 证书加 2 分；取得工商行政部门颁发的"守合同重信誉"证书的加 1 分，每年度或每次加 1 分，累计不超过 3 分。此项总得分最高不超过 5 分。

③ 投标人有同类工程业绩的，1000 万元人民币以上的每项可加 1 分，1000 万元人民币以下的每项加 0.5 分。此项累计最高不超过 5 分。

④ 凡在近 24 个月内，在招投标活动中有劣迹行为被省级或以上单位(部门)书面通报，并在处罚期内或通报中未明确处罚期限的，在资格审查时隐瞒不报的扣 4 分，如实填报的扣 2 分。

⑤ 凡在近 12 个月内，在工程建设过程中因质量问题被省级或以上单位(部门)书面通报，在资格审查时隐瞒不报的扣 4 分，如实填报的扣 2 分。

⑥ 凡在近 24 个月内，在工程建设领域中发生过行贿受贿行为的(以县级及以上法院书面判决书为准)扣 4 分。

⑦ 投标人在投标时，未经招标人同意，项目经理和技术负责人与通过资格预审时相比较，擅自调整其中一人的，扣 5 分；若两人皆调整，则投标无效。

5.3.5　评标无效的几种情形

(1) 使用的招标文件没有确定的评标标准和方法的。

(2) 评标标准和方法含有倾向或者排斥投标人内容，妨碍或者限制投标人之间的竞争，并影响评标结果的。

(3) 应当回避的评标委员会成员参与评标的。

(4) 评标委员会的组建及人员组成不符合法定要求的。

(5) 评标委员会及其成员在评标过程中有违法行为，且影响评标结果的。

5.3.6　评标的案例分析

1. 评审中发表倾向性见解警告

1) 案例背景

2008 年 12 月 15 日，××市××地铁公司(招标人)在××市工程交易中心举行工程评标会。××市地铁公司以公开招标的方式采购地铁××号线调度、传输、信号和电话系统及其安装项目。这是一个招标金额过亿的大工程，吸引了国内众多的厂商和合资公司参加投标。××市地铁公司对此次招标非常重视，派出了纪检、监察的同志出席评标会。按相关规定，此次评标在政府的建设工程交易中心专家评标库中公开随机抽取了 5 名专家，并由业主(招标人)提供 2 名专家，一共 7 名专家组成评标委员会。

按评标程序，在评标之前，业主(在本案中同时也是评标专家之一)介绍此次招标的范围、细节和采购需求。业主在介绍时，不是客观地介绍工程情况和技术问题，而是有意无意地发表倾向性、诱导性的介绍，如说××号线地铁工程要求高，希望采用合资公司的技术和产品，然后话锋一转，说××公司的产品质量好，还用到了以色列的军用产品上。业主见其他几个专家似乎没有领会意图，最后竟然明确表示：××市××铁公司前几条地铁线的传输、调度等工程就是××做的，为了和以前的设备兼容，减少维修、维护工作量，希望此次招标也能采用××公司的××产品。见业主明目张胆地违规违法，某专家发出了严厉的警告，表示要退出评标委员会，另外一位专家则表示，如果再这么介绍下去，以后也不在评标报告上签字。此时，业主弄得脸红耳赤，非常尴尬。招标代理机构的工作人员赶快起来打圆场，纪检、监察的同志也提醒业主不要再按这个思路进行介绍了。这时，评标才得以继续进行。

2) 案例分析

(1) 业主介绍情况时必须客观。我国的评标法律和各地评标细则都规定，任何人不得在评标时发表对评标结果有诱导性、倾向性和提示性的见解。在本案例中，7 名专家，业主占了 2 名，如果再发表一点暗示和提示，这评标的公正性根本无从谈起。笔者认为业主发表倾向性、暗示性的介绍，一种情况是无心之过，不懂得法律法规的相关要求，发言时言不由衷，不自觉地发表了不符合规定的不当言论；第二种情况是业主私下和某些招标人有接触，受到了某些不正当的影响。在评标实践中，要防止个别业主诱导专家的独立客观评审，对评标现象进行录音、录像是比较好的办法。笔者曾经评审过一个示范标，除了睡觉和上厕所外，对评审过程、吃饭时的言论全程进行录音、录像，这就杜绝了不当言论。目前，有些地方甚至把评审进行现场直播，允许投标人观看，不过，由于阻力大，没有再进行推广。如果给予投标人尤其是未中标人的投标人有翻看评审过程录音和录像的权利，则评标过程就会公正得多。

(2) 习惯性操作应予以反思。由于我国的特殊国情，某些招标人盲目追求国外产品，排斥国内投标人和国产货物。他们总认为评审专家不能理解业主需求，需要"引导"专家思考和评审。笔者评审过一些物业公司的项目，业主介绍情况时，总是提出对现在的物业管理公司如何熟悉，和他们关系非常好，如果换了一个新的物业管理公司，要重新习惯和磨合。这实际上就是发表了倾向性的见解，会影响评审专家的客观评审。本案例中，业主认为国外产品好，且以前用的就是国外的产品，为了兼容和维修方便，提出要采用和以前一样的系统。看似理由很充分，但既然是公开招标，就要按法律规定进行认真评审。任何规避、利用制度漏洞的做法都是不允许的。在本案例中，该业主专家如果没有和投标人有任何联系，那么他如此发言就说明他是不称职的评审专家。如果业主私下与投标人接触，接受了投标的贿赂和馈赠，则已经是违反法律了。

2. 同一品牌只能算一个投标人

1) 案例背景

受某招标采购人委托，某城市招标代理有限公司就某建筑机电设备进行公开招标。2007年 9 月 4 日，招标代理公司在有关媒体发布了招标公告。根据招标公告，投标截止时间为2007 年 10 月 10 日上午 9 时，开标时间为当日上午 9 时 30 分。2009 年 10 月 10 日，开标评标活动如期举行。次日，招标公司在有关媒体发布了预中标公告。

很快，招标公司便收到了投标供应商 C 公司的质疑，称预中标人 A 公司和未中标供应商 B 公司投的是同一品牌产品，因此只能算一个投标人。在这样的前提下，此次公开招标的投标供应商不足 3 家，应作废标处理。招标代理公司受理质疑时认为虽然 A、B 两家公司投的产品是同一品牌，但报价、售后服务不一样，因此，可以算两个投标人。C 公司不满招标公司对质疑的答复，遂又向监管部门提起投诉。相关部门接到投诉后，立即对整个项目的采购过程进行了深入调查，认可了 C 公司的投诉事由。最终，此次招标无效，C 公司胜诉。

2) 案例分析

(1) 同一设备同一品牌只能算一个投标人。《政府采购法》实施不久，财政部就接到了河北省财政厅关于多家代理商代理一家制造商参加投标如何计算供应商数量的请示，财政部就在复函(中华人民共和国财政部办公厅财办库[2003]38 号)中明确指出，为了避免同一品牌同一型号产品出现多个投标人的现象，应当在招标文件中明确规定，同一品牌同一型号产品，只能由一家供应商参加。如果有多家代理商参加同一品牌同一型号产品投标的，应当作为一个供应商计算。这虽然不是法律的强制性要求，但如果遇到投标供应商投诉时，各级财政部门在找不到法律依据时，往往会参照这个文件进行处理。

在实际操作中，针对 C 公司提出的上述问题，多家投标代理商代理一家制造商的产品参加投标并不鲜见。因此，我们建议，政府采购代理机构在代理政府采购活动时最好还是遵循该文件的规定进行操作。

(2) 同一品牌只能算一个投标人如何处理。在货物或建设设备的招标中，有时比较特殊，例如需要使用进口设备，或设备比较特殊，只有有限的几家设备制造商，如果同一品牌的货物只算一个投标人，则很容易因为投标人数量不够 3 家而使招标流标。特别是在有的招标中，同时采购招标一批货物，如果因为是同一品牌货物就武断地认定为应算一个投标人，更是不科学的。遇到这种情况时，建议这么处理：如果主要设备或货物(按招标的总价值 70% 以上认定为主要设备，单个设备的价值为招标设备的 30% 以上)是一个品牌，则可以认定为一个投标人，如果是次要货物，即使是同一品牌，可以不按一个投标人处理。这样，既保证了招标的法律严肃性，又具有招标采购货物的灵活性。

3. 最终报价时间不同惹争议

1) 案例背景

受某招标人的委托，某政府采购代理机构就某建筑机电工程安装组织竞争性谈判采购。经谈判小组的评审和 3 轮报价后，A 公司成为第一候选成交供应商。但评审结果公布的第二天，排位第二的 B 公司便未经书面质疑直接投诉到了当地监管部门。"前天评完的时候，我就向代理机构提出问题来了，但被他们堵回来了，我说不过他们，所以才来你们这儿的……"B 供应商递交投诉函时如是说。B 公司在投诉函中称，此次招标采购中，存在三大影响评审结果的问题。

第一，在参与谈判的 3 家投保人中，其他两家公司都将最终报价递交谈判现场并公示以后，A 公司至少拖延 5min 以上，并且是在谈判小组的再三催促下才将最终报价结果递交谈判现场的。在谈判结束后，B 公司对此提出"为什么最终报价单不是在同一时间内统一收取"时，代理机构却说："这是一种主观臆断，无据可查。"

第二，B 公司投诉开标时间与截止投标时间不统一。

第三，B 公司投诉招标代理机构没有依法受理质疑。

监管部门在接到投诉后，最终作出了这样的处理决定：B 公司的投诉缺乏事实依据，驳回投诉。虽然 B 公司的投诉被驳回,但是监管部门和招标代理机构的做法还是值得商榷的。在这次项目采购中,操作有失严密是毋庸讳言的。

2) 案例分析

(1) 最终报价作出时间应统一。在本案例中,投诉人 B 提出 A 公司拖延报价,且是在其他两家公司的最终报价被公示以后才报价的。在此次招标采购中,招标代理机构并没有就最终报价时间作出限制,这是不对的,至少是很不严谨的。招标代理机构应该明确规定供应商在同一时间截止最终报价。如果不在谈判文件中对最终报价时间作出限制,谈判小组在组织时是很难操作的。有些供应商喜欢左思右想、拖拖拉拉的,其他先作出最终报价的供应商会觉得很不公平,而谈判小组如果催促拖拉的投标供应商又没有依据。因此,为了公平起见,也为了操作方便,招标采购代理机构最好在制作谈判文件时就明确规定,参与谈判的供应商应在谈判小组要求的同一时间作出最后报价。本案例中,A 公司完全有可能采取拖延时间的方式获取其他公司的最终报价,然后再根据他们的报价进行报价。因此,B 公司的质疑和投诉有一定的道理,应引起招标代理机构的重视。

(2) 开标时间与投标截止时间应统一。虽然《政府采购货物和服务招标投标管理办法》第三十八条已经明确规定:"开标应当在招标文件确定的提交投标文件截止时间的同一时间公开进行",但在具体采购实践中,不少招标代理机构的开标时间与投标截止时间并不一致。既然法律规定了开标时间应在投标文件提交截止的同一时间进行,那么政府采购活动就应该严格按照规定操作。针对这个问题,招标代理机构的解释是,组织投标工作烦琐,在投标完成后,其需要整理投标文件、准备开标文件,所以开标时间会推迟。"同一时间怎么可能?至少也会差上一秒半秒的……"该中介公司工作人员说。这实际上是死抠字眼。

对法律规定的某些条款,如果觉得有较难实际操作的就随意违背,那么人们的行为就可能乱套了。因此,有了法律就应该依法行事。开标应当在招标文件确定的提交投标文件截止时间的同一时间公开进行,这并不矛盾,也不是没有可操作性。实践中,招标代理机构完全可以在达到投标截止时间后宣布停止收取投标文件,并同时规定开标正式开始即可。

(3) 依法受理质疑。在本案例中,招标代理机构在供应商提出"为什么最终报价单不是在同一时间内统一收取"时,给予的回答是"这是一种主观臆断,无据可查",而事实是确实没有在同一时间收取。其实,这种不诚信的回答不但很难掩盖事实的真相,而且还可能造成投标供应商更大的不信任。

4. 专家分工评审投标文件是否合法

1) 案例背景

受某招标采购人的委托,2009 年 5 月 18 日,某市政府采购中心组织某小学建筑设备的公开招标。由于采购人的预算有限,采购中心在 4 家网站、3 家报纸广泛发布了招标公告。到投标截止时间,采购中心项目负责人喜出望外地说:"多发公告看来是有好处的。"原来,这个预算金额为 35 万元的建筑设备招标采购项目竟然吸引了省内省外 14 家投标供应商。这在他们以往的采购中是十分罕见的现象。

2009 年 6 月 14 日上午 10 时,开标结束后,评标专家在规定的时候内进入了评审室。当评标专家看到这个小小的项目有 14 家投标供应商参与,且每家的投标文件都不薄的情况下,评标委员会组长提出,这 14 份投标文件由他负责看 2 份,另外 12 份由采购人代表在内的 4 位评委分别负责评审,每位评审负责 3 份投标文件,组长再随机抽看其他评委负责的投标文件。评标委员会组长说："这样分工评审的目的就是为了保证在有限的时间内把所有的投标文件都看细了。"听完评审专家组组长的吩咐，各位评委都开始认真审核起来。到下午5时，组长把各位评委的评审情况进行汇总排名得出了结果。

次日，公布投标结果后，落选的某投标人A公司对此提出了质疑。面对质疑，采购中心负责人解释道："这么多人来投标，如果不分工合作，这个标怎么能一天评完呢？评标委员会如此分工，当然有他们的考虑，最起码保证了评审工作的高效……"A公司投标项目经理质疑道："高效有了，但能保证公平吗？每个专家的专业水平和想法能一样吗？我们参与这个项目是志在必得，可不是抱着碰运气来的。"话毕，该项目经理转过身，头也不回地走了。显然，采购中心的解释让原来就不满的项目经理更加生气了。第二天，当地政府采购管理办公室收到了A公司的投诉。

据悉，后来监管部门在受理投诉后还发现此次采购的招标文件也存在问题，有指定品牌等其他违规行为。本次招标，最终以此起投诉为导火索，被监管部门要求政府采购中心依法废除中标结果，并要求重新组织招标采购。

此案例有3个问题值得思考：第一，评审专家能否把供应商的投标文件按每人几份分工评审？第二，面对专家的不公平行为，代理机构该如何对待？第三，招标代理机构或采购人能否指定品牌？

2) 案例分析

(1) 分项评审是打擦边球，分供应商评审则不行。当地监管部门在接到投诉后，给出了这样的处理意见：该项目评标过程中，每个评委分工审查几家投标供应商的投标文件，而没有独立、客观地评审全部投标供应商的投标文件，违反了《政府采购货物和服务招标投标管理办法》第四十九条第一、二款的规定，直接影响评标结果的公正性。

但是笔者认为，这一审理意见的法律依据有些牵强。《政府采购货物和服务招标投标管理办法》第四十九条第二款规定："评标委员会应按照招标文件规定的评标方法和评标准则进行评标。"但是，《政府采购货物和服务招标投标管理办法》第五十二条规定："评标时，评标委员会各成员应当独立对每个有效投标人的标书进行评价、打分。"第五十五条规定："在评标中，不得改变招标文件中规定的评标标准、方法和中标条件。"也就是说，专家评标依据是招标文件，评标标准和评标方法依据也是招标文件。一般的招标文件并没有规定专家可以进行分工评审，但是如果招标文件规定专家可以分供应商评审，则招标文件就违反了法律规定。因此，没有哪个法律或法规规定是否可以进行分项评审，所以分项评审是打擦边球，而分标供应商进行分工负责评审则是法律或法规所禁止的，即使是招标文件这样规定也是不行的。招标代理机构和评标专家以投标人数量太多，一天内评不完而进行分投标人评审是没有任何道理和法律依据的。

本案例中，评标委员会的分工显然违背了这一基本原则。如果需要分工，分工的方式应该选择每个专家对所有投标文件的某一部分进行评审，这样才可能实现公平。专家的评审要么是所有专家对全部投标人的所有项都打分并汇总，要么是分项评审。分项评审对每个供应商来说倒是公平的，但是也是打擦边球的行为。

(2) 对违反法律法规不能听之任之。从采购中心项目负责人受理投标供应商的质疑来看，这位项目负责人对评标委员会的分工合作表示理解。笔者认为，这样的项目负责人是不合格的。对评标委员会的违规行为听之任之，不仅会影响采购质量，而且还会给招标代理机构带来很多麻烦。因此，采购中心在挑选项目负责人时，一定要注意人员的行业素质及法律基础。如果监管部门派了工作人员在现场进行监督，及时纠正专家的不公平行为也是监督人员的职责，而不是听之任之，等到投标供应商投诉了再来指责招标代理机构的失职。

(3) 招标文件指定品牌违规。在本案例中，招标采购文件中明显指定了品牌。笔者认为，这是严重违反了《政府采购货物和服务招标投标管理办法》第二十一条的规定："招标文件不得要求或者标明特定的投标人或者产品，以及含有倾向性或者排斥潜在投标人的其他内容。"

5.4 定　标

5.4.1　概念

所谓定标，就是通过评标委员会的评审，将某个招标项目的中标结果通过某种方式确定下来或将招标授予某个投标人的过程(确定中标人)。定标一般是和评标联系在一起的，评标的过程就是确定招标归属的过程。但是，严格地讲，评标和定标是招标采购过程中不同的两个环节，也是最为关键的两个环节。

5.4.2　法律规定

《招标投标法》第四十五条规定："中标人确定后，招标人应当向中标人发出中标通知书，并同时将中标结果通知所有未中标的投标人。"评标的结果是要推荐中标候选人名单。中标候选人的数量应当根据采购需要规定，但必须按顺序排列中标候选人。

根据《政府采购货物和服务招标投标管理办法》第五十四条规定，评标的最后一步是要编写评标报告。评标报告是评标委员会根据全体评标成员签字的原始评标记录和评标结果编写的报告，其主要内容包括以下几个方面。

(1) 招标公告刊登的媒体名称、开标日期和地点。

(2) 购买招标文件的投标人名单和评标委员会成员名单。

(3) 评标方法和标准。

(4) 开标记录和评标情况及说明，包括投标无效投标人的名单及原因。

(5) 评标结果和中标候选供应商排序表。

(6) 评标委员会的授标建议。

《政府采购货物和服务招标投标管理办法》第五十九条规定："采购代理机构应当在评标结束后5个工作日内将评标报告送采购人。采购人应当收到评标报告后5个工作日内，按照评标报告中推荐的中标候选供应商顺序确定中标供应商；也可以事先授权评标委员会直接确定中标供应商。"第六十一条规定："在确定中标供应商前，招标采购单位不得与投标供应商就投标价格、投标方案等实质性内容进行谈判。"第六十二条规定："中标供应商确定后，中标结果应当在财务部门指定的政府采购信息发布媒体上公告。公告内容应当包括招标项目名称、中标供应商名单、评标委员会成员名单、招标采购单位的名称和电话。"

5.4.3 定标过程操作实务

凡授权评委会定标时，招标人不得以任何理由否定中标结果。在定标环节，要恪守 3 个基本原则，即非授权不确定中标供应商原则、不得恶意否决原则、结果公开原则。

1．非授权不确定中标供应商原则

确认中标供应商是业主的权利，如果没有得到业主的事先授权，评标委员会是无权确认中标供应商的。评审工作结束后，评标委员会应按《政府采购货物和服务招标投标管理办法》的相关要求撰写评标报告书，详细列出投标供应商的报价、得分等信息，并按得分或报价高低依次排序。

评标报告应如实记载下列内容。

(1) 项目概况(包括招标项目基本情况和数据表)。

(2) 招标过程(包括资格预审和开标情况)。

(3) 评标工作(包括评标委员会组成、评标标准与办法、初步评审、详细评审以及废标说明)。

(4) 评标结果。

(5) 向投标人的澄清记录及评标附表。

评标委员会全体评标委员应在上述各项的每一页上签字。

2．不得恶意否决原则

定标时要严格按评标报告确定的顺序选择中标供应商，不得恶意否决排序靠前的供应商中标资格。采购人确定中标供应商，必须充分尊重评标报告的结论，并发布中标公告，同时报监管部门备案审查。对于特殊招标项目，如确实需要进行资格后审，采购人在后期资格审查和考察论证中必须以招标文件为依据，不得背离，更不得以所谓新的标准来否决刁难中标供应商。凡是采购人拒绝与中标供应商签订合同的，应出具文字证明材料。对不能提供证明材料而一再要求废标的采购人，政府采购监管部门应及时与同级纪检监察部门取得联系，组成联合工作组进行处理。

3．结果公开原则

评标和定标结果必须在政府采购信息发布指定媒体公开，接受社会各方监督。公布的信息内容要详细具体，评标委员会人员及其工作单位、招标采购项目概况、中标供应商名称及中标金额、咨询电话及项目负责人等重要信息不能遗漏。采供双方必须等公示期满后再签订采购合同。

5.4.4 定标的案例分析

1．中标公告内容不合法惹投诉

1) 案例背景

受××市教育局的委托，其招标代理公司就××中学教学大楼基建项目进行公开招标。2009 年 9 月 27 日，招标公司在有关媒体上发布招标公告。根据招标公告，招标起始时间为 2009 年 9 月 29 日至 2009 年 10 月 16 日；投标截止时间及开标时间为 2009 年 10 月 18

日上午 9 时 30 分(北京时间);中标公布方式为书面通知及在当地所在省的政府采购网站上公告。2009 年 10 月 29 日,招标代理公司发布中标公告。中标公告内容包括采购代理机构的名称、地址和联系方式,采购项目名称、用途、数量、简要技术要求,中标供应商名称、地址和中标金额,采购项目联系人姓名和电话。

"这个项目总算完成了。"中标公告发出后,招标代理公司项目经理长长地舒了一口气。但就在此时,"麻烦"却开始了。A 公司的投标代表给招标代理公司项目经理打来电话,对评标过程的公正性提出了质疑。由于评标过程中有监管部门工作人员在现场监督,公证人员在现场公证,整个过程也没有发现任何异常。因此,招标代理公司项目经理自信地解释道:"我认为我们的这次采购是非常公正、公平的。您认为不公正,您就找出不公正的证据。也可以向××局投诉,我们是支持投标供应商维护自己权利的……。"

令招标代理公司项目经理没想到的是,虽然没有任何证据,但 A 公司的投标代表还是向当地××局提出了投诉。投诉内容为:在此次招标过程中,B 公司的中标太牵强,无法令人信服。同时,A 公司要求对某招标公司组织的××中学教学大楼基建项目公开招标采购项目中中标的 B 公司的投标资格是否符合招标文件进行调查,并给予明确答复;同时对招标代理公司此次中标公告的内容进行审核,就是否符合有关法律法规给予答复。

2) 案例分析

(1) 被要求重新刊登中标公告。2009 年 11 月 7 日,当地××局开始受理此起投诉。在调查中,××局并没有发现此次采购的开标评标过程有什么违规之处;通过专家论证,也证实 B 公司具备相应资格,是最佳中标人。按照常理,招标代理公司应该就没事了,但监管部门却罚了招标公司 1000 元的款。这到底是为什么呢?原来中标公告内容不合法。监管部门在调查了开标评标过程后,又审查了中标公告,最后认定"原评标程序合法、过程有效,维持评标结果",责成招标代理公司按《政府采购信息公告管理办法》的规定补登此招标的项目评标委员会成员名单。

(2) 中标公告必须有专家名单。本案例中,虽然没有舞弊和串通围标的嫌疑,但是,却也留给了相关人员一些值得思考的东西。目前,很多中标公告中找不到评标委员会成员名单。对此,有人认为,在中、小城市本来就不应该公布,因为在中、小城市,一旦公布了专家名单,不出 3 个月,所有专家都会被投标供应商所认识,难保今后评标过程中的公正客观。因此,公不公布评标委员会名单要因地而异。大的地方和城市,专家库的容量足够大,大家不容易彼此认识和熟悉,就可以公布专家名单,而像中、小城市就不宜公布专家名单。

但是,《政府采购货物和服务招标投标管理办法》第六十二条明确规定:"中标供应商确定后,中标结果应当在财政部门指定的政府采购信息发布媒体上公告。公告内容应当包括招标项目名称、中标供应商名单、评标委员会成员名单、招标采购单位的名称和电话。"《政府采购信息公告管理办法》第十二条中也明确提出了要求,中标公告内容应当包括评标委员会成员名单,也不会造成评审专家和投标供应商的勾结,因为评审专家如果违反法律法规,已有相应的处罚措施。另外,公布专家名单是否会造成腐败,跟地方的大小和专家库的大小无必然联系。

(3) 小细节也应该引起足够重视。对于上述招标项目,虽然当地××局指出的只是一个问题,但在笔者看来,上述招标采购中的瑕疵不止一个。根据《政府采购信息公告管理办法》第十二条的规定,中介公司漏掉的内容不止是评标委员会成员名单,还漏了采购人地址、采购项目合同履行日期、定标日期(注册招标文件编号)、本项目招标文件公告日期等。在业界专家看来，这些原本是些小细节，但既然法律已经明确提出了要求，代理机构就应该引起足够的重视，依法去操作。

2. 第一中标候选人造假是废标还是顺延

1) 案例背景

××招标代理有限公司代理某建筑工程招标项目。招标代理公司在招标项目中标候选人名单公示期间接到落选投标供应商之一A公司的质疑文件，质疑该招标项目中第一中标人候选人F公司在投标期间有弄虚作假行为。后经招标代理公司核实，确认第一中标候选人F公司确实存在弄虚作假行为，于是评标委员会依法取消了该公司的中标资格，顺延由第二中标候选人为中标供应商。但此时采购人有异议，因为第二中标候选人的报价比第一中标候选人高了许多，采购人原本对此次招标的价格挺满意的，却由于中标供应商的违规行为使采购贵了很多，很不情愿，要求第一中标候选人弥补其损失，至少要将第一中标候选人和第二中标候选人的两个中标价中的差价弥补上。

这就给招标代理公司出了难题：一是采购人的要求是否合理，有没有法律依据呢？如果应该赔偿损失，直接扣除第一中标候选人的投标保证金来弥补采购人的损失到底行不行？二是遇到因为中标人自身违规的原因而取消其中标资格的情况，是废标呢还是顺延第二中标候选人中标，这种情况应该如何通过法律来解决？

2) 案例分析

(1) 采购人的要求没有法律依据。在案例中，评标委员会取消了第一中标候选人的中标资格，顺延由第二中标人为中标供应商，只要后者的投标报价没有超出采购人的预算，采购人就应该接受评标委员会的决定，与第二中标候选人签订政府采购合同。采购人没有任何资格和权力要求评标委员会更改中标结果，更没有权力要求不中标的投标人赔偿损失。

笔者认为，此案如果造成了损失，也应该是国家的损失，采购人如果认为他的权益受到损失，可以通过法律途径来解决。关于供应商提供虚假材料谋取中标、成交的，《政府采购法》第七十七条已有相关处罚规定，如可以处以采购金额5%以上10%以下的罚款，列入不良行为记录名单等，但罚款与投标保证金是两码事，投标保证金该退还是要退的，罚款该罚还是要罚的，但不能扣除投标保证金来代替罚款。并且，还需要强调的是，对供应商的处罚应该由政府采购监管部门作出和实施，采购人是没有权力对投标人进行罚款的。虽然扣除投标保证金是对违规供应商的惩罚，但是惩罚是需要有法律依据的，政府采购相关法律规定中均没有此条规定。

(2) 顺延中标人的做法值得商榷。本案例中，由第二中标候选人取代第一中标候选人的中标资格，即直接顺延中标资格的做法并不是非常妥当的。

《政府采购货物和服务招标投标管理办法》第六十条明确规定："中标供应商因不可抗力或者自身原因不能履行政府采购合同的，采购人可以与排位在中标供应商之后第一位的中标候选供应商签订政府采购合同，以此类推。"在本案例中，第一中标候选人并不是因不可抗力，也不是因自身原因不能履行合同，只是因为自己存在弄虚作假的违法行为而被取消了中标资格，因此，不属于法律规定的顺延中标供应商的情况。另外，从实际情况看，既然供应商弄虚作假都能中标，就意味着评标过程或多或少地存在一些问题，相关供应商的造假行为也很可能会影响整个排序，因此，重新评标是最好的选择。而且，如果此案进入投标阶段，结果又会不一样，因为政府采购监督管理部门如果认定存在违法行为，就可以直接废标。

5.5 案 例 分 析

案例分析 1

签了协议也被投诉？

1. 背景内容

××市××区政府委托××招标代理公司，就区政府体育场建筑设备及户外电子显示屏进行公开招标。2009年8月5日，区政府如期举行开标和评标会议。区政府作为业主单位，对此次招标极为重视，派出了某纪委的一名工作人员进行现场监督。在开标后，评审专家进入全封闭的评审会场，招标人首先介绍了项目的基本情况，招标代理机构宣读了评标纪律，评标专家认真阅读了评标文件和招标文件。

在评标会上有专家提出，业主在招标文件中列出的设备参数互相矛盾，需要修改，另外，一些设备的参数太保守，是属于好几年前的产品，现在的同类产品无论性能还是技术指标，要远高于招标文件列出的条件，而且，这些设备跟此次招标的价格严重不符合。这位专家的观点引起了其他专家的共鸣，另外的几位专家也热烈讨论起来，大家一致同意这位专家的观点。在评标现场的招标人听到专家这么说，就提出：花财政的钱，要尽量节约，希望花最少的钱买最好的设备。他要求专家提出一个解决办法。专家说，招标文件已经写明了，恐怕没有办法更正了，除非废除此次招标，修改招标文件重新进行招标。招标人马上说，这是民心工程，项目在10月份就要竣工投入使用，重新招标已经来不及了。这时，招标代理机构提出一条"妙计"。对这条"妙计"，专家也没有表示异议。于是，招标代理机构负责人把所有的投标人代表叫到一起，向他们提出修改设备参数的要求。投标人代表全部同意这样做。招标代理机构、招标人、专家对此都很满意，招标如期进行。经过紧张评审，A公司如愿以偿中标。

即使投标人满意，又使招标人满意，看到这么棘手的问题被解决了，招标代理机构负责人松了一口气。但是，中标公告发出的第二天，招标代理机构就收到了B公司的质疑投诉，质疑此次招标严重违规。原来，B公司回去后咨询了公司的法律顾问，法律顾问认为这是违规的，遂授意B公司进行投诉。面对B公司的质疑投诉，招标代理机构的负责人怒气冲冲："当初你们不是一致同意招标人修改设备参数吗？怎么现在又要后悔了？"然而，B公司投标代表说："当时是因为迫不得已，并且认为能中标，何况又没有咨询法律顾问，现在进行质疑是因为我们要维护法律权威。"

此次招标，最终被B公司投诉到××市财政局。一个星期后，××市财政局废除了此次招标结果，勒令重新招标，并发出通报批评。通过此案例，有3个问题值得思考：第一，临时改变设备参数是否可行？第二，招标人、投标人和评审专家同时同意是否就可以改变评审方法和程序？第三，投标人在评标时全部签字同意改变评标程序是否就不能反悔了？

2. 案例分析

临时改变设备参数应公示。本案例中，招标人没有仔细计算设备参数，也没有认真调研设备价格，仅依据过去几年的设备参数进行采购，而现在的设备更新换代很快，所以招标文件所列的设备参数落后于现状也不足为怪了。在专家提出目前的新情况以及招标文件的矛盾之处后，招标人提出修改参数是可以理解的。但是，修改设备的参数实际上是实质性地改变了招标文件，是对招标文件的澄清。《招标投标法》第十九条规定："招标人应当根据招标项目的特点和需要编制招标文件。"《政府采购货物和服务招标投标管理办法》第二十七条规定："招标采购单位对已发出的招标文件进行必要澄清和修改的，应当在招标文件要求提交投标文件截止时间 15 日前，在财政部门指定的政府采购信息发布媒体上发布更正公告，并以书面形式通知所有招标文件收受人。该澄清或者修改的内容为招标文件的组成部分。"因此，尽管招标人提出的只是对一些设备的某些参数进行更正，但是实质上是改变了招标文件，这需要在媒体上发布公告公示，并且需要满足一定的时间。

《政府采购货物和服务招标投标管理办法》第四十三条规定："招标文件存在不合理条款的，招标公告时间及程序不符合规定的，应予废标，并责成招标采购单位依法重新招标。"本案例中，招标文件所列的设备参数矛盾，将使投标人无所适从，最好的做法就是废标。

（1）不能随意改变评标程序。本案例中，经专家议论，招标人从节省财政资金的角度出发，临时提出改变评审方法，虽然监督的纪委工作人员表示同意，招标人、投标人和评审专家都没有异议，但是这也是违反规定的。本次招标，参与投标的投标人超过了 3 家，满足正常开标条件，不能临时随意改变评标程序，哪怕出发点是好的，既然没有法律法规授权可以招标为竞争性谈判，就不能改变评审方法和程序。

（2）签字后能否反悔？在本案例中，招标人和招标代理机构为了防止各投标人反悔和投诉，预先留了一手，要求各投标人签字同意更改招标文件、同意更改设备参数、同意更改评标程序，看似天衣无缝，实则留下隐患。各投标人的想法各异，有签字后真的不投诉的，也有签字后一旦不中标就翻脸不认账的。那么，就算各投标人签字后不反悔的，是否就可行和合法呢？答案是否定的。

笔者认为，现实中大量存在的各种违规情况是使各方存在侥幸心理的主要原因。另外，还有些人，包括评审专家，认为合理又不是很严重的违规行为，并且对业主和国家又有利，只是不怎么符合程序的做法，是一些小问题，主张不要那么死板，因此，默认甚至支持这种做法，这在客观上也助长了了此类违规行为的发生。

▲ 本章小结

　　通过开标评标过程进而确定中标人，是承包商目前承揽施工任务最普遍、最行之有效的方式。本章主要讲述的有：标前工作内容，投标人及资格要求、调查研究、收集投标信息和资料、建立投标机构、对是否参加投标的决策、准备相关的资料等；建筑工程评标方法有经评审的最低投标价法以及最低评价投标法、综合评分法；开标与评标的程序和内容、评标无效的几种情况，定标的概念以及法律规定等。

习　　题

一、填空题

1. 标前调查研究、收集投标信息和资料具体包括下列_____、_____、_____、_____、_____和_____。

2.《政府采购货物和服务招标投标管理办法》第四十条规定："开标时，应当由_____ _____检查投标文件的密封情况，也可以由招标人委托的_____检查并公证；经确认无误后，由招标工作人员当众拆封。

3.《招标投标法》第三十五条规定："开标由_____主持，邀请_____参加。"

4. 采用最低投评标价法进行评标时，中标人须满足两个必要条件：第一，_____；第二，_____。

5. 所谓_____，就是通过评标委员会的评审，将某个招标项目的中标结果通过某种方式确定下来或将招标授予某个投标人的过程(确定中标人)。

二、选择题

1. 标前调查研究工程所在地的自然条件中，不包括( )。

    A. 地形、地貌   B. 气温

    C. 风向   D. 月降水量

2. 下列建筑工程评标方法错误的是( )。

    A. 性价比法   B. 低投标价法

    C. 二次平均法   D. 综合评分法

3. 评标报告应如实记载下列内容 ( )。

    A. 项目概况   B. 招标过程

    C. 评标工作法   D. 评标结果

    E. 向投标人的澄清记录及评标附表

4. 下列评标无效的情形有( )。

    A. 使用的招标文件有确定的评标标准和方法的

    B. 评标标准和方法含有倾向或者排斥投标人内容，妨碍或者限制投标人之间的竞争，并影响评标结果的

    C. 应当回避的评标委员会成员参与评标的

    D. 评标委员会的组建及人员组成不符合法定要求的

5. 招标时投标人必须具备下列条件( )。

    A. 具有招标条件要求的资质证书，并为独立的法人实体

    B. 承担过类似建设项目的相关工作，并有良好的工作业绩和履约记录

    C. 财产状况良好，没有处于财产被接管、破产或其他关、停、并、转状态

    D. 在最近 5 年没有骗取合同以及其他经济方面的严重违法行为

    E. 近几年有较好的安全记录，投标当年内没有发生重大质量和特大安全事故

三、思考题

1. 简述投标基本工作程序。

2. 什么是经评审的最低投标价法？

3. 什么是综合评估法？

4. 评标委员会成员是如何确定的？

5. 评标无效有哪几种情形？

6. 评标过程是怎样的？

7. 评标无效有哪几种情况？

第6章

建筑工程合同

教学目标

通过本章的学习，要求了解合同的概念与法律特征；掌握合同的订立、成立及主要的内容，掌握合同的生效和无效，掌握合同履行的一般规定，掌握合同履行过程中出现的问题和解决方式。

学习重点

(1) 合同的概念；建筑工程合同的订立、履行、变更。
(2) 合同的主要内容以及合同纠纷的处理方式。

学习建议

学会建筑工程合同的订立、履行、变更的程序，必须要在实际的现场中积累经验和消化知识点，因此建议在进行授课过程中多增加现场参与的模拟训练，从而进一步能运用学到的知识解决一般的合同纠纷问题。

6.1 合同的概念与法律特征

1. 合同的概念

合同，又称为契约，是指当事人之间确立一定权利义务关系的协议。广义的合同泛指一切能发生某种权利义务关系的协议。根据《中华人民共和国合同法》的规定："合同是平等主体的自然人、法人、其他组织之间设立、变更、终止民事权利义务关系的协议。"可见，我国《合同法》采用了狭义的合同概念，即合同是平等主体之间确立民事权利义务的协议。

2. 合同的法律特征

合同具有以下法律特征。

(1) 合同是一种法律行为。

(2) 合同是两个或两个以上当事人意愿表示一致的法律行为。

(3) 合同当事人的法律地位平等。

(4) 合同是当事人的合法行为。

1999年3月15日，由第九届全国人民代表大会第二次会议通过的《中华人民共和国合同法》(以下简称为《合同法》)，对合同的主体及权利义务的范围都进行了明确的限定。新出台的《合同法》包括总则、分则和附则3部分，共23章、428条。《合同法》总则包括8章，分别是一般规定、合同的订立、合同的效力、合同的履行、合同的变更和转让、合同的权利义务终止、违约责任、其他规定，共129条。

建筑工程合同是发包方(招标人)与承包方(中标人)之间确立承包方完成约定的工程项目后发包方支付价款与酬金的协议。具体一点说，建筑工程合同是指建设单位(业主、发包方或投资责任方)与勘测、设计、建筑安装单位(承包方或承包商)依据国家规定的基本建设程序和有关合同法规，以完成建设工程为内容，明确双方的权利与义务关系而签订的书面协议。它包括工程勘测合同、设计合同、施工合同。它是《合同法》中承揽合同的一种，属于《合同法》的调整范围。合同与意向书的区别见表6-1。

表6-1 合同与意向书的区别

	概念不同	意向书是具有缔约意图的当事人就合同订立的相关事宜进行的约定，一般不涉及合同的内容细节问题；合同是平等主体的自然人、法人、其他组织之间设立、变更、终止民事权利义务关系的协议
区别项目	效力不同	意向书不会对当事人的实体权利、义务产生直接的影响，其签订并不必然导致合同的签订；而合同规定当事人的实体权益、义务、当事人应按合同约定行使权利、履行义务
	后果不同	违反意向书的约定导致合同未能订立，要承担缔约过失责任；违反合同的约定，要承担违约责任

目前，我国已进入市场经济时期，政府对建筑工程市场只进行宏观调控，建设行为主体均按市场规律平等参与竞争，各行为主体的权利和义务都必须通过签订合同进行约定。

因此，建设工程合同已成为市场经济条件下保证工程建设活动顺利进行的主要调控手段之一，对规范建筑工程交易市场、招标投标市场而言是非常重要的。

建筑工程合同的特征有合同标的特殊性、合同主体的特殊性、合同形式的要式性，具有较强的国家管理性等几个方面。

6.2 合同的订立

当事人订立合同，应当具有相应的民事权利能力和民事行为能力。订立合同必须以依法订立为前提，使当事人双方订立的合同成为双方履行义务、享有权利、受法律约束和请求法律保护的契约文书。

当事人依法可以委托代理人订立合同。所谓委托代理人订立合同是指当事人委托他人以自己的名义与第三人签订合同，并承担由此产生的法律后果的行为。

6.2.1 合同的形式

合同形式指协议内容借以表现的形式。合同的形式由合同的内容决定并为内容服务。合同的形式有书面形式、口头形式和其他形式。

1. 书面形式

指合同书、信件和数据电文(包括电信、电传、传真、电子数据交换和电子邮件)等可以有形地表现所载内容的形式。法律、行政法规规定采用书面形式的，应当采用书面形式。当事人约定采用书面形式的，应当采用书面形式。

2. 口头形式

指当事人以对话的方式达成的协议。一般用于数额较小或现款交易的事项。

3. 其他形式

包括特定形式和默认形式。

建设工程合同应当采用书面形式。

6.2.2 合同的订立

合同订立的过程是指当事人双方通过对合同条款进行协商达成协议的过程。合同订立采取要约、承诺方式。

1. 要约

1) 要约及其有效条件

要约是希望和他人订立合同的意思表示。要约应当符合如下规定：内容具体规定；一经受要约人承诺，要约人即受该意思表示的约束。

也就是说，要约必须是特定人的意思表示，必须是以缔结合同为目的，必须具备合同的主要条款。

有些合同在要约之前还会有要约邀请。所谓要约邀请，是希望他人向自己发出要约的意思表示。要约邀请并不是合同成立过程中的必经过程，它是当事人订立合同的预备行为，这种意思表示的内容往往不确定，不含有合同得以成立的主要内容和相对人同意后受其约束的表示，在法律上无须承担责任。寄送的价目表、拍卖公告、招标公告、商业广告等为要约邀请。商业广告的内容符合要约规定的，视为要约。

2) 要约的生效

要约到达受要约人时生效。如采用数据电文形式订立合同，收件人指定特定系统接收数据电文的，该数据电文进入该特定系统的时间视为到达时间；未指定特定系统的，该数据电文进入收件人任何系统的首次时间，视为到达时间。

3) 要约的撤回和撤销

要约可以撤回，撤回要约的通知应当在要约到达受要约人之前或者要约同时到达受要约人。

要约可以撤销。撤销要约的通知应当在受要约人发出承诺通知之前到达受要约人。但有下列情形之一的，要约不得撤销。

(1) 要约人确定了承诺期限或者以其他形式明示要约不可撤销。

(2) 受要约人有理由认为要约是不可撤销的，并已经为履行合同作了准备工作。

4) 要约的失效

有下列情形之一的，要约失效。

(1) 拒绝要约的通知到达要约人。

(2) 要约人依法撤销要约。

(3) 承诺期限届满，受要约人未作出承诺。

(4) 受要约人对要约的内容作出实质性更变。

在建筑工程合同的订立过程中，投标人的投标文件是要约。因此，作为投标文件的内容应具体确定。

2. 承诺

承诺是受要约人同意要约的意思的表示。除根据交易习惯或者要约表明可以通过行为作出承诺的之外，承诺应当以通知的方式发出。

1) 承诺的条件

承诺具有以下条件。

(1) 承诺必须由受要约人作出。

(2) 承诺只能向要约人作出。

(3) 承诺的内容应当与要约人的内容一致。

(4) 承诺必须在承诺期限内发出。

在建设工程合同的订立过程中，招标人发出中标通知书的行为是承诺。因此，中标通知书必须由招标人发出，并且其内容应当与招标文件、投标文件的内容一致。

2) 承诺的期限

承诺应当在要约规定的期限内到达要约人。要约没有规定承诺期限的，承诺应当依照下列规定到达。

(1) 除非当事人另有规定，以对话的方式作出的要约，应当即时作出承诺。

(2) 以非对话方式作出要约，承诺应当在合理期限内到达。

(3) 以信件或者电报作出的要约，承诺应当在合理期限内到达。

(4) 以信件或者电报作出的要约，承诺期限自信件载明的日期或者电报交法之日开始计算。信件未载明日期的，自投寄该信件的邮戳日期开始计算。以电话、传真等快速通信方式作出的要约，承诺期限自要约到达受要约人时开始计算。

3) 承诺的生效

承诺通知到要约人时生效。承诺不需要通知的，根据交易习惯或者要约的要求作出邀约承诺的行为时生效。采用数据电文形式订立合同的，承诺到达的时间适用于要约到达受要约人时间的规定。

受要约人在承诺期限内发出承诺，按照通常情形能及时到达要约人，但因其他原因承诺到达要约人时超过承诺期限的，除要约人及时通知因承诺超过期限不接受该承诺的以外，该承诺有效。

4) 承诺的撤回

承诺可以撤回，撤回承诺的通知应当在承诺通知到达要约人之前或者承诺通知同时到达要约人。

5) 逾期承诺

受要约人超过承诺期限发出承诺的，除要约人及时通知受要约人该承诺有效以外，为新要约。

6) 要约内容的变更

承诺的内容应当与要约的内容一致。有关合同的数量、质量、价款或者报酬、履行期限、履行地点和方式、违约责任和解决争议方法等的变更，是对要约内容的实质性变更。受要约人对要约的内容作出实质性变更的，为新要约。承诺对要约的内容作出非实质性的变更的，除要约人及时表示反对或者要约表明承诺不得对要约的内容作出任何变更以外，该承诺有效，合同的内容以承诺的内容为准。

综上所述，当事人签订合同一般经过要约和承诺两个步骤，但实践中往往是通过要约→新要约→新新要约……承诺多个环节最后达成的。

6.2.3 合同的成立

承诺生效时合同成立。

1. 合同成立的时间

当事人采用合同书订立合同的，自双方当事人签字或者盖章时合同成立。当事人采用信件、数据电文等形式订立合同的，可以在合同成立之前要求签订确认书。签订确认书时合同成立。

2. 合同成立的地点

承诺生效的地点为合同成立的地点。采用数据电文形式订立合同的，收件人的主营业地为合同成立的地点；没有主营业地的，其经常居住地为合同成立的地点。当事人另有约定的即按照其约定。当事人采用合同书形式订立合同的，双方当事人签字或者盖章的地点为合同成立的地点。

3. 合同成立的其他情形

合同成立的情形还包括以下两种。

(1) 法律、行政法规规定或者当事人约定采用书面形式订立合同，当事人未采用书面形式但一方已经履行主要义务，对方接受的。

(2) 采用合同书形式订立合同，在签字或者盖章之前，当事人一方已经履行主要义务，对方接受的。

6.2.4 合同的主要内容和格式条款

1. 合同的内容

合同的内容包括当事人享有的权利和承担的义务，主要以各项条款确定。合同的内容由当事人约定，一般包括以下条款。

(1) 当事人的名称、姓名和住所。这是每个合同必须具备的条款，当事人是合同的主体，要把名称或姓名、住所规定准确、清楚。

(2) 标的。标的是当事人权利义务共同所指向的对象。没有标的或标的不明确，权利义务就没有客体，合同关系就不能成立，合同就无法履行。不同的合同其标的也有所不同。标的可以是物、行为、智力成果、项目或某种权利。

(3) 数量。数量是衡量合同标的多少的尺度，以数字和计量单位表示。没有数量或数量规定不明确，当事人双方权利义务的多少、合同是否完全履行都无法确定。数量必须严格按照国家规定的法定计量单位填写，以免当事人产生不同的理解。施工合同中主要体现的数量是工程量的大小。

(4) 质量。质量指标准、技术要求，表明标的的内在素质和外观形态的综合，包括产品的性能、效用、工艺等，一般以品种、型号、规格、等级等体现出来。当事人约定质量条款时，必须符合国家有关规定和要求。

(5) 价款或报酬。价款或报酬是一方当事人向对方当事人所付代价的货币支付，凡是有偿合同都有价款或报酬条款。当事人在约定价款或报酬时，应遵守国家有关价格方面的法律和规定，并接受工商行政管理机关和物价管理部门的监督。

(6) 履行期限、地点和方式。履行期限是合同中规定当事人履行自己义务的时间界限，是确定当事人是否按时履行或延期履行的客观标准，也是当事人主张合同权利的时间依据。履行地点是指当事人履行合同义务和对方当事人接受履行的地点。履行方式是当事人履行合同义务的具体做法。合同标的不同，履行的方式也有所不同，即使合同标的相同，也有不同的履行方式，当事人只有在合同中明确约定合同的履行方式，才便于合同的履行。

(7) 违约责任。当事人一方或双方不履行合同义务或履行合同义务不符合约定的，依照法律的规定或按照当事人的约定应当承担法律责任。合同中约定违约责任条款不仅可以维护合同的严肃性，督促当事人切实履行合同，而且一旦出现当事人违反合同的情况，便于当事人及时按照合同承担责任，减少纠纷。

(8) 解决争议的方法。在合同履行的过程中不可避免地会产生争议，为使争议发生后能够有一个双方都能接受的解决办法，应当在合同条款中对此作出规定。如果当事人希望通过仲裁作为解决争议的最终方式，则必须在合同中约定仲裁条款，因为仲裁是以自愿为原则的。

2．格式条款

格式条款是当事人为了重复使用而预先拟定的，并在订立合同时未与对方协商的条款。

(1) 格式条款提供者的义务。采用格式条款订立的合同，有利于提高当事人双方合同订立过程的效率、减少交易成本、避免合同订立过程中因当事人双方一事一议而可能造成的合同内容的不确定性。但由于格式条款的提供者往往在经济地位方面具有明显优势，在行业中居于垄断地位，因而导致其在拟定格式条款时会更多地考虑自己的利益，而较少考虑另一方当事人的权利或者附加种种限制条件。为此，提供格式条款的一方应当遵循公平的原则确定当事人之间的权利义务关系，并采取合理方式提请对方注意免除或限制其责任的条款，按照对方的要求，对该条款予以说明。

(2) 格式条款无效。提供条款一方免除责任、加重对方责任、排除对方主要权利的，该条款无效。此外，《合同法》规定的合同无效的情形，同样适用于格式合同条款。

(3) 格式条款的解释。对格式条款的理解发生争议的，应当按照通常理解予以解释。对格式条款有两种以上解释的，应当作出不利提供格式条款一方的解释。格式条款和非格式条款不一致的，应当采用非格式条款。

3．缔约过失责任

缔约过失责任发生于合同不成立或者合同无效的缔约过程。其构成条件为：一是当事人有过错。若无过错，则不承担责任。二是有损后果的发生。若无损失，亦不承担责任。三是当事人的过错行为与造成的损失有因果关系。

当事人在订立合同过程中有下列情形之一，给对方造成损失的，应当承担损害赔偿责任。

(1) 假借订立合同，恶意进行磋商。

(2) 故意隐瞒与订立合同有关的重要事实或者提供虚假情况。

(3) 有其他违背诚实信用原则的行为。

当事人在订立合同过程中知悉的商业秘密，无论合同是否成立，不得泄露或者不正当地使用。泄漏或者不正当地使用该商业秘密给对方造成损失的，应当承担损害赔偿责任。

6.3 合同的效力

合同的效力是指合同所具有的法律约束力。本小节不仅规定了合同生效、无效合同，而且还对可撤销或变更合同进行了规定。

6.3.1 合同生效

1．合同生效应当具备的条件

合同生效指合同对双方当事人的法律约束力的开始。合同成立后，必须具备相应的法律条件才能生效，否则合同是无效的。合同生效应当具备下列条件。

(1) 当事人具有相应的民事权利能力和民事行为能力。订立合同的人必须具备一定的独立表达自己的意思和理解自己行为的性质和后果的能力。完全民事行为能力就是它们的经营、活动范围，民事行为能力则与它们的权利能力相一致。在建设工程合同中，合同当事人一般都应当具有法人资格，并且承包人还应当具备相应的资质等级。

(2) 意思表示真实。当事人的意思表示必须真实。含有意思表示不真实的合同不能取得法律效力。如建设工程合同的订立，一方采用欺诈、胁迫的手段订立的合同，就是意思表示不真实的合同，这样的合同就欠缺生效的条件。

(3) 不违反法律或者社会公共利益。这是合同有效的重要条件，是就合同的目的和内容而言的，是对合同自由的限制。

2．合同的生效时间

(1) 合同成立生效。对一般合同，只要当事人在合同主体、合同内容、合同形式等方面符合法律的要求，经协商达成一致意见，合同成立即可生效。

(2) 批准登记生效。《合同法》规定，法律、行政法规规定应当办理批准、登记等手续生效的，依照其规定。按照我国现有的法律和行政法规的规定，有的将批准登记作为合同成立的条件，有的将批准登记作为合同生效的条件。例如，中外合资经营企业合同必须经过批准后才能生效。

(3) 约定生效。指合同当事人在订立合同时，约定附生效条件的，自条件成就时生效。附解除条件的合同，自条件成就时失效。但是当事人为自己的利益不正当地阻止条件成就时，视为条件已成就；不正当地促成条件成就的，视为条件不成熟。

3．合同效力与仲裁条款

合同成立后，合同中的仲裁条款是独立存在的，合同的无效、变更、解除、终止，不影响仲裁协议的效力。如果当事人在施工合同中约定通过仲裁解决争议，不能认为合同无效将导致仲裁条款无效。若因一方的违约行为；另一方按约定的程序终止合同而发生争议，仍然应当由双方选定的仲裁委员会裁定施工合同是否有效及对争议的处理。

4．效力待定合同

合同或合同某些方面不符合合同的有效条件，但又不属于无效合同或可撤销合同，应当采取补救措施，有条件的尽量促使其生效。合同效力待定主要有以下几种情况。

(1) 限制民事行为能力人订立的合同。此种合同经法定代理人追认后，该合同生效。

(2) 无权代理合同。这种合同具体又分为 3 种情况。

① 行为人没有代理权，即行为人事先没有取得代理权却以代理人自居而代理他人订立的合同。

② 无权代理人超越代理人，即代理人虽然获得了被代理人的代理权，但他在代订合同时超越了代理权限的范围。

③ 代理权终止后以被代理人的名义订立合同，即行为人曾经是被代理人的代理人，但在以被代理人的名义订立合同时，代理权已终止。

无处分权的人处分他人财产的合同。这类合同是指无处分权的人以自己的名义对他人财产进行处分而订立的合同。根据法律规定，财产处分权只能由享有处分权的人行使。《合同法》规定：无处分权的人处分他人财产，经权利人追认或者无处分权的人订立合同后取得处分权的，该合同有效。

6.3.2 无效合同

无效合同是指当事人违反了法律规定的条件而订立的，国家不承认其效力，不给予法律保护的合同。无效合同从订立之时起就没有法律效力，不论合同履行到什么阶段，合同被确认无效后，这种无效的确认要溯及到合同订立时。

1．无效合同的确认

《合同法》规定，有下列情形之一的，合同无效。

(1) 一方以欺诈、胁迫的手段订立合同，损害国家利益。

(2) 恶意串通，损害国家、集体或者第三人利益。

(3) 以合法形式掩盖非法目的。

(4) 损害社会公众利益。

(5) 违反法律、行政法规的强制性规定。

无效合同的确认权归合同管理机关和人民法院。

2．合同部分条款无效

合同中的下列免责条款无效。

(1) 造成对方人身伤害。

(2) 因故意或重大过失造成对方财产损失的。

免责条款是当事人在合同中规定的某种情况下免除或者限制当事人所付未来合同责任的条款。在一般情况下，合同中的免责条款都是有效的。但是，如果免责条款所产生的后果具有社会危害性和侵权性，侵害了对方当事人的人身权利和财产权利，则免责条款将不具有法律效力。

(3) 无效合同的处理。

① 无效合同自合同签订时就没有法律约束力。

② 合同无效分为整个合同无效和部分无效，如果部分合同无效，不影响其他部分的法律效力。

③ 合同无效，不影响合同中独立存在的有关解决争议条款的效力。

④ 合同无效，因该合同取得的财产，应予返还；有过错的一方应当赔偿对方因此所受到的损失。

3．可变更或者可撤销合同

1) 可变更或可撤销合同的概念

可变更合同是指合同部分内容违背当事人的真实意思表示，当事人可以要求对该部分内容的效力予以撤销的合同。可撤销合同是指虽经当事人协商一致，但因非对方的过错而导致一方当事人意思表示不真实，允许当事人依照自己的意思使合同效力归于消灭的合同。《合同法》规定下列合同当事人一方有权请求人民法院或者仲裁机构变更或撤销。

(1) 因重大误解订立的。

(2) 在订立合同时显失公平的。

(3) 一方以欺诈、胁迫的手段或者乘人之危，使对方在违背真实意思的情况下订立的。

可撤销合同与无效合同的区别如下。

① 效力不同。可撤销合同是由于当事人表达不清、不真实，只一方有撤销权；无效合同内容违法，自然不发生效力。

② 期限不同。可撤销合同中具有撤销权的当事人从知道撤销事由之日起 1 年内没有行使撤销权或者知道撤销事由后明确表示，或者以自己的行为表示放弃撤销权，则撤销权消灭。无效合同从订立之日起就无效，不存在期限。

2) 合同撤销权的消灭

由于可撤销的合同只是涉及当事人意思表示不真实的问题，因此法律对撤销权的行使有一定的限制。有下列情形之一的，撤销权消灭。

(1) 具有撤销权的当事人自知道或者应当知道撤销事由之日起 1 年内没有行使撤销权。

(2) 具有撤销权的当事人知道撤销事由后明确表示或者以自己的行为放弃撤销权。

3) 合同被撤销后的法律后果

合同被撤销后的法律后果与合同无效的法律后果相同，也是返还财产，赔偿损失，追缴财产、收归国有 3 种。

4．当事人名称或者法定代表人变更对合同效力的影响

当事人名称或者法定代表人变更不对合同效力产生影响。合同生效后，当事人不得因姓名、名称的变更或者法定代表人、负责人、承办人的变动而不履行合同义务。

5．当事人合并或分立后对合同效力的影响

《合同法》规定，订立合同人后当事人与其他法人或组织合并，合同的权利和义务由合并后的新法人或组织承担，合同仍然有效。

订立合同后成立的，分立的当事人应及时通知对方，并告知合同权利和义务的继承人，双方可以重新协商合同的履行方式。如果分立方没有告知或分立方的该合同责任归属通过协商对方当事人仍不同意，则合同的权利义务由分立后的法人或组织连带负责，即享有连带债权，承担连带债务。

小 知 识

《合同法》规定，订立合同后当事人与其他法人或组织合并，合同的权利和义务由合并后的新法人或组织承担，合同仍然有效。

6.4 合同的履行

合同的履行是指合同生效后，当事人双方按照合同约定的标的、数量、质量、价款、履行期限、履行地点和履行方式等，完成各自应承担的全部义务的行为。

6.4.1 合同履行的基本原则

1. 全面履行

当事人订立合同不是目的，只有全面履行合同，才能实现当事人所追求的法律后果，使其预期目的得以实现。如果当事人订立的合同有关内容约定不明确或者没有约定，《合同法》允许当事人协议补充。如果当事人不能达到协议的，按照合同有关条款或交易习惯确定。如果按此规定仍不能确定的，则按《合同法》规定处理。

2. 诚实信用

当事人应当遵守诚实信用原则，根据合同的性质、目的和交易习惯履行通知、协助、保密等义务。

诚实信用原则要求合同当事人在履行合同过程中维持合同双方的合同利益平衡，以诚实、真诚、善意的态度行使合同权利、履行合同义务，不对另一当事人进行欺诈，不滥用权利。诚实信用原则还要求合同当事人在履行合同约定的主义务的同时，履行合同履行过程中的附随义务。

(1) 及时通知义务。有些情况需要及时通知对方的，当事人一方应及时通知对方。

(2) 提供必要条件和说明的义务。需要当事人提供必要的条件和说明的，当事人应当根据对方的需要提供必要的条件和说明。

(3) 协助义务。需要当事人一方予以协助的，当事人一方应尽可能地为对方提供所需要的协助。

(4) 保密义务。需要当事人保密的，当事人应当保守其在订立和履行合同过程中所知悉的对方当事人的商业秘密、技术秘密等。

3. 实际履行

合同当事人应严格按照合同规定的标的完成合同义务，而不能用其他标的代替。鉴于客观经济活动的复杂性和多变性，在具体执行该原则时，还应根据实际情况灵活掌握。

6.4.2 合同履行的一般规定

1. 合同有关内容没有约定或者约定不明确问题的处理

合同生效后，当事人就质量、价款或者报酬、履行地点等内容没有约定或者约定不明确的，可以协议补充；不能达成补充协议的，按照合同有关条款或者交易习惯确定。依据上述基本原则和方法不能确定合同有关内容的，应当按照下列方法处理。

(1) 质量要求不明确的问题的处理方法。质量要求不明确的，按照国家标准、行业标准履行，没有国家标准、行业标准的，按照通常标准或者符合合同目的的特定标准履行。

(2) 价款或者报酬不明确问题的处理方法。价款或者报酬不明确的，按照订立合同时履行地的市场价格履行。依法应当执行政府定价或者政府指导价的，在合同约定的交付期限内政府价格调整时，按交付时的价格计价。逾期交付标的物的，遇价格上涨时，按照新价格执行；价格下降时，按照原价格执行。

(3) 履行地点不明确问题的处理方法。履行地点不明确，给付货币的，在接受货币一方所在地履行；交付不动产的，在不动产所在地履行；其他标的，在履行义务一方所在地履行。

(4) 履行期限不明确问题的处理方法。履行期限不明确的，债务人可以随时履行，债权人也可以随时要求履行，但应当给对方必要的准备时间。

(5) 履行方式不明确问题的处理方法。履行方式不明确的，按照有利于实现合同目的的方式履行。

(6) 履行费用的负担不明确问题的处理方法。履行费用的负担不明确，由履行义务一方负担。

2．合同履行中的第三人

在通常情况下，合同必须由当事人亲自履行。但依据法律的规定及合同的约定，或者在与合同性质不相抵触的情况下，合同可以向第三人履行，也可以由第三人代为履行。向第三人履行合同或者由第三人代为履行合同的，不是合同义务的转移，当事人在合同中的法律地位不变。

(1) 向第三人履行合同。当事人约定由债务人向第三人履行债务的，债务人未向第三人履行债务或者履行债务不符合约定，应当向债权人承担违约责任。

(2) 由第三人代为履行合同。当事人约定由第三人向债权人履行债务的，第三人不履行债务或者履行债务不符合约定，债务人应当向债权人承担责任。

6.4.3　合同履行中的抗辩权

所谓抗辩权，就是当事人有依法对抗对方要求或否认对方权力主张的权力。合同规定了同时履行抗辩权、后履行抗辩权及先履行抗辩权。

1．同时履行抗辩权

当事人互付债务，没有先后履行顺序的，应当同时履行。同时履行抗辩权包括一方在对方履行之前有权拒绝其履行要求；另一方在对方履行债务不符合约定时，有权拒绝其相应的履行要求。如施工合同中期付款时，对承包人施工质量不合格部分，发包人有权拒付该部分的工程款；如果发包人拖欠工程款，则承包人可以放慢施工进度，甚至停止施工。产生的后果，由违约方承担。

同时履行抗辩权的适用条件如下。

(1) 由同一双务合同产生互付的对价给付债务。

(2) 合同中未约定履行的顺序。

(3) 对方当事人没有履行债务或者没有正确履行债务。

(4) 对方的对价给付是可履行的义务。所谓对价给付是指一方履行的义务和对方履行的义务之间具有互为条件、互为牵连的关系并且在价格上基本相等。

2．后履行抗辩权

后履行抗辩权也包括两种情况：当事人互付债务，有先后履行顺序的，应当先履行的一方未履行时，后履行的一方有权拒绝其对本方的履行要求；应当先履行的一方履行债务不符合规定的，后履行的一方也有权拒绝相应的履行要求。如材料供应合同按照约定应由供货方先行交付订购的材料后，采购方再进行付款结算，若合同履行过程中供货方交付的材料质量不符合约定的标准，采购方有权拒付货款。

后履行抗辩权应满足的条件为如下。

(1) 由同一双务合同产生互付的对价给付债务。

(2) 合同中约定了履行的顺序。

(3) 应当先履行的合同当事人没有履行债务或者没有正确履行债务。

(4) 应当先履行的对价给付是可能履行的义务。

3. 先履行抗辩权

先履行抗辩权又称不安抗辩权，是指合同中约定了履行的顺序，合同成立后发生了应当后履行合同一方财务状况恶化的情况，应当先履行合同一方在对方未履行或者提供担保前有权拒绝先为履行。设立不安抗辩权的目的在于预防合同成立后情况发生变化而损害合同另一方的利益。

应当先履行合同的一方有确切证据证明对方有下列情形之一的，可以中止履行。

(1) 经营状况严重恶化。

(2) 转移财产、抽逃资金，以逃避债务的。

(3) 丧失商业信誉。

(4) 有丧失或者可能丧失履行债务能力的其他情形。

6.4.4 合同不履行处理

合同生效后，当事人不得因姓名、名称的变更或法定代表人、负责人、承办人的变动而不履行合同义务。债权人分立、合并或者变更住所应当通知债务人。如果没有通知债务人，会使债务人不知向谁履行债务或者不知在何地履行债务，致使履行债务发生困难。出现这些情况，债务人可以中止履行或者将标的物提存。

中止履行是指债务人暂时停止合同的履行或者延期履行合同。提存是指由于债权人的原因致使债务人无法向其交付标的物，债务人可以将标的物交给有关机关保存以此消灭合同的制度。

1. 提前或者部分履行的处理

提前履行是指债务人在合同规定的履行期限到来之前就开始履行自己的义务。部分履行是指债务人没有按照合同约定履行全部义务而只是履行了自己的一部分义务。提前或者部分履行会给债权人行使权利带来困难或者增加费用。

债权人可以拒绝债务人提前或部分履行债务，由此增加的费用由债务人承担。但不损害债权人利益且债权人同意的情况除外。

2. 合同不当履行中的保全措施

为了防止债务人的财产不适当减少而给债权人带来危害，合同法允许债权人为保全其债权的实现采取保全措施。保全措施包括代位权和撤销权。

1) 代位权

代位权是指债务人怠于行使其到期债权，对债权人造成损害，债权人可以向人民法院请求以自己的名义代位行使债务人的债权。债权人依照《合同法》规定提起代位权诉讼，应当符合下列条件。

(1) 债权人对债务人的债权合法。

(2) 债务人怠于行使其到期债权，对债权人造成伤害。

(3) 债务人的债权已到期。

(4) 债务人的债权不是专属于债务人自身的债权。

债务人怠于行使其到期债权，对债权人造成损害是指债务人不履行其对债权人的到期债务，又不以诉讼方式或者仲裁方式向其债务人主张其享有的具有金钱给付内容的到期债权，致使债权人的到期债权未能实现。专属于债务人自身的债权是指基于抚养关系、扶养关系、赡养关系、继承关系产生的给付请求权和劳动报酬、退休金、养老金、抚恤金、安置费、人寿保险、人身伤害赔偿请求权等权利。当然，代位权的行使范围以债权人的债权为限，债权人行使代位权的必需费用由债务人负担。

2) 撤销权

撤销权是指债务人放弃其到期债权或者无偿转让财产，或者债务人以明显不合理的低价转让财产，对债务人造成损害，并且受让人也知道该情形，债权人可以请求人民法院撤销债务人的行为。债务人依照《合同法》规定提起撤销权诉讼，请求人民法院撤销债务人放弃债权或转让财产的行为，人民法院应当对债权人主张的部分进行审理，依法撤销的，该行为自始无效。

6.5 合同的变更、转让和终止

6.5.1 合同的变更

合同的变更是指合同依法成立后，在尚未履行或尚未完全履行时，当事人双方依法对合同的内容进行修订或调整所达成的协议。例如，对合同约定的数量、质量标准、履行期限、履行地点和履行方式等进行变更。合同变更一般不涉及已履行部分，而只对未履行的部分进行变更，因此，合同变更不能在合同履行后进行，只能在完全履行合同之前进行。

《合同法》规定，当事人协商一致，可以变更合同。因此，当事人变更合同的方式类似订立合同的方式，经过提议和接受两个步骤。要求变更合同的一方首先提出建议，明确变更的内容以及变更合同引起的后果处理；另一当事人对变更表示接受。这样，双方当事人对合同的变更达成协议。一般来说，书面形式的合同，变更协议也应采用书面形式。

应当注意的是，当事人对合同变更只是一方提议而未达成协议时，不产生合同变更的效力；当事人对合同变更的内容约定不明确的，同样也不产生合同变更的效力。

6.5.2 合同的转让

合同的转让是指当事人一方将合同的权利和义务转让给第三人，由第三人接受权利和承担义务的法律行为。合同转让可以部分转让，也可全部转让。随着合同的全部转让，原合同当事人之间的权利和义务关系消灭，与此同时，在未转让一方当事人和第三人之间形成新的权利义务关系。

《合同法》规定了合同权利转让、合同义务转让和权利义务一并转让的 3 种情况。

1. 合同权利的转让

合同权利的转让也称债权让与，是合同当事人将合同中的权利全部或部分转让给第三方的行为。转让合同权利的当事人称为让与人，接受转让的第三人称为受让人。

1）债权人转让权利的条件

债权人转让权利的，应当通知债务人。未经通知，该转让对债务人不发生效力。除非受让人同意，债权人转让权利的通知不得撤销。

2）不得转让的情形

《合同法》规定不得转让的情形包括以下 3 种。

(1) 根据合同性质不得转让。

(2) 按照当事人约定不得转让。

(3) 依照法律规定不得转让。

2. 合同义务的转让

合同义务的转让也称债务转让，是债务人将合同的义务全部或部分地转移给第三人的行为。《合同法》规定了债务人转让合同义务的条件：债务人将合同的义务全部或部分转让给第三人，应当经债权人同意。

3. 合同的权利和义务一并转让

指当事人一方将债权债务一并转让给第三人，由第三人接受这些债权债务的行为。

《合同法》规定：总承包人或勘测、设计、施工承包人经发包人同意，可以将自己承包的部分工作交由第三人完成。第三人就其完成的工作成果与承包人或勘测、设计、施工承包人向发包人承担连带责任。

6.5.3 合同的终止

合同的终止是指合同当事人之间的合同关系由于某种原因不复存在，合同确立的权利义务消灭。

1. 合同已按照约定履行

合同生效后，当事人双方按照约定履行自己的义务，实现了自己的全部权利，订立合同的目的已经实现，合同确立的权利义务关系消灭，合同因此而消灭。

2. 合同解除

合同生效后，当事人一方不得擅自解除合同。但是履行过程中，有时会产生某些特定情况，应当允许解除合同。《合同法》规定合同解除有两种情况。

1）协议解除

当事人双方通过协议可以解除原合同规定的权利和义务关系。

2）法定解除

合同成立后，没有履行或者没有完全履行以前，当事人一方可以行使法定解除权使合同终止。为了防止解除权的滥用，《合同法》规定了十分严格的条件和程序。属下列情形之一的，当事人可以解除合同。

(1) 因不可抗力致使不能实现合同的。

(2) 在履行期限届满之前，当事人一方明确表示或者以自己的行为表示不履行主要债务。

(3) 当事人一方迟延履行主要债务，经催告后在合理期限内仍未履行。

(4) 当事人一方迟延履行债务或者有其他违约行为致使不能实现合同目的。

(5) 规定的其他情形。

3. 合同解除的法律后果

《合同法》规定：合同解除后，尚未履行的，终止履行；已经履行的根据履行情况和合同性质，当事人可以要求恢复原状、采取其他补救措施，并有权要求赔偿损失。

合同终止后，虽然合同当事人的合同权利义务关系不复存在了，但合同责任并不一定消灭，因此，合同中结算和清理条款不因合同的终止而终止，仍然有效。

6.6　违　约　责　任

违约责任是指合同当事人违反合同约定，不履行义务或者履行义务不符合约定所承担的责任。《合同法》规定，当事人一方不履行合同义务或者履行合同义务不符合约定的应当承担继续履行、采取补救措施或者赔偿损失等违约责任。

6.6.1　违约责任的特点

1. 以有效合同为前提

与侵权责任和缔约过失责任不同，违约责任必须以当事人双方事先存在的有效合同关系为前提。

2. 以合同当事人不履行或者不适当履行合同义务为要件

只有合同当事人不履行或者不适当履行合同义务时，应当承担违约责任。

3. 可由合同当事人在法定范围内约定

违约责任主要是一种赔偿责任，因此，可由合同当事人在法律规定的范围内自行约定。

4. 是一种民事赔偿责任

首先，它是由违约方向约定方承担的民事责任，无论是违约金还是赔偿金，均是平等主体之间的支付关系；其次，违约责任的确定通常应以补偿守约方的损失为标准。

6.6.2　违约责任的承担方式

1. 继续履行

继续履行合同要求违约人按照合同的约定，切实履行所承担的合同义务。这包括两种情况：一是债权人要求债务人按合同的约定履行合同；二是债权人向法院提出起诉，由法院判决强迫违约一方具体履行其合同义务。当事人违反金钱债务，一般不能免除其继续履行的义务。《合同法》规定，当事人一方未支付价款或者报酬的，对方可以要求其支付价款或者报酬。当事人违反非金钱债务的，除法律规定不适用继续履行的情形外，也不能免除其继续履行的义务。当事人一方不履行非金钱债务或者履行非金钱债务不符合规定的，对方可以要求履行。但有下列规定之一的情形除外。

(1) 法律上或者事实上不能联系。

(2) 债务的标的不适合强制履行或者履行费用过高。

(3) 债权人在合理期限内未要求履行。

2．采取补救措施

是指当事人违反合同后，为防止损失发生或者扩大，由其依照法律或者合同约定而采取的修理、更换、退货、减少价款或者报酬等措施。采用这一违约责任的方式，主要是在发生质量不符合约定的情况。《合同法》规定，质量不符合约定的，应当按照当事人的约定承担违约责任。对违约责任没有约定或者约定不明确的，依照《合同法》的规定。仍不能确定的，受损害方根据标的的性质以及损失的大小，可以合理选择要求对方承担修理、更换、退货、减少价款或报酬等违约责任。

3．赔偿损失

当事人一方不履行合同义务或者履行合同义务不符合约定，给对方造成损失的，应当赔偿对方的损失。损失赔偿额应当相当于因违约所造成的损失，包括合同履行后可以获得的利益，但不得超过违反合同一方订立合同时预见或应当预见的因违反合同可能造成的损失。这种方式是承担违约责任的主要方式。因为违约一般都会给当事人造成损失，赔偿损失是守约者避免损失的有效方式。

当事人一方不履行合同义务或履行合同义务不符合约定的，在履行义务或采取补救措施后，对方还有其他损失的，应承担赔偿责任。当事人一方违约后，对方应当因防止损失的扩大，没有采取措施致使损失扩大的，不得就扩大的损失请求赔偿，当事人因损失扩大而支出的合理费用，由违约方承担。

4．支付违约金

违约金是指按照当事人的约定或者法律直接规定，一方当事人违约时应向另一方支付的金钱。违约金的标的物是金钱，也可约定为其他财产。

当事人可以约定一方违约时应当根据违约情况向对方支付一定数额的违约金，也可以约定因违约产生的损失赔偿额的计算方法。在合同实施中，只要一方有不履行合同的行为，就要按合同规定向另一方支付违约金，而不管违约行为是否造成对方损失。

违约金同时具有补偿性和惩罚性。《合同法》规定：约定的违约金低于违反合同所造成的损失的，当事人可以请求人民法院或者仲裁机构予以减少。

5．定金罚则

当事人可以约定一方向对方给付定金作为债权的担保。债务人履行债务后定金应当抵作价款或收回。给付定金的一方不履行约定债务的，无权要求返还定金；收受定金的一方不履行约定债务的，应当双倍返还定金。

当事人既约定违约金，又约定定金的，一方违约时，对方可以选择适用违约金或定金条款。但是，这两种违约责任不能合并使用。

6.6.3 违约责任的免除

合同生效后，当事人不履行合同或者履行合同不符合合同约定的，都应承担违约责任。但如果是由于发生了某种非常情况或者意外事件使合同不能按约定履行时，就应当作为例外来处理。《合同法》规定，只有发生不可抗力时才能部分或者全部免除当事人的违约责任。

不可抗力是指不能预见、不能避免和不可克服的客观情况。不可抗力发生后可能引起3种法律后果：一是合同全部不能履行，当事人可以解除合同，并免除全部责任；二是合同部分不能履行，当事人可以部分履行合同，并免除其不履行部分的责任；三是合同不能按期履行，当事人可延期履行合同，并免除其迟延履行的责任。

一方当事人因不可抗力不能履行合同义务时，应承担如下义务：及时采取一切可能采取的有效措施或者减少损失，及时通知对方，在合理期限内提供证明。

6.7 合同争议的处理方式

合同争议是指当事人双方对合同订立和履行情况以及不履行合同的后果所产生的纠纷。对合同订立产生的争议，一般是对合同是否成立及合同的效力产生分歧；对合同履行情况产生的争议，往往是对合同是否履行或者是否已按合同约定履行产生的异议；而对不履行合同的后果产生的争议，则是对没有履行合同或者没有完全履行合同的责任，应由哪方承担责任和如何承担责任而产生的纠纷。选择适当的解决方式及时解决合同争议，不仅关系到维护当事人的合同利益和避免损失的扩大，而且对维护社会经济秩序也有重要作用。

合同争议的解决通常有如下几种处理方式。

1. 和解

和解是指争议的合同当事人，依据有关的法律规定和合同规定，在互谅互让的基础上，经过谈判和协商，自愿对争议事项达成协议，从而解决合同争议的一种方法。和解的特点在于无须第三者介入，简便易行，能及时解决争议，并有利于双方的协作和合同的继续履行。但由于和解必须以双方自愿为前提，因此，当双方分歧严重，及一方或双方不愿协商解决争议时，和解方式往往受到局限。

2. 调解

调解是指争议当事人在第三方的主持下，通过其劝说引导，在互谅互让的基础上自愿达成协议，以解决合同争议的一种方式。调解也是以公平合理、自愿等为原则。在实践中，依调解人的不同，合同的调解有民间调解、仲裁机构调解和法庭调解3种。

调解解决合同争议可以不伤和气，使双方当事人互相谅解，有利于促进合同。但这种方式受当事人自愿的局限，如果当事人不愿调解，或调解不成时，则应及时采取仲裁或诉讼以最终解决合同争议。

3．仲裁

仲裁是指发生争议的双方当事人，根据其在争议发生前或争议发生后所达成的协议，自愿将该争议中立的第三者进行裁判的争议解决制度和方式。仲裁具有自愿性、专家性、灵活性、保密性、快捷性、经济性和独立性等特点。

1）仲裁委员会

仲裁委员会可以在直辖市和省、自治区人民政府所在地的市设立，也可以根据需要在其他设区的市设立，不按行政区划层层设立。

仲裁委员会由主任 1 人、副主任 2～4 人、委员 7～11 人组成。

2）仲裁规则

仲裁规则可以由仲裁机构制定，某些内容甚至可以允许当事人自行约定，但是，仲裁规则不得违反仲裁中对程序方面的强制性规定。一般来说，仲裁规则则由仲裁委员会制定。涉外仲裁机构的仲裁规则由中国国际商会制定。

3）仲裁协议

仲裁协议是指双方当事人自愿把他们之间已经发生或者将来可能发生合同纠纷及其他财产性权益争议提交仲裁解决的协议。请求仲裁必须是双方当事人共同的意思表示，必须是双方协商一致的基础上真实意思的表示，必须是有利害关系的双方当事人的意思表示。

仲裁协议应以书面形式作出。仲裁协议的内容包括以下两方面。

(1) 仲裁事项，提交仲裁的争议范围。

(2) 选定仲裁委员会。

4）仲裁庭的组成

仲裁庭可以由 3 名仲裁员或一名仲裁员组成。由 3 名仲裁员组成的，设首席仲裁员。仲裁庭分合议仲裁和独任仲裁庭。

4．诉讼

诉讼作为一种合同争议解决方法，是指人民法院在当事人和其他诉讼参与人参加下，审理和解决民事案件活动以及这种活动中产生的各种民事关系的总和。

1）诉讼主管

诉讼主管是指法院受理民事案件的权限，即确定法院以及其他国家机关、社会团体直接解决民事纠纷的分工和权限。

2）诉讼管辖

诉讼管辖是指各级人民法院之间和同级人民法院之间受理第一审民事案件的分工和权限。我国民事诉讼法将管辖分为级别管辖、地域管辖、移送管辖和指定管辖。级别管辖是指按照一定的标准，划分上下级人民法院之间受理第一审民事案件的分工和权限。地域管辖是指按照各级人民法院的辖区和民事案件的隶属关系来划分诉讼管辖。移送管辖是指人民法院在受理民事案件后，发现自己对案件并无管辖权，将案件移送到有管辖权的人民法院审理。指定管辖是指上级人民法院以裁定方式指定其下级人民法院对某一案件行使管辖权。

3）诉讼程序

我国民事诉讼法将审判程序分为第一审普通程序、简易程序、第二审程序、特别程序。第一审普通程序是人民法院审理民事案件通常所适用的程序。它包括起诉与受理、审理前的准备、开庭审理几个阶段，其中开庭审理又分为准备开庭、法庭调查、法庭辩论、评议和宣判。

需要指出的是，仲裁和诉讼这两种争议解决方式只能选择其中一种，当事人可以根据实际情况选择仲裁和诉讼。

本章小结

本章主要讲述合同法律关系、合同履行的原则、合同纠纷的处理方式等。

合同法律关系是指合同法律规范所调整的，在民事流转过程中所产生的权利义务关系，包括主体、客体、内容三要素。《合同法》的基本原则是平等、自愿、公平、守法、诚信信用。合同订立采取要约、承诺方式。《合同法》规定了合同生效、无效合同、可撤销或变更合同的条件。合同履行必须坚持全面履行、诚实守信和实际履行的原则。

合同纠纷的处理方式有和解、调解、仲裁、诉讼等。

习 题

一、填空题

1. 合同又称为＿＿＿＿＿，是指＿＿＿＿＿之间确立＿＿＿＿＿＿＿的协议。

2. 合同的形式有＿＿＿＿＿、＿＿＿＿＿和＿＿＿＿＿。

3. 合同履行遵循＿＿＿＿＿、＿＿＿＿＿和＿＿＿＿＿3 个基本原则。

4. 《合同法》规定了＿＿＿＿＿转让、＿＿＿＿＿转让和＿＿＿＿＿转让的 3 种情况。

5. 在建设工程合同的订立过程中，招标人发出中标通知书的行为是＿＿＿＿＿。

6. ＿＿＿＿＿是指各级人民法院之间和同级人民法院之间受理第一审民事案件的分工和权限。

7. 合同生效后，当事人就＿＿＿＿＿、＿＿＿＿＿或者＿＿＿＿＿、＿＿＿＿＿等内容没有约定或者约定不明确的，可以协议补充。

二、选择题

1. 下列不是合同生效应当具备的条件(　　)。
   A. 合同意思真实
   B. 不违反法律或社会公共利益
   C. 必须有第三方参与公证
   D. 当事人具有相应民事权利

2. 下列不属于无效合同范畴 (　　)。
   A. 以合法形式掩盖非法目的　　　　B. 合同公平性极差
   C. 损害社会公共利益　　　　D. 恶意串通

3. 承诺应具有以下条件(　　)。
   A. 承诺必须由受要约人作出

B. 承诺不需要约人作出

C. 承诺的内容应当与要约人的内容一致

D. 承诺必须在承诺期限内发出

4. 后履行抗辩权应满足的条件为( )。

A. 由同一双务合同产生互付的对价给付债务

B. 合同中约定了履行的顺序

C. 应当先履行的合同当事人履行债务

D. 应当先履行的对价给付是可能履行的义务

5. 《合同法》规定不得转让的情形包括( )。

A. 根据合同性质不得转让

B. 按照当事人约定不得转让

C. 依照法律规定不得转让

D. 依据协商不得转让

三、思考题

1. 什么是合同？简述合同法律关系的主要内容。

2. 什么是代理？

3. 简述诉讼时效的概念。诉讼时效的起算是如何规定的？一般诉讼时效是多长时间？

4. 合同订立的基本原则是什么？在建设工程合同的签订和执行过程中哪些方面体现了合同的基本原则？

5. 订立合同一般要经过哪几个程序？

6. 什么是无效合同？无效合同应如何处理？

7. 合同的担保方式有哪几种？

8. 合同变更的条件是什么？合同解除和终止的条件是什么？

9. 合同争议的处理方式有哪几种？

第 7 章

建筑工程施工合同

教学目标

通过本章的学习，应掌握中标公示和中标人的法律责任，并且要重点掌握建筑工程施工合同、编制通用合同条款的指导原则、建筑工程合同的示范文本；了解建筑工程施工其他相关合同。

学习重点

(1) 中标人的法律责任。
(2) 建筑工程施工合同。
(3) 编制通用合同条款的指导原则。
(4) 建筑工程合同的示范文本。

学习建议

本章讲述的是中标公示和中标人的法律责任、建筑工程施工合同、编制通用合同条款的指导原则和建筑工程合同的示范文本，以及建筑工程施工其他相关合同，因此其陈述的知识点如何能够转化为实际工作与操作的能力，就需要我们对合同的条款能够消化记忆，合同的解释顺序能够通过进行分组模拟起草合同文本的形式进行加深理解。

引言

工程项目招标投标在确定了中标人后，就进行到了后一环节"合同签订"阶段，这一阶段也是进行建筑工程开工前的重要的阶段，需要通过发布中标通知书，了解合同的通用文本，进一步根据工程项目的特点把合同的条款具体而明确化，因此合同的文本具体是由哪几部分组成的就是需要学习的重点。

7.1 中标和中标通知书

7.1.1 中标公示

《政府采购货物与服务招标投标管理办法》第六十二条规定："中标供应商确定后，中标结果应当在财务部门指定的政府采购信息发布媒体上公告。公告内容应当包括招标项目名称、中标供应商、评标委员会成员名单、招标采购单位的名称和电话。在发布公告的同时，招标采购单位应当向中标供应商发出中标通知书，中标通知书对采购人和中标供应商具有同等法律效力。"

招标人定标后，招标代理机构将向中标人发出中标通知书，同时以书面形式通知所有的中标的投标人。中标人应按照招标文件的规定向招标代理机构交纳招标代理服务费，然后领取中标通知书。《招标投标法》第四十七条规定："依法必须进行招标的项目，招标人应当自确定中标人之日起 15 日内，向有关行政监督部门提交招投标情况的书面报告。"一般招标代理机构都会规定，中标人自招标代理机构在网上发布中标公告之日起超过 XX 日仍未能交纳招标代理服务费的，视为中标人自动放弃包括中标权在内的本次招标中所拥有的所有权利。

在实践中，第一中标候选人主动放弃中标资格或被依法取消中标资格的实例较少，一般第一中标人被取消中标资格是因为提供虚假文件骗取中标或缺乏圆满履行合同的条件。

7.1.2 中标人的法律责任

《政府采购法》第四十六条明确规定："中标、成交通知书对采购人和中标、成交供应商均具有法律效力。中标、成交通知书发出后，采购人改变中标、成交结果的，或者中标、成交供应商放弃中标、成交项目的，应当依法承担法律责任。"《政府采购货物与服务招标投标管理办法》第六十二条规定："中标通知书发出后，采购人改变中标结果，或者中标供应商放弃中标，应当承担相应的法律责任。"中标通知书是招标采购项目成交确认合同的组成部分，对招标人和中标人都具有法律效力。因此，中标通知书发出后，招标人改变中标结果的，或者中标人放弃中标项目的，应当依法承担法律责任。

《政府采购货物与服务招标投标管理办法》第七十五条规定，中标供应商有下列情形之一的，招标采购单位不予退还其缴纳保证金；情节严重的，由政府部门将其列入不良行为记录名单，在 1～3 年内禁止参加政府采购活动，并予以通报。

(1) 中标人无正当理由不与采购人或者采购代理机构签订合同的。

(2) 将中标项目转让给他人，或者在投标文件中未说明，且未经采购招标机构同意，将中标项目分包给他人的。

(3) 拒绝履行合同义务的。

在实践中，如果由于中标人本身原因不能签订合同和放弃中标的，一般会被没收投标保证金。

小知识

《招标投标法》第四十五条规定，中标人确定后，招标人应向中标人发出中标通知书，并同时将中标结果通知所有未中标的投标人。中标通知书对招标人和中标人具有法律效力。中标通知书发出后，招标人改变中标结果的，或者中标人放弃中标项目的，应当承担法律责任。此处所谓的法律责任即为《合同法》第四十二条规定的损害赔偿责任，在性质上即为缔约过失责任。

7.2 建筑工程施工合同条款的主要内容

7.2.1 建筑工程施工合同

1. 建筑工程施工合同文件的组成

在签订建筑工程施工合同之前，还应审查中标人是否具有承担施工合同内规定的资质等级证书，是否经工商行政管理机关审查注册，是否依法经营独立核算，是否具有承担该工程施工的能力以及目前的财务情况和社会信誉是否良好等，否则，可依法取消该中标人的中标资格。

目前，我国建筑工程采用的基本合同模式是以国家统一出台的《标准施工招标文件》(以下统称为《标准文件》)中的合同模式为基础编制的。一般来说，合同条款由以下几个部分组成。

1) 合同协议书

合同协议书应按施工招标文件确定的格式拟定。它是合同双方的总承诺，具体内容应在协议书附件和其他文件中。已标价的工程量清单是投标人在投标阶段的报价承诺，在合同实施阶段的报价承诺，在合同实施阶段用于发包人支付合同价款，在工程完工后用于合同双方结清合同价款的依据。

2) 中标通知书

中标通知书应由发包人在施工招标确定中标人后，按施工招标文件确定的格式拟定。

3) 投标函及投标函附录

投标函及投标函附录中包含有合同双方在合同中相互承诺的条件，应附录合同文件。

4) 专用合同条款和通用合同条款

专用合同条款和通用合同条款是整个施工合同中最重要的合同文件。它根据《合同法》的公平原则，约定了合同双方履行合同全过程中的工作规则。其中，通用合同条款是要求各建设行业共同遵守的共性规则，专用合同条款则可由各行业根据各行业的特殊情况自行约定的行业规则。各行业自行约定的行业规则不能违背通用合同条款已约定的通用规则。

5) 技术标准和要求

技术标准要求的内容为施工合同中根据工程的安全、质量和进度目标，约定合同双方应遵守的技术标准的内容和要求，对技术标准中的强制性规定必须严格遵守。

6) 图样

图样是施工合同中为实施工程施工的全部图样和有关文件。

7) 其他合同文件

其他合同文件是合同双方约定需要进入合同的其他文件。

对于建筑工程施工标准合同，其合同条款中比较重要的内容有如下几项。

(1) 合同文件及解释顺序。招标代理机构编制招标文件的合同部分时，一般都会比较注意通用条款、专用条款、协议书、保修书、安全承诺、履行保函等合同文件，而往往忽视了构成合同文件的其他内容，从而也就忽略了其他合同文件解释的优先顺序，直至真的发生合同争议后，才发现解释顺序的重要性了。《标准文件》在通用合同总则中阐明的合同文件解释的优先顺序，是不能更改的。

(2) 招标人和中标人的权利和义务。《标准文件》在合同条件里明确了招标人和中标人的权利和义务。例如，施工前的现场条件中应由招标人承担的部分有用水、电接口，道路开通时间，地下管线资料，水准点与坐标控制点交验等；中标人承担的部分有钻孔和勘探性开挖，邻近建筑物、构筑物、文物安全保护，交通、环卫、噪声的管理，转包和分包的情况，材料的保管使用，完工清理等；还有双方共同承担的内容，如双方风险损失、保险、专利、临时设施等。招标人和中标人的权利和义务应按照国家相关要求和建筑行业的行规认真编制，要显示公平、公正、合理、合法。

(3) 工期延误。工期延误应分清是投标人的原因和责任，还是招标人的原因和责任。同意条款对工期延误条件已经在《标准文件》中规定。另外，专用条款中还需阐明因招标人支付法的合理利润，以及因投标人造成工期延误时，逾期竣工违约金的计算方法；通用条款中应注明即使支付违约金也不能免除投标人完成工程及修补缺陷的义务。

(4) 验收方法和标准。验收执行国家标准和(或)各行业标准，应阐明验收时段和方法。

(5) 质量、安全、环保、节能条款。这是国家大环境的要求，应在合同中单独签订，或要求投标人在投标文件中递交书面承诺。

(6) 计量与支付。计量与支付是招标投标各方比较注意的内容，与招标文件中阐明的报价方式密切相关，对投标人的报价有着极其重要的影响，而且在专用条件中需要提前约定的内容比较多。其中需注意以下几点。

① 价款是否调整？如何调整？应在合同中说明。

② 工程预付款的支付方式、数额(一般按工程合同总价款的比例)、抵扣方式。

③ 按进度支付时的工程量确认。

④ 支付进度款的时间和所占比例。

⑤ 保修金的比例和支付时间、方式。

⑥ 其他应在专用合同条件中确定的条件。

2. 通用条款与专用条款

1) 通用条款

前面已经论述，建筑工程合同条款由通用条款和专用条款构成。但是，建筑工程通过招标确认中标人以后，在签订合同的时候，一般只有通用条款。因此，目前一般沿用中华人民共和国 2007 年版《标准文件》中的合同条款，而该标准合同只有通用合同条款，没有专用合同条款。这是合同条款中给各部委留有余地，以便将来由各部委依据通用合同条款，并结合各部和各领域的具体情况，在不改变通用合同条款基本原则的条件下，编写专用合同条款格式。

就建筑工程施工合同来说，我国的通用合同条款是参照 FIDIC 合同条款，融进我国管理体制和以往工程合同管理经验，以及参照英国 ICE 合同条款和世界银行合同文本，同时结合我国各行业合同条款法定通用条款，依据国家法律法规的规定进行编写的。招标文件的合同通用条款部分，一般会完全使用《标准文件》中阐明的条款。

2) 专用条款

合同专用条款是招标投标的重要内容。招标文件中阐明的合同主要文件是双方签订合同的依据，一般不允许更改。编制合理、合法的专用合同条款，是招标代理机构比较重要的工作，要与招标人协商，对招标人所提出的不合理的要求不能一味迁就，要讲道理说服。招标文件中的合同条款是招标人单方面订立的，投标人同意了才能参加投标，即由要约人(投标人或合同中的承包人)向受要约人(招标人或合同中的发包人)发出要约，而一旦选定中标人，招标文件里的合同条件就成为受要约人的承诺，具有法律约束力。这里与《合同法》的规定条件有所不同，即承诺的滞前。它是一般法与特殊法的关系问题，有些盘根错节，在此不进行讨论。

建筑工程施工招标不像其他项目招标，它在招标文件中由招标人所制定和阐明的合同专用条件常规上一般不允许有偏差，如果投标人在投标时不同意合同条款，中标的可能性基本为零(中标后合同签订时的变更除外)。所以，招标文件中合同专用条件的编制必须公平、合理，不得含有霸王条款和一边倒的条件。《标注文件》通用条款中已经制定的，不允许更改，因为它是依据国家相关法律法规的规定合理编制的。专用条款中不得再制定与通用条款相抵触的内容，如果条款中说明和另有约定的，应在专用条款规定，以免造成以后合同签订和实施过程中不必要的麻烦。

7.2.2　编制通用合同条款的指导原则

建筑工程施工标准合同是编制好的合同示范文本，已明确了工程范围、建设工期、中建交工工程、质量标准、工程造价、材料和设备供应责任、工程款支付、工程变更管理、竣工验收、竣工结算等主要条款。依法必须招标的工程建设项目的招标人，应当严格按照法律规定及招标文件的约定签订合同，同时，招标人应当按照相关法律法规，将合同签订情况和合同价在指定媒介上公开，方便群众监督。

对招标人或招标代理机构来说，编制通用条款要遵守以下指导原则。

(1) 遵守中华人民共和国的法律、行政法规和部门规章，遵守工程所在地的地方法规、自治条例、单行条例、地方政府规章，遵守合同有效性的必要条件。

(2) 按合同法的公平原则设定合同双方的责任、权利和义务。公正、公平的合同理念是工程顺利实施的重要保障。合同双方的责任、权利和义务以及各项合同程序和条款内容的设定均应贯彻《合同法》的公平原则。

(3) 根据我国现行的建设管理制度设定合同管理的程序和内容。我国现行的建设管理制度包括项目法人责任制、招标投标制和建设监理制等，以及国家和相关部门有关建设管理的规章和规定。合同条款设定的各项管理程序不能违背现行的建设管理制度。

(4) 学习 FIDIC 合同条件的精华，编制适合我国国情的合同条款。FIDIC 合同涉及的工作内容能基本覆盖工程建设过程中遇到的合同问题。合同的基本性质——公平原则要比较到位，合同双方的责任、权利和义务的约定要比较清晰，要坚持设定的各项合同程序比较严密、科学并且操作性强，要强调解决合同事宜的及时性，在履行过程中应及时解决好支付、合同变更和争议等的合同问题。

7.2.3　建筑工程合同的示范文本

1. 施工合同示范文本

1991 年，我国颁布《合同法》以后，原建设部和国家工商行政管理局对原有的几种示范文本根据新《合同法》的要求又制定了新的建设工程合同示范文本(适用于建筑工程)，即 1999 年发布了第 2 版《建设工程施工合同(示范文本)》(以下简称《示范文本》)。

我国《建设工程施工合同管理办法》明确指出，签订施工合同，必须按照《示范文本》的合同条件明确约定合同条款。该《示范文本》由协议书、通用条款、专用条款 3 部分组成。

协议书是《示范文本》中总纲性的文件。协议时的内容包括工程概括、工程承包范围、合同工期、质量标准、合同价款、组成合同的文件等。通用条款具有很强的通用性，基本适用于各类建设工程。通用条款由 11 部分 47 条组成，专用条款对其进行必要的修改和补充。

2. 监理合同示范文本

原建设部、国家工商行政管理局在 2000 年联合制定并颁布了第 2 版《工程建设建立合同》的示范文本。该示范文本由建设工程委托监理合同、标准条件和专用条件 3 部分组成。

(1) 建设工程委托监理合同是一份标准的格式化文件，其主要内容是双方确认的监理工程概况、合同文件的组成、委托的范围、价款与酬金以及合同生效、订立时间等。

(2) 监理合同的标注条件共 49 条，是通用条款，适用于各类工程监理委托，是合同双方应遵守的基本条件，包括双方的权利、义务、责任、合同生效、变更与终止、监理报酬等方面。

(3) 监理合同专用条件是指对监理合同的地域特点、项目特征、监理范围、监理内容、委托人的常住代表、监理报酬、赔偿金额，根据双方当事人意愿而进行补充与修订的一些特殊条款。

3. 勘测、设计合同示范文本

原建设部和国家工商行政管理局在 2000 年印发了第 2 版《建设工程勘测合同(示范文本)》和《建设工程设计合同(示范文本)》。

第 2 版《建设工程勘测合同(示范文本)》共 10 条，分别为工程概况、发包人按时向勘测人提供的资料文件、勘测向发包人如何提供勘测成果、取费标准与拨付办法、双方责任、违约责任、补充协议、合同纠纷解决方式、合同生效时间、签证等。《建设工程设计合同(示范文本)》共 8 条，分别为合同签订的依据，设计项目的名称、阶段、规模、投资、设计内容及标准，甲方向乙方提交的资料和文件，乙方向甲方如何交付设计文件，设计费支付方式，双方责任，违约责任，其他条款等。

7.3 建筑工程施工其他相关合同

7.3.1 工程材料、设备买卖合同

工程材料和设备是建筑工程必不可少的物资，涉及面广、品种多、数量大。材料和设备的费用在工程总投资(或工程承包合同价)中占很大比例，一般都在40%以上。

工程材料和设备按时、按质、按量供应是工程施工按计划顺利进行的前提。材料和设备的供应必须经过订货、生产(加工)、运输、储存、使用(安装)等各个环节，经历一个非常复杂的过程。工程材料和设备供应合同是连接生产、流通和使用的纽带，是建筑工程合同的主要组成部分之一。

建筑工程材料、设备买卖合同是指具有平等主体的自然人、法人、其他组织之间为实现建设工程材料、设备买受，设立、变更、终止互相权利义务关系的协议。依照协议，出卖人(简称卖方)转移建设工程材料、设备的所有权于买受人(简称买方)，买受人接受该项将设工程物资并支付价款。

涉及合同的当事人为：供方一般为物资部门或建筑材料和设备的生产厂家；需方一般为建设单位或建筑承包企业。

1. 建筑工程材料买卖合同

1) 建筑工程材料的买卖方式

建筑材料按批量、货源的不同采用不同的买卖和供应方式。

(1) 公开招标。与工程招标相似(也属于工程招标的一部分)。需方提出招标文件，详细说明供应条件、品种、数量、质量要求、供应地点等，由供方报价，通过竞争签订供应合同。这种方式适用于大批量采购。

(2) "询价-报表"方式。需方按要求向几个供应商发出询价函，由供应商作出答复(报价)，需方经过对比分析选择一个符合要求、资信好、价格合理的供应商签订合同。

(3) 直接采购方式。需方直接向供方采购，双方商谈价格，签订供应合同。另外还有大批的零星材料(品种多、价格低)，以直接采购形式购买，不需要签订书面的供应合同。

2) 建设工程材料买卖合同的特征

建设工程买卖合同除具有买卖合同的一般特征外，由于其自身的特点，又具有如下特征。

(1) 建设工程材料买卖合同应依据施工合同订立。施工合同中确立了关于材料买卖的协商条款，无论是发包方供应材料，还是承包方供应材料，都应依据施工合同买卖材料，即依据施工合同的工程量来确定所需材料的数量以及根据施工合同的类别来确定材料的质量要求。因此，施工合同一般是订立建设工程材料买卖合同的前提。

(2) 建设工程材料买卖合同以转移财物和支付价款为基本内容。建设工程材料买卖合同内容繁多，涉及物资的数量和质量条款、包装条款、运输方式、结算方式等，但最为根本的是双方应尽的义务，即卖方按质、按量、按时将建设物资的所有权转归买方；买方按时、按量地支付货款，这两项主要义务构成了建设工程材料买卖合同最主要的内容。

(3) 建筑工程材料买卖合同的标的品种繁多，供货条件复杂。建设工程材料买卖合同的标的是建筑材料和设备，它包括钢材、木材、水泥和其他辅助材料以及机电成套设备，这些建设物资的特点在于品种、质量、数量和价格差异较大，根据建设工程的需要，有的数量庞大，有的要求技术条件较高。因此，在合同中必须对各种所需物资逐一明细，以确保工程施工的需要。

(4) 建设工程材料买卖合同应实际履行。由于材料买卖合同是根据施工合同订立的，材料买卖合同的履行直接影响到施工合同的履行，因此，建设工程材料买卖合同一旦订立，卖方义务一般不能解除，不允许卖方以支付违约金和赔偿金的方式代替合同的履行，除非合同的迟延履行对买方成为不必要。

(5) 建设工程材料买卖合同采用书面方式。根据《合同法》的规定，订立合同依照法律、行政法规或当事人约定，采用书面形式的应当采用书面形式。建设工程材料买卖合同的标的物用量大，质量要求复杂，且根据工程进度计划分期分批均衡履行，同时，还涉及售后维修服务工作，合同履行周期长。因此建设工程材料买卖合同应当采用书面形式。

3) 建筑材料供应合同的主要内容

(1) 标的。标的是供应合同的主要条款。供应合同的标的主要包括购销物资的名称(注明牌号、商标)、品种、型号、规格、等级、花色、技术标准等。

(2) 数量。供应合同标的数量的计量方法要按照国家或主管部门的规定执行，或按供需双方商定的方法执行，不可以用含糊不清的计量单位。对于某些建筑材料，还应在合同中写明交货数量的正负尾数差、合理磅差和运输途中的自然损耗及计算方法。

(3) 包装。包括包装的标准和包装物的供应与回收。产品的包装标准是指产品包装的类型、规格、容量以及印刷标记等。根据《工矿产品购销合同条例》第七条规定：产品包装按国家标准规定执行。没有国家标准或专业标准的，可按承运、托运双方商定并在合同中写明的标准进行包装。包装物除国家明确规定由需方供应的以外，应由建筑材料的供方负责供应。当建材按国家标准包装时，包装费用一般不得向需方另外收取。如果包装超过规定的标准，超过部分由需方负担费用；低于原标准，应相应降低产品价格。如果需方对包装有特殊要求，双方应在合同中另行约定。

(4) 运输方式。运输方式可分为铁路、公路、水路、航空、管道运输及海上运输等。一般由需方在签订合同时提出采取哪一种运输方式，供方代办发运，运费由需方负担。

(5) 价格。由国家定价的材料，应按国家定价执行；按规定应由国家定价，但国家尚无定价的，其价格应报请物价主管部门批准；不属于国家定价的产品，可由供需双方协商确定价格。

(6) 结算。我国现行结算方式分为现金结算和转账结算两种。转账结算在异地之间进行，可分为托收承付、委托收款、信用证、汇兑或限额结算等方法；转账结算在同城进行，有支票、付款委托书、托收无承付和同城托收承付等。

(7) 违约责任。由于建筑材料的品种繁多，供应方式多样，因此，具体违约责任的界定要须材料种类及特点具体界定，并在合同中分类列出。

(8) 特殊条款。如果供需双方有一些特殊要求或条件，可通过协商，经双方认可后作为合同的一项条款，在合同中明确列出。

4) 建筑材料供应合同的履行

(1) 建筑材料的计量。建筑材料数量的计量方法一般有理论换算计量、检斤计量和计件 3 种。合同中应注明所采用的计量方法并明确规定计量单位。

供方发货时所采用的计量单位与计量方法应与合同中所列计量单位和计量方法一致，并在发货明细表或质量证书上证明，以便需方检验。运输中转单位也应按供货方发货时所采用的计量方法进行验收和发货。

建筑材料在运输过程中容易造成自然损耗，如挥发、飞散、干燥、风化、潮解、破碎、漏损等，在装卸操作或检验环节中换装、拆包检查等也都会造成物资数量的减少。这些都属于途中自然减量。途中自然减量的处理按合同中注明的规定执行。

另外有些情况不能作为自然减量，如非人力所能抗拒的自然灾害所造成的非常损失，由于工作失职和管理失误造成的损失等，后者损失由责任人承担。

(2) 建筑材料的验收。

① 验收的依据。供应合同的具体规定；供方提供的发货单、计量单、装箱单以及其他有关凭证；国家标准或专业标准产品合格证、化验单等；图纸及其他技术文件；当事人双方合同封存的样品。

② 验收内容。查明产品的的名称、规格、型号、数量、质量是否与供应合同及其他技术文件相符；设备的主机、配件是否齐全；包装是否完整，外表有无损害；对需要化验的材料进行必要的物理化学检验；合同规定的其他需要检验事项。

③ 验收方式如下。

a. 驻厂验收。即在制造时期，由需方派人员在供应的生产厂家进行材质检验。

b. 提运验收。对于加工订制、市场采购和自提自运的物资，由提货人在提取产品时检验。

c. 接运验收。由接运人员对到达的物资进行检查，发现问题，当场作出记录。

d. 入库验收。这是大量采用的正式的验收方式，由仓库管理人员负责数量和外观检验。

④ 验收中发现数量不符的处理如下。

a. 供方交付的建筑材料多于合同规定的数量，需方不同意接收，则在托收承付期内可以拒付超量部分的贷款和运杂费。

b. 供方交付的建筑材料少于合同规定的数量，需方可凭有关合同证明，在货到后 10 天内将详细情况和处理意见通知供方，否则即被视为数量验收合格；供方应在接到通知后 10 天内作出答复，否则即被视为认可需方的处理意见。

c. 发货数与实际验收数之差额不超过有关主管部门规定的正、负尾差，合理磅差，自然减量的范围，则不按多交或少交论处，双方互不退补。

⑤ 验收中发现质量不符的处理。如果在验收中发现建筑材料不符合合同规定的质量要求，需方应将它们妥善保管，并向供方提出书面异议。通常应按如下规定办理。

a. 建筑材料的外观、品种、型号、规格不符合合同规定，须发应在到货后 10 天内提出书面异议。

b. 建筑材料的内在质量不符合合同规定，需方应在合同规定的条件和期限内检验，提出书面异议。

c. 对某些只有在安装后才能发现内在质量缺陷的产品，除另有规定或当事人双方另有商定的期限外，一般在运转之日起 6 个月以内提出异议。

d. 在书面异议中应说明合同号和检验情况，提出检验证明，对质量不符合合同规定的产品提出具体处理意见。

⑥ 验收中供需双方责任的确定如下。

a. 凡所交货物的原包装、原封记、原标志完好无异状，而产品数量短少，应由生产厂家或包装单位负责。

b. 凡由供方组织装车或装船，凭封记交接的产品，需方在卸货时车、船封印完整无其他异状，但件数缺少，应由供方负责。这时需方应向运输部门取得证明，凭运输部门提供的记录证明，在托收承付期内可以拒付短缺部分的贷款，并在到货后 10 天内通知供方，否则即被认为验收无误。

c. 供方应在接到通知后 10 天之内，提出处理意见，逾期不作答复，即按少交论处。

d. 凡由供方组织装车或装船，凭现状或件数交接的产品，而需方在卸货时无法从外部发现产品丢失、短缺、损坏的情况，需方可凭运输单位的交接证明和本单位的验收书面证明，在托收承付期内拒付丢失、短缺、损坏部分的贷款，并在到货后 10 天内通知供方，否则按少交货论处。

⑦ 验收后提出异议的期限。需方提出异议的通知期限和供方答复期限，应按有关部门规定或当事人双方在合同中商定的期限执行。这里要特别重视交(提)货日期的确定标准。

a. 凡供方自备运输工具送货的，以需方收获戳记的日期为准。

b. 凡委托运输部门运输、送货或代运的产品的交货日期，不是以向承运部门申请日期为准，而是以供方发运产品时承运部门签发戳记的日期为准。

c. 合同规定需方自提的货物以供方按合同规定的提货日期为准。供方的提货通知中，应给需方以必要的途中时间。实际交、提货日期早于或迟于合同规定的期限，即被视为提前或逾期。

2. 设备供应合同

1) 建设工程中的设备供应方式

(1) 委托合同。由设备成套公司根据发包单位提供的成套设备清单直接进行承包供应，并收取设备价格一定百分比的成套业务费。

(2) 按设备包干。根据发包单位提出的设备清单及双方核定的设备预算总价，由设备成套公司承包供应。

(3) 招标投标。发包单位对需要的成套设备进行招标，设备成套公司参加投标，按照中标结果承包供应。

除了上述 3 种方式以外，设备成套公司还可以根据项目建设单位的要求以及自身能力，联合科研单位、设计单位、制造厂商和设备安装企业等，对设备进行工艺、产品设计和现场设备安装、调试总承包。

2) 设备供应合同的主要内容

成套设备供应合同的一般条款可参照建筑材料合同的一般条款约定，主要包括产品(成套设备)的名称、品种、型号、规格、等级、技术标准或技术性能指标，数量和计量单位，包装标准及包装物的供应与回收的规定，交货单位、交货方式、运输方式、到货地点(包括专用线和码头等)、接(提)货单位，交(提)货期限，验收方法，产品价格，结算方式、开户银行、账户名称、账号、结算单位，违约责任。

此外，在签订设备供应合同时还须注意如下问题。

(1) 设备价格。设备合同价格应根据设备供应方式确定。按设备费包干的方式以及招标方式确定合同价格较为简捷，而按委托承包方式确定合同价格较为复杂。若在签订合同时确定价格有困难，可由供需双方协商暂定价格，并在合同中注明"按供需双方最后商定的价格(或物价部门批准的价格)结算，多退少补"。

(2) 设备数量。除列明成套设备名称、套数外，还要明确规定随主机的辅机、附件、易损耗备用品、配件和安装修理工具等，并于合同后附详细清单。

(3) 技术标准。除应注明成套设备系统的主要技术性能外，还要在合同后附录有关部分设备的主要技术标准和技术性能的文件。

(4) 现场服务。供方应派技术人员进行现场服务，并要对现场服务的内容明确规定。合同中还要对技术人员在现场服务期间的工作条件、生活待遇及费用出处作出明确的规定。

(5) 验收和保修。成套设备的安装是一项负责的系统工程，安装成功后，试车是关键。需方应在项目成套设备安装后才能验收，因此合同中应详细注明成套设备的验收方法。

对某些必须安装运转后才能发现内在质量缺陷的设备，除另有规定或当事人另行商订提出异议的期限外，一般可在运转之日起 6 个月内提出异议。

成套设备是否保修、保修期限、费用负担等都应在合同中明确规定，不管设备制造企业是谁，都应由设备供应方负责保修。

3) 设备供应合同供方的责任

(1) 组织有关生产企业到现场进行技术服务，处理有关设备技术方面的问题。

(2) 掌握进度，保证供应。供方应了解、掌握工程建设进度和设备到货、安装进度、协助联系设备的交货、到货等工作，按施工现场设备安装的需要保证供应。

(3) 参与验收。参与大型、专用、关键设备的开箱验收工作，配合建设单位或安装单位处理在接运、检验过程中发现的设备质量和缺损件等问题，以明确设备质量问题的责任。

(4) 处理事故。及时向有关主管单位报告重大设备质量问题，以及项目现场不能解决的其他问题。当出现重大意见分歧或争执时，应及时写出备忘录备查。

(5) 参加工程的竣工验收，处理在工程验收中发现的有关设备的质量问题。

(6) 监督和了解生产企业派驻现场的技术服务人员的工作情况，并对他们的工作进行指导和协调。

(7) 做好现场服务工作日记，及时记录日常服务工作情况及现场发生的设备质量问题和处理结果，定期向有关单位抄送报表，汇报工作情况，做好现场工作总结。

(8) 成套设备生产企业的责任：按照现场服务组的要求，及时派出技术人员到现场，并在现场服务组的统一领导下开展技术服务工作；对本厂供应的产品的技术、质量、数量、交货期、价格等全面负责；配套设备的技术、质量等问题应由主机生产厂家统一负责联系和处理解决；及时答复或解决现场服务组提出的有关设备的技术、质量、缺损件等问题。

4) 设备供应合同需方的责任

(1) 建设单位应向供方提供设备的详细技术设计资料和施工要求。

(2) 应配合供方做好设备的计划接运(收)工作，协助驻现场的技术服务组开展工作。

(3) 按合同要求参与并监督现场的设备供应、验收、安装、试车等工作。

(4) 组织有关各方面进行工程验收，提出验收报告。

7.3.2 劳务合同

1. 总纲

主要包括签约双方的单位名称、地点、代表姓名，劳务工种、人数、年龄、工资、人员条件、服务对象、服务地点，合同期限，双方职责，合同生效及终止日期，劳保、卫生保健，保险，劳务人员权利，仲裁要求。

2．劳务内容和规模

主要包括劳务种类、规模及技术要求，具体专业、工种、人数、派遣日期和工作期限，各工种的具体工作任务，工长、工程师、技术员的要求和人数。

在合同后应附上施工细则、进度计划等文件。

合同中应明确规定，派遣方是否需派出行政管理人员，以及管理人员的人数、职责、权限和业主代表的联系制度等。

3．业主的义务

(1) 负责办理劳务人员出入工程项目所在国国境的手续以及居住证和工作许可证等。

(2) 办理劳务人员携带工具和个人生活用品出入工程项目所在国国境的报关、免税手续，并做好劳务人员入境到工地和开工之前的一切必要准备工作，如支付动员费、预付费，准备好住房、办公室以及所需要的家具、工具、劳保用品，办理各种保险。

(3) 在工程中，负责向劳务人员提供与其工作有关的计划、图纸，以及相应的工程技术指导。业主商讨有关项目的技术经济问题的会议应吸收派遣方人员参加，听取他们的意见、建议，对合理的应予采纳。

4．派遣方的义务

(1) 在合同规定的派遣时间前一个月，或按合同规定的时间向业主提交所有派出人员的名单、出生日期、工种、护照号码以及其他资料，负责劳务人员离开自己国境和途中过境应办的一切手续。如不能按期派出，必须承担业主蒙受的损失。

(2) 负责教育劳务人员遵守工程项目所在国或第三国的法律、法令，尊重其宗教和风俗习惯，保证派出人员不在工程项目所在国进行任何政治活动。

(3) 负责教育劳务人员严格执行业主提出的工程技术要求，并接受其施工指导，按时、保质、保量完成商定的任务。派遣方应定期向业主提交工作报告，并给出必要的建议。

5．费用和支付

合同中必须明确规定各项费用的范围、标准、承担者、支付期限、支付方法、手续以及派遣方的收款银行、账号等。对于动员、交通、住宿、膳食、工资、加班、医疗、预付款等有关费用要有专门的规定。

1) 动员费

按国际惯例，业主应按人头向派遣方一次性交付动员费，通常相当于每人两个月或三个月的工资。该费用用于派遣方人员出国前置装、探亲和安置家属、集训、考试、体检以及国内差旅费等。动员费一般在合同签订后若干天内或派遣人员出国前一个月支付。

2) 交通费

一般派遣方人员从本国机场(港口)到工作现场之间的往返交通费及出入境手续费由业主负担。在合同中应明确规定支付期限和支付方式。业主应负责提供派遣方现场代表、管理人员等办公用车，劳务人员医疗用车，上下班交通用车。

3) 住宿

对派遣人员的住宿，一般有两种解决方法。

(1) 由业主提供劳务人员的住房，则在合同中应具体规定住房使用面积、家具等标准。

(2) 由派遣方自己负责筹办住宿。对此可以单独计价，并在合同中规定支付期限和支付办法；也可不单独计价，而是计入工资报价中。

4) 膳食

在工程的劳务合同中，通常采用由业主提供厨房以及必需的设备、炊具、饮具，而派遣方负责派遣厨师单独开伙的形式，费用单独计算，由业主承担，不计入工资。

5) 工具和劳保用品

原则上这类用品应由业主提供。也有劳务合同规定，一般劳保用品由派遣方自备，特殊劳保用品由业主提供。对此，可单独计算，也可在工资报价中考虑。

6) 医疗

通常由业主提供必要的医疗设备和药品，由派遣方派遣医生和护士，其费用由业主承担。

7) 工资

工资报价既要有利，又要有竞争力，能为业主接受。为此，派遣方必须严格核算国内外的各项开支，同时又应调查了解工程所在国或第三国招聘其他国家同级人员的技术服务水平。工资报价应稍低于他们的服务费水平。合同应明确规定业主对劳务人员支付技术服务费的计算期限，一般指派遣方劳务人员从本国机场(或港口)出发之日起，到从工程项目所在国的某国际机场(或港口)返回之日止。

8) 加班费

不论何种劳务合同，都应明确规定劳务人员每周工作天数(一般为6天)，每个工作小时数(一般为8h，每月为200h)和加班费计算方法。这样每人每月实际技术服务费一般按小时技术服务费和实际工作时间(包括加班时间)进行结算。在国际上，工作时间通常是以每月25天计算，有的国家另有自己的规定。

9) 支付所用的货币

合同中应明确规定业主支付各种费用的货币。派遣方都希望采用自由的硬通外汇，而业主则希望多采用当地货币。派遣方对于当地发生的可用当地货币支付的部分费用，可同意业主以当地货币支付，对其余部分应尽力争取业主用硬通货币支付。

10) 支付期限、办法和手续

合同应明确规定业主支付各种费用的日期、支付办法和手续。派遣方按商定的格式填写工作日报表、月报表、支付清单以及支付通知书，于规定期限送交业主。业主应在若干天内付款，一般不必办理确认手续。

11) 预付费

对没有动员费的合同，可争取业主在派遣方劳务人员启程前一个月或抵达现场后预付每人一定数额的生活费用，并规定该款项分几次从以后每月工资中扣除。

6. 节假日

劳务人员是同时享受两国法定节日，还是只享受某一国法定节日，应当由双方协商，并在合同中规定。

7. 病、事假和休假

通常劳务人员工作期满11个月(或1年)，可以享受带薪回国休假1个月。休假的具体时间应经双方协商决定。休假的往返交通费和出入境手续费由业主支付。病假的规定在国际上不尽相同。有些合同规定，派遣方劳务人员每年在现场可享受带薪病假 15 天、30 天或 60 天不等。

8. 人身伤残

一般规定，如遇意外不幸或工伤事故，业主在头 3 个月照付技术服务费，以后每月支付 1/2～1/3，直至能重新工作。如因此造成派出人员部分或全部失去工作能力，业主应支付一笔抚恤金。

9. 死亡

由于国际上运送死者遗体涉及许多规定，我国在外工作人员牺牲或死亡后，遗体不可能运回。因此，在对外签订合同时，此条款可规定，由双方协商处理办法，费用由业主支付。

10. 人员更换

在合同履行期间，由于各种原因引起派遣人员更换，所发生的费用由谁承担，应针对不同情况作出具体的规定。

11. 涉外事宜

派遣方劳务人员因工作需要同当地部门交涉事宜，可由双方一齐或单独出面，但由此发生的费用应由业主承担；与工程无关的事宜，由派遣方交涉并承担费用。

12. 其他

关于劳务合同的税金、保密、保险、不可抗力、仲裁、修改和终止合同等条款，与国际工程承包合同相似。

劳务合同条款要依据劳务的性质、种类、特点、工作条件确定，不可一概而论。

> **小 知 识**
>
> 劳动合同与劳务合同是极易混淆的两种合同，两者都是以人的劳动为给付标的的合同。劳动合同依劳动法第 16 条规定"是劳动者与用人单位确立劳动关系，明确双方权利义务的协议"。而劳务合同通常意义上是指雇佣合同，两者有一定的区别。

7.3.3 租赁合同

1. 租赁合同的概念

租赁合同是出租人将租赁物交付承租人使用、收益，承租人支付租金的合同。租赁合同是转让财产使用权的合同，合同的履行不会导致财产所有权的转移，在合理的有效期后，承租人应当将租赁物交还出租人。

租赁合同的形式没有限制，但租赁期限在 6 个月以上的，应当采取书面形式。

随着市场经济的发展，在工程建设过程中出现了越来越多的租赁合同，特别是建筑施工企业的施工工具、设备，如果自备过多，则购买费用、保管费用都很高，如果自备过少，又不能满足施工高峰的使用需要。

2. 租赁合同的内容

租赁合同的内容包括以下条款。

1) 租赁物的名称

租赁物的名称指租赁合同的标的,必须是有形的、特点的非消费物,即能够反复使用的各种耐耗物。租赁物还必须是法律允许流通的物品。

2) 租赁物的数量

租赁物的数量指以数字和计量单位表示的租赁物的尺寸。

3) 用途

合同约定的用途对双方都有约束力。出租人应当在租赁期间保持租赁物符合约定的用途,承担人应当按照约定的用途使用租赁物。

4) 租赁期限

当事人应当约定租赁期限,租赁期限不得超过 20 年,但无最短租赁期限的限制。租赁期限超过 20 年的,超过部分无效。当事人对租赁期限没有约定或者约定不明确的,可以协议补充;不能达成补充协议的,按照合同有关条款或者交易习惯确定。如果仍不能确定的,视为不定期租赁。当事人未采用书面形式的租赁合同也视为不定期租赁。对于不定期租赁,当事人可以随时解除合同,但出租人解除合同应当在合理期限之前通知承租人。

5) 租金及其支付期限和方式

租金是指承租人为了取得财产使用权而支付给出租人的报酬。当事人在合同中应当约定租金的数额、支付期限和方式。对于支付期限没有约定或者约定不明确的,可以协议补充;不能达成补充协议的,按照合同有关条款或者交易习惯确定。如果仍不能确定,租赁期间不满 1 年的,应当在租赁期间届满时支付;租赁期间 1 年以上的,应当在每届满 1 年时支付,剩余期间不满 1 年的,应当在租赁期间届满时支付。

6) 租赁物的维修

合同当事人应当约定,租赁期间应当由哪一方承担维修责任及维修对租金和租赁期限的影响。在正常情况下,出租人应当履行租赁物的维修义务,但当事人也可以约定由承担人承担维修义务。

3. 租赁合同的履行

1) 关于租赁物的使用

出租人应当按照约定将租赁物交付承租人。承租人应当按照约定的方法试用租赁物,对租赁物的使用方法没有约定或者约定不明确的,可以协调补充;不能达成补充协议的,按照合同有关条款或者交易习惯确定。如果仍不能确定的,应当按照租赁物的性质使用。

承租人按照约定的方法或者租赁物的性质使用租赁物,致使租赁物受到损耗的,不承担损害赔偿责任。承租人未按照约定的方法或者租赁物的性质使用租赁物,致使租赁物受到损失的,出租人可以解除合同并要求赔偿损失。

2) 关于租赁物的维修

如果没有特殊约定,承租人可以在租赁物需要维修时要求出租人在合理期限内维修。出租人未履行维修义务的,承租人可以自行维修,维修费用由出租人承担。因维修租赁物影响承租人使用的,应当相应减少租金或者延长租期。

3) 关于租赁物的保管和改善

承租人应当妥善保管租赁物，因保管不善造成租赁物损毁、灭失的，应当承担损害赔偿责任。承担人经出租人同意，可以对租赁物进行改善或者增设他物。承租人未经出租人同意，对租赁物进行改善或者增设他物的，出租人可以要求承租人恢复原状或者赔偿损失。

4) 关于转租和续租

承租人经出租人同意，可以将租赁物转租给第三人。承担人转租的，承租人与出租人之间的租赁合同继续有效，第三人对租赁物造成损失的，承租人应当赔偿损失。承担人未经出租人同意转租的，出租人可以解除合同。

租赁期间届满，承租人应返还租赁物。返还的租赁物应当符合按照约定或者租赁物后的行政使用状态。当事人也可以续订租赁合同，但约定的租赁物期限自续订之日起不得超过 20 年。租赁期届满，承租人继续使用租赁物，出租人没有提出异议的，原租赁合同继续有效，但租赁期限为不定期。

7.3.4　加工合同

加工合同是承揽合同中的一种，定作方(采购方)与加工方(承揽方)为生产加工某一特定产品，明确双方权利和义务关系而签订的协议。加工合同的标的通常被称为定做物，包括建筑构件或建筑工用的物品。加工合同的委托方通常被称为定做方，该方需要定做物；另一方被称为承揽方，该方完成定做物的加工。

1．加工合同的材料供应方式

加工定做物所需的材料主要有两种供应方式。

(1) 由定做方提供原材料。即来料加工，承揽方仅完成加工工作。

(2) 由承揽方提供材料。定做方仅需提出所需定做物的数量、质量要求，双方商定价格，由承揽方全面负责材料供应和加工工作。

在实际工作中，通常对不同的材料采用不同的供应方式。

2．加工合同的主要内容

(1) 定做物的名称或项目。

(2) 定做物的数量、质量、包装和加工方法。

(3) 检查监督方式。

(4) 原材料的提供以及规格、质量和数量。

(5) 加工价款或酬金。

(6) 履行的期限、地点和方式。

(7) 成品的验收标准和方法。

(8) 结算方式、开户银行、账号。

(9) 违约责任。

(10) 双方商定的其他条款，如交货地点和方式等。

3．加工合同的双方责任

1) 由定做方提供原材料的加工合同

合同中应当明确规定原材料的消耗定额，定做方应按合同规定的时间、数量、质量和规格提供原材料；承揽方按合同规定及时检验，对不符合要求的材料，应立即通知定做方调换或补充。承揽方对定做方提供的材料不得擅自更换。

2) 由承揽方提供原材料的加工合同

承揽方必须依照合同规定选用原材料，并接受定做方的检验。承揽方如隐瞒原材料缺陷，或使用不符合合同规定的原材料而影响定做物的质量，定做方有权要求重作、修理、减少价款或退货。

3) 定做方提供的技术资料必须合理

当承揽方按照定做方的要求进行加工时，如果发现定做方提供的图纸或技术要求不合理，应当及时通知定做方。定做方应当在规定的时间内答复，提出修改意见。承揽方在规定的时间内未得到答复，有权停止工作，并通知定做方。由此造成的损失，由定做方负责。

4) 质量标准和技术要求

承揽方应严格执行合同规定的质量标准和技术要求，用自己的设备、技术和人力完成工作。未经定做方同意，不得擅自变更技术标准，更不得转让给第三方加工承揽。

5) 检查与验收

在加工期间，定做方可以进行必要的检查，但不得妨碍承揽方的正常工作。双方对峙的问题发生争议时，可由法定质量监督机关检验并提供质量检验证明。

定做方应按合同规定的期限验收。验收前，承揽方应向定做方提交必需的技术资料和有关质量证明，在合同中应明确规定质量保证期限。在质量保证期限内发生的非定做使用、保管不当等原因造成的质量问题，应由承揽方负责修复、退换。

6) 价款与定金

凡是国家或主管部门有规定的，按规定执行；没有规定的，可由当事人双方协调确定。

定做方可向承揽方交付定金，定金数额由双方协商确定。定做方不履行合同，则无权要求返还定金；承揽方不履行合同，应当双倍返还定金。

定做方也可向承揽方预付加工价款。承揽方如不履行合同，除承担违约责任外，还必须如数退还预付款；定做方不履行合同，可以将预付款抵作违约金和赔偿金，若抵偿后有余额，定做方可以要求返还。

4. 加工合同的违约责任

1) 定做方中途变更和废止合同

定做方中途变更定做物的数量、规格、质量或设计，应赔偿承揽方因此造成的损失。

针对两种不同的原材料供应方式，中途废止合同的赔偿有如下两种情况。

(1) 原材料由承揽方提供的，定做方应偿付承揽方未履行部分价款总值的 10%～30% 的违约金。

(2) 原材料不由承揽方提供的，定做方应偿付承揽方未履行部分酬金总额的 20%～60% 的违约金。

违约金的百分比应在合同中具体规定。

2) 定做方应及时提供资源和及时提货

定做方未按合同规定的时间和要求向承揽方提供原材料、技术资料等，或未完成必要的准备工作，承揽方有权解除合同，定做方应赔偿由此造成的损失。

定做方超期领取定做物，应赔付违约金、保管费、保养费的部分。超期 6 个月不领取，承揽方有权变卖定做物。所得价款在扣除报酬、保管费、保养费后，如有结余，应退还给定作方；如果不足，定做方还应补偿不足部分。

3) 定做方不得无故拒绝接收定做物及超期付款

定做方无故拒绝接收定做物，应当赔偿承揽方由此造成的损失。变更交付定做物地点或接收单位，要承担承揽方由此多支付的费用；超过合同规定的日期付款，应偿付违约金。

4) 承揽方应按质、按量、按时交货。

承揽方交付的定做物的数量少于合同规定，应当照数补齐，补交部分按逾期交付处理。如果由于推迟交付，定做方不再需要少交部分的定做物，定做方有权解除合同。因此造成的损失，由承揽方赔偿。

交付的定做物不符合合同规定的质量要求，而定做方同意接受的，应对定做物按质论价；若定做方不同意接收，承揽方应当负责维修或调换，并承担逾期交付的责任；经过维修或调换后仍不符合合同规定，定做方有权拒收，由此造成的损失由承揽方负责。

承揽方逾期交付定做物，应按合同规定，向定做方支付违约金；未经定做方同意，提前交付定做物，定做方有权拒收。

承揽方由于不能交付定做物或完成工作，应向定做方偿付违约金。数额如下。

(1) 对承揽方提供原材料的合同，违约金为不能交付的定做物或不能完成的工作部分价款总额的 10%～30%。

(2) 对定做物方供原材料的合同，违约金为不能交付的定做物或不能完成的工作部分酬金总额的 30%～60%。

5) 包装和异地交货

未按合同规定包装定做物，承揽方应当负责返修或重新包装，并承担因此而支付的费用；如果定做方不要求返修或重新包装，而要求赔偿损失，承揽方应当赔偿低于合格包装物价格的部分。

因包装不符合合同规定造成的定做物毁损、灭失，由承揽方赔偿损失。

异地交付的定做物不符合金额与规定，暂由定做物方代保管，承揽方应偿付定做方实际支付的保管费和保养费。

6) 运送和保管

由合同规定代运或送货的定做物，错发到达地点或接收单位，承揽方除按合同规定负责改运到指定地点或接收单位外，还须承担因此多付的运杂费和逾期交付定做物的合同责任。

承揽方由于保管不善致使定做物提供的原材料、设备、包装物及其他物品毁损、灭失，应当偿付定做方因此而造成的损失。

7) 原材料检验

对定做物方提供的原材料，未按合同规定的办法和期限进行检验，或经检验发现不符合要求，但未按合同规定的期限通知定做方调换、补充，由承揽方承担责任。

擅自调换定做方提供的原材料或修理物的零部件，定做方有权拒收，承揽方应赔偿定做方由此造成的损失。

8) 不可抗力因素

在合同履行期间，由于不可抗力致使定做物或原材料损毁、灭失，承揽方在取得合法证明后，可免予承担违约责任。但承揽方应采取积极措施减少损失。如在合同规定的履约期限以外发生不可抗力事件，则不得免责；在定做方迟缓接收或无故拒收期间发生不可抗力事件，定做方应当承担责任，并赔偿承揽方由此造成的损失。

小知识

加工定做物所需的材料主要有两种供应方式。

(1) 由定做方提供原材料。即来料加工，承揽方仅完成加工工作。

(2) 由承揽方提供材料。定做方仅需提出所需定做物的数量、质量要求，双方商定价格，由承揽方全面负责材料供应和加工工作。

在实际工作中，通常对不同的材料采用不同的供应方式。

7.3.5　承揽合同

我国《合同法》规定，建设工程合同一章中没有规定的，适用承揽合同的有关规定。因此，作为建设工程项目的各参与方，应当了解承揽合同的主要内容。

1．承揽合同概述

承揽合同是承揽人按照定做人的要求完成工作，交付工作成果，定做人给付报酬的合同。承揽包括加工、定做、修理、复制、测试、检验等工作。

承揽合同的标的即当事人权利义务指向的对象是工作成果，而不是工作过程和劳务、智力的支付过程。承揽合同的标的一般是有形的，或至少要以有形的载体表现，不是单纯的智力技能。

承揽合同的内容包括承揽的标的、数量、质量、报酬、承揽方式、材料的提供、履行期限、验收标准和方法等条款。

2．承揽合同的履行

1) 承揽人的履行

承揽人应当以自己的设备、技术和劳力完成主要工作，但当事人另有约定的除外。承揽人可以将承揽的辅助工作交由第三人完成。承揽人将其承揽的辅助工作交由第三人完成的，应当就该第三人完成的工作成果向定做人负责。

如果合同约定由承揽人提供材料的，承揽人应当按照约定选用材料，并接受定做人检验。如果是定做人提供材料的，承揽人应及时检验，发现不符合约定的，应及时通知定做人更换、补齐或者采取其他补救措施。承揽人发现定做人提供的图纸或者技术要求不合理，应当及时通知定做人。

承揽人在工作期间，应当接受定做人必要的监督检验。定做人不得因监督检验妨碍承揽人的正常工作。承揽人完成工作，应当向定做人交付工作成果，并提交必要的技术资料和有关质量证明。

2) 定做人的履行

定做人应当按照约定的期限支付报酬。定做人未向承揽人支付报酬或者材料费等价款，承揽人对完成的工作成果享有留置权。

承揽工作需要定做人协助的，定做人有协助的义务。定做人不履行协助义务致使承揽工作不能完成的，承揽人可以催告定做人在合理期限内履行义务，并可以顺延履行期限；定做人逾期不履行的，承揽人可以解除合同。

如果合同约定由定做人提供材料，定做人应当按照约定提供材料。承揽人通知定做人提供的图纸或者技术要求不合理后，因定做人怠于答复等原因造成承揽人损失的，应当赔偿损失。

定做人中途变更承揽工作的要求，造成承揽人损失的，应当赔偿损失。定做人可以随时解除承揽合同，造成承揽人损失的，应当赔偿损失。定做人可以变更和解除承揽合同，这是对定做人的特别保护，因为定做物往往是为了满足定做人的特殊需要的，如果定做人需要的定做物发生变化或者根本不再需要定做物，再按照合同约定制作定做物将没有任何意义。

本章小结

本章主要讲述的是建筑工程施工合同、中标通知书、建筑工程合同的示范文本以及各类不同合同的主要内容。

在签订建筑工程施工合同之前，还应审查中标人是否具有承担施工合同内规定的资质等级证书，是否经工商行政管理机关审查注册，是否依法经营独立核算，是否具有承担该工程施工的能力以及目前的财务情况和社会信誉是否良好等，否则，可依法取消该中标人的中标资格。

目前，我国建筑工程采用的基本合同模式是以国家统一出台的《标准施工招标文件》中的合同模式为基础编制的。

一般来说，合同条款由以下几个部分组成：协议书、中标通知书、投标书以及附件、通用以及专用条款。规范标准、图纸、工程量清单、投标报价和其他等。

工程建设工程其他合同中的材料设备买卖合同、加工合同和劳务合同等，都规定了主要条款、履行各合同时双方的权利法人义务以及合同法人变更、违约的内容等。各合同的主要条款所涉及的内容很多，在订立时应参考各合同的示范文本，同时应仔细研究合同的条款。

习　题

一、填空题

1.《招标投标法》第四十七条规定：依法必须进行招标的项目，招标人应当自确定中标人之日起＿＿＿＿＿日内，向有关行政监督部门提交招投标情况的书面报告。

2. ＿＿＿＿＿应按施工招标文件确定的格式拟定，它是合同双方的总承诺。

3.《建设工程施工合同(示范文本)》由＿＿＿＿＿、＿＿＿＿＿和＿＿＿＿＿ 3 部分组成。

4. 在＿＿＿＿＿合同中，对某些必须安装运转后才能发现内在质量缺陷的设备，除另有规定或当事人另行商订提出异议的期限外，一般可在运转之日起＿＿＿＿＿内提出异议。

5. _____是大量采用的正式的验收方式，由仓库管理人员负责数量和外观检验。

6. 通常劳务人员工作期满_____，可以享受带薪回国休假_____月。休假的具体时间应经双方协商决定。

二、选择题

1. 建筑材料数量的计量方法一般有(   )，合同中应注明所采用的计量方法并明确规定计量单位。

    A. 理论换算计量　　　　　　　　　　B. 分类计量

    C. 分项计量　　　　　　　　　　　　D. 检斤计量

    E. 计件

2. 当事人应当约定租赁期限，租赁期限不得超过(   )年，但无最短租赁期限的限制。

    A. 30　　　　　　　　　　　　　　　B. 15

    C. 20　　　　　　　　　　　　　　　D. 10

3. 建筑材料的验收方式有(   )。

    A. 驻厂验收　　　　　　　　　　　　B. 提运验收

    C. 接运验收　　　　　　　　　　　　D. 入库验收

    E. 现场验收

4. 租赁合同的形式没有限制，但租赁期限在(   )个月以上的，应当采取书面形式。

    A. 9　　　　　　　　　　　　　　　　B. 6

    C. 3　　　　　　　　　　　　　　　　D. 1

5. 租赁合同的内容有(   )。

    A. 租赁物的名称　　　　　　　　　　B. 租赁物的数量

    C. 限制条件　　　　　　　　　　　　D. 租赁期限

    E. 租金及其支付期限和方式

三、思考题

1. 建筑工程施工合同文件的组成有哪些？

2. 工程材料、设备买卖合同的主要条款有哪些？

3. 劳务合同的主要内容有哪些？

4. 租赁合同的主要内容有哪些？

5. 加工合同的主要内容有哪些？

6. 承揽合同的主要内容有哪些？

7. 合同文件的解释顺序依次为哪些？

第 8 章

施工合同管理

教学目标

通过本章的学习，应掌握建筑工程合同的有效条件、建筑施工合同的订立、施工合同的风险防范、合同的变更管理、建筑工程合同正常执行的管理、建筑工程合同变更执行的管理、建筑工程的违约行为和违约责任。

学习重点

(1) 建筑施工合同的订立。
(2) 施工合同的风险防范。
(3) 建筑工程的违约行为和违约责任。

学习建议

本章主要讲述的是建筑施工合同管理的相关内容，所以学习此章节要着重对建筑工程合同的签订、施工合同的执行的学习，了解合同的签订程序和合同执行中出现的常见问题，建议加大实训环节的实务部分，这样在以后工作过程中出现类似的问题也可以熟练处理具体的事项。

引言

建筑工程的合同管理包括合同的签订、合同的风险防范、合同的履行以及合同的变更管理。如何有效地进行合同履约管理以及应对合同变更所带来的问题，就必须掌握以下一些内容。

8.1 施工合同的签订

8.1.1 建筑工程合同的有效条件

建筑工程合同有效，必须具备以下条件。

(1) 承包人具有相应的资质等级。

(2) 双方的意思表示真实。

(3) 合同不违反法律和社会公共利益。

(4) 合同标的须确定和可能。

有下列行为之一者，签订的建筑工程合同无效。

(1) 一方以欺诈、胁迫的手段订立损害国家利益的合同。

(2) 恶意串通，损害国家、集体或第三人利益的合同。

(3) 以合法形式掩盖非法目的的合同。

(4) 损害社会公共利益的合同。

(5) 违反法律、行政法规强制性规定的合同。

但是有两种情况例外：一种是承包人超越资质等级许可的业务范围签订建筑工程施工合同，在建筑工程竣工前取得相应的资质等级，当事人请求按照无效合同处理的，不予支持；另外一种是具有劳务作业法定资质的承包人与总承包人、分包人签订的劳务分包合同，当事人以转包建筑工程违反法律规定为由请求确认无效的，不予支持。

通过招标投标过程，由评标委员会评审并经过公示，在此基础上，招标人和中标人双方都在招标文件和投标文件的范围内活动，是双方意愿的真实表示，所以中标合同是有法律效力的。

8.1.2 可撤销或可变更的建筑工程施工合同

合同的撤销是指意思表示不真实，通过具有撤销权的当事人行使撤销权，使已经生效的合同归于消灭。建筑工程合同无效，但建设工程经竣工验收合格，承包人请求参照合同约定支付工程价款的，应予以支持。建筑工程合同无效，且建筑工程经竣工验收不合格的，按照以下情形分别处理。

(1) 修复后的建筑工程竣工验收合格，发包人请求承包人承担修复费用的，应予支持。

(2) 修复后的建筑工程竣工验收不合格，承包人请求支付价款的，不予支持。

(3) 因建筑工程不合格造成的损失，发包人有过错的，也应承担相应的民事责任。

承包人非法转包、违法分包建筑工程或者没有资质的实际施工人借有资质的建筑施工企业名义与他人签订建筑工程施工合同的行为无效，人民法院可以收缴当事人已经取得的非法所得。

建筑工程合同的变更是指对已经依法成立的合同，在承认其法律效力的前提下，因为当事人的协商或者法定原因而将合同权利义务予以改变的情形。根据施工合同实践，这种变更可能是如下几种情形。

(1) 合同项下的任何工作数量上的改变。

(2) 合同项下的任何工作质量或者其他特性需要改变。

(3) 合同约定的工程技术规格 (诸如标高、位置或尺寸) 需要改变。

(4) 合同项下任何工作的删减。

(5) 工期的改变。

(6) 工作顺序的改变或者施工方法的改变。

建筑工程合同的变更一般主要是在合同主体不变的情况下 (主体的变动称为合同的转让)，对合同内容进行 3 个方面的变动。

(1) 标的条款变更，主要包括标的本身，标的数量、质量、型号、规格以及标的其他方面的条款内容发生变更。

(2) 履行条款变更，主要包括价款或报酬，履行期限、地点、方式和所附条件等条款内容的变更。

(3) 合同责任条款变更，主要是担保、违约责任形式、合同救济方式或争议解决方式等条款内容的变更。

8.1.3　建筑工程施工合同的签订

1. 合同的签订过程

订立合同程序是指订立合同的当事人经过平等协商，就合同的内容取得一致意见的过程。签订合同一般要经过要约与承诺两个步骤，而建筑工程合同签订有其特殊性，需要经过要约邀请、要约和承诺 3 个步骤。

要约邀请是指当事人一方邀请不特定的另一方向自己提出要约的意思表示。在建筑工程合同签订的过程中，招标人 (业主) 发布招标通告或招标邀请书的行为就是一种要约邀请行为，其目的就是邀请承包方投标。

要约是指当事人一方向另一方提出合同条件，希望另一方订立合同的意思表示。在建筑工程合同签订过程中，中标人向招标人递交投标文件的行为就是一种要约行为。投标文件中应包含建筑工程合同具备的主要条款，如工程造价、工程质量、工程工期等内容。作为要约的投标对承包方具有法律的约束力，表现在承包方在投资生效后无权修改或撤回投标文件以及一旦中标就要与招标人签订合同，否则就要承担相应的法律责任。

承诺是指受要约人完全同意要约的意思表达。它是受要约人愿意按照要约的内容与要约人订立合同的允诺。承诺的内容必须要与要约完全一致，不得有任何修改，否则将视为拒绝要约或反要约。在招标投标过程中，招标人经过开标、评标和中标过程，最后发出中标通知书，即受到法律的约束，不得随意变更或解除。当中标公示期过后，就应该通过当事人的平等谈判，在协商一致的基础上由合约各方签订一份内容完备、逻辑周密、含义清晰，同时又保证责、权、利关系平等的合同，从而最大限度地减少合同执行中的漏洞、不确定性和争端，保证合同的顺利实施。建筑工程合同经过以下步骤成立。

(1) 当事人采用合同书形式订立合同的，自双方当事人签字或者盖章时合同生效。

(2) 当事人采用信件、数据电文等形式订立合同的，在合同成立之前要求签订确认书的，签订确认书时合同成立。

(3) 当事人采用合同书形式订立合同的，双方当事人签字或者盖章的地点为合同成立的地点。

(4) 法律、行政法规规定或者当事人约定采用书面形式订立合同，当事人一方采用书面形式但另一方已经履行主要义务，对方接受的，该合同成立。

(5) 采用合同书形式订立合同，在签字或者盖章之前，当事人一方已经履行主要义务，对方接受的，该合同成立。

中标人提交的投标函和报价一览表、资格声明函、中标通知书以及其他相关投标文件都是合同的一部分。

中标合同的签订、执行与验收是整个招标工作中重要环节。招标投标双方必须按照合同的约定全面履行合同，任何一方违约，都有要承担相应的赔偿责任。一项建筑工程是现代工程技术、管理理论和项目建设实践相结合的产物。建筑工程管理的过程也就是合同管理的过程，即从招标投标开始直至合同履行完毕，包括合同的前期规划、合同的签订、合同的执行、合同的变更、合同的索赔等的一个完整的动态管理过程。

2. 建筑工程施工合同签订的原则

合同依法成立后，当事人双方必须严格按照合同约定的标的、数量、质量、价款、履行期限、履行地点、履行方式等所有条款全面完成各自承担的合同义务。签订建筑工程合同时，必须遵循《合同法》所规定的基本原则，如平等原则、自由原则、公平原则和诚信原则等，不得损害社会利益和公共利益。

1) 平等原则

平等原则是指合同的当事人，不论其是自然人还是法人，也不论其经济实力强弱还是地位高低，他们在法律上的地位一律平等，任何一方都不得把自己的意志强加给对方，同时，法律也给双方提供平等的法律保护和约束。建筑工程的招标、评标都是公开的过程，双方已知晓法律的条款，这是公平的基础。

2) 自由原则

自由原则是指合同的当事人在法律允许的方范围内享有完全的自由，招标人和中标人都可以按照自己的意愿签订合同，任何机关、个人、组织都不能非法干预、阻碍或强迫对方签订合同或放弃签订合同。当然，如果中标人故意不签订合同，招标人可以没收其保证金，并进一步采取措施，如将中标人纳入不守诚信的黑名单中，然后招标人可以选择后一位的中标后选人为中标人。

3) 公平原则

公平原则就是指以利益均衡作为价值判断标准。它具体表现为合同的当事人应有同等的进行交易活动的机会，当事人所享有的权利与其所承担的义务大致相当，提前一天完工，将获得多少奖励，相反，工程滞后一天，则需要承担多少罚款。这就是平等原则的体现。

4) 诚信原则

诚信原则是指合同当事人在行使权利和履行义务时，都要本着诚实信用的原则，不得规避法律或合同规定的义务，也不得隐瞒或欺诈对方。合同双方当事人本着诚实信用的态度来履行自己的合同义务，欺诈行为和不守信用行为都是合同法所不允许的。《合同法》第五十二条规定，有下列情形之一的，合同无效。

(1) 一方以欺诈、胁迫的手段订立合同，损害国家利益。

(2) 恶意串通，损害国家、集体或者第三人利益。

(3) 以合法形式掩盖非法目的。

(4) 损害社会公共利益。

(5) 违反法律、行政法规的强制性规定。

小知识

在签订合同时除重视合同的法律性质外，还要注意以下事项。

(1) 一切问题必须"先小人，后君子"，"丑话说在前头"。

(2) 一切都应明确地、具体地、详细地规定细节，并写入条款中。

(3) 在合同的签订和实施过程中，不要轻易相信任何口头承诺和保证，要"少口头多书面"。

(4) 对在标前会议上和合同签订前的澄清会议上的说明、允诺、解释和一些合同外要求，都应以书面的形式确认。

8.2 施工合同的风险防范

8.2.1 施工合同风险的识别

所谓"风险"是指客观存在能导致损失，但发生与否又不能确定的现象。在市场经济中，不确定因素总是存在的，而工程承包的风险往往比其他行业更大，但风险和利润是并存的，它们是矛盾和对立的统一体。在实践中，既没有零风险和百分之百获利的机会，也没有百分之百风险和零利润的可能，关键在于承包商能不能在投标和经营过程中，善于分析风险因素，正确估计风险大小，认真研究风险防范措施以避免和减轻风险，把风险造成的损失控制在最大限度，甚至学会利用风险，把风险转为机遇，利用风险盈利。

1. 风险因素的分类

风险因素是指可能发生风险的各类问题和原因。风险因素范围广、内容多，从不同的角度划分，大致有以下几种。

(1) 按风险的来源性质分为：政治风险、经济风险、技术风险、商务及公共关系风险和管理方面风险五大类。

(2) 按工程实施不同阶段分为：投标阶段风险、合同谈判阶段的风险、合同实施阶段的风险三大类。

(3) 按风险严峻程度分为：特殊风险和特殊以外的各类风险。

(4) 按研究工程风险的范围分为：项目风险、国别风险和地区风险三大类。

(5) 按承包商在承包工程中可能面临的风险分为：决策错误风险、缔约和履约风险、责任风险三大类。

2. 风险因素的识别与估计

(1) 风险因素识别。

① 政治风险因素识别。它是指承包市场所处的政治背景可能给承包商带来的风险,属于来自投标大环境的风险因素,并不是工程项目本身所发生的,可能一旦发生,往往会给承包商带来难以估量的损失。属于这一类的风险因素有对外战争或内战,外资被国有化、低价收购甚至被没收,政权更迭,国际经济制裁和封锁,建设单位国家社会管理、社会风气等。

② 经济风险因素识别。它是指承包市场所处的经济形势和项目发包国的经济政策变化可能给承包商造成损失的因素,也属于来自投标大环境的风险,而且往往与政治风险相关联。这一类风险因素有通货膨胀、货币贬值、外汇汇率变化、保护主义政策、建设单位支付能力差、拖延付款等。

③ 技术风险因素识别。它是指工程所在地的自然条件和技术条件给工程和承包商的财产造成损失的可能性。这一类风险因素有工程所在地自然条件的影响,主要表现为工程地质资料不完备,异常的酷暑或严寒、暴雨、台风、洪水等,工程承包过程中技术条件的变化及由此带来的材料供应问题、设施供应问题,工程变更、技术规范要求不合理或过于苛刻,工程量表中项目说明不明确而投标时未发现等。

④ 商务及公共关系风险因素识别。它不是指来自工程所在国政治形势、经济状况或经济政策等投标大环境的风险,而是来自建设单位、监理工程师或其他第三方以及承包商自身的风险因素,主要有建设单位支付能力和信誉差,监理工程师效率低,分包商或材料供应商不能履行合同,承包商自身的失误,联营体内部各方的关系,与工程所在国地方部门的关系。

⑤ 管理方面风险因素识别。它是指承包商在生产经营过程中因不能适应客观形势的变化,或因主观判断失误,或对已发生的事件处理欠妥而构成的威胁,这一类风险的因素有工地领导班子及项目经理的工作能力,个人效率,开工时的准备工作,施工机械维修条件,不了解国家和地区风俗习惯可能引起的麻烦等。

(2) 风险因素评估。一个过程在投标时可能会发现许多类似风险的因素和问题,究竟哪一些属于风险因素,哪一些不属于风险因素,这是进行风险分析时必须首先研究解决的问题。风险因素是指那些可能发生的潜在危险及从而可能导致经济损失和时间损失的因素。正确估计和确认风险因素的方法主要有如下两种。

① 深入细致地调查研究。不论在投标决策阶段或是投标前的准备工作,都应十分注意调查研究,包括对项目所在国和地区的政治形势、经济形势、建设单位资信、物质供应、交通运输、自然条件等方面的调查研究。

② 依赖投标人员的实践经验和知识面。因为一个项目投标牵涉到招标单位、工程技术、物流管理、合同、法律、金融、保险、贸易等多个方面的问题,因此,要由各方面有经验的专家来参加分析确定。

在项目投标阶段会发生许多不确定因素,凡是透过调查研究可以排除或是根据合同条款有可能在问题发生后通过索赔解决的,一般都不列为风险因素。

8.2.2 施工合同风险的防范

1. 风险的全过程防范管理

风险的分析和防范要从递交投标文件、合同谈判阶段开始，到工程项目实施完成合同为止。

(1) 投标阶段风险的防范。这一阶段可分为资格预审阶段、研究投标报价阶段和递送投标文件阶段。资格预审阶段只能根据资格预审文件的一般介绍和对该国、该地区、该项目的粗略了解，对风险因素进行初步分析。将一些不清楚的风险因素作为投标时要重点调查研究的问题。研究投标报价阶段应该对所有可能出现的风险因素进行深入调查和探讨，以确定各项风险因素的加权值，同时将风险因素的分析送交项目投标决策人，以便研究决定是否递交投标文件。递交投标文件阶段即是在确定投标后，根据风险因素的分析，确定工程估价中风险系数的高低，以便确定风险费和其他费用，从而决定总报价。

(2) 合同谈判阶段风险的防范。要力争将风险发生的可能性减少，增加限制建设单位的条款，并且采用保险、分散风险等方法来减少风险。

(3) 合同实施阶段风险的防范。项目经理及主要人员要经常对投标时所列的风险因素进行分析，特别是权数大、发生可能性大的因素，以主动防范风险的发生，同时注意研究投标时未估计到的、可能产生的风险，不断提高风险的分析和防范的水平。

(4) 合同实施结束阶段风险的防范。要专门对风险问题进行总结，以便不断提高风险分析和防范的水平。

2. 风险的防范决策

1)风险回避

风险回避主要是中断风险源，使其不致发生或遏制发展。主要包括以下两方面的内容。

(1) 拒绝承担风险。采取回避这种手段有时可能不得不做出一些必要的牺牲，但较之承担风险，这些牺牲可能造成的损失要小得多，甚至微不足道。

(2) 放弃已经承担的风险以避免更大的损失，这是紧急自救的最佳办法。作为工程承包商，在投标决策阶段难免会因为某些失误而铸成大错。如果不及时采取措施，就有可能一败涂地。

回避风险是一种消极的防范手段。因为回避风险虽然避免损失，但同时也失去了获利的机会。如果企业想生存图发展，又想回避其他预测的某种风险，最好的办法是采用除回避以外的其他方法。

2) 风险转移

风险转移包括相互转移风险和第三方转移风险。转移工程项目风险有如下几种措施。

(1) 利用索赔制度，相互转移风险。对于预测到的工程项目风险，在谈判和签订施工合同时，采用双方合理分担的方法，对一个风险来讲，是最公平合理的处理方法。由于一些不可预测的风险总是存在的，不会有不承担风险、绝对完美和双方责权利关系绝对平衡的合同。因此，不可预测风险事件的发生是造成经济损失或时间损失的根源，合同双方都希望转嫁风险，所以在合同履行中，推行索赔制度是相互转移风险的有效方法。

(2) 向第三方转移风险。包括担保制度、保险制度和向分包商转移风险。担保制度是向第三方转移风险的一种有法律保证的做法，在建筑工程施工阶段以推行保证和抵押两种方式为宜。

保险是指投保人根据合同约定，向保险人支付保险费，保险人对于合同约定的可能发生的事故(风险)，因其发生所造成的财产损失承担保险金责任；或者当被保险人死亡、伤残、疾病或者达到合同约定的年龄、期限时承担给付保险金责任的商业保险行为。工程保险是工程发包人和承包人转移风险的一种重要手段。当出现保险范围内的风险造成经济损失时，工程发包人或承包人才可以向保险公司索赔以获得相应的赔偿。一般在招标文件中，特别是在投标报价说明中都要求承包人作出保险的承诺。

向分包商转移风险。有时有些条款建设单位不会作出让步，但承包商又必须接受，否则会失去承包工程资格。对此可采取其他措施予以补救，如在分包合同中，通常要求分包商接受建设单位合同文件中的各项合同条款，使分包商承担一部分风险。有的承包商直接把风险比较大的部分分包出去，将建设单位规定的误期损失赔偿费如数加入分包合同，将这些风险转移给分包商，从而减轻自身的风险压力。

(3) 风险分离。风险分离是指将各风险单位分离间隔，以避免发生连锁反应或相互牵连。这种处理可以将风险局限在一定的范围内，从而达到减少损失的目的。为了尽量减少因汇率波动而出现的风险，承包商可在若干不同的国家采购设备，付款采用多种货币。

(4) 风险分散。风险分离是对风险单位进行分离，避免其相互波及，从而发生连锁反应。而风险分散则是通过增加风险单位以减轻总体风险的压力，达到共同分摊集体风险的目的。对于工程承包商，多承揽项目即可避免单一项目的过大风险。

(5) 风险自留。风险自留又称自留风险。这是指当风险不能避免或因风险有可能获利时，自己承担风险的一种做法。风险自留分为有意识和无意识自留风险两种。无意识风险自留是指不知风险的存在而未作处理，或风险已经发生但没有意识到而未作处理。有意识风险自留是指虽然明知风险事件已经发生，但经分析由自己承担风险更为方便，或者风险较小自己有能力承担，从而决定自己承担风险。也有采取设立风险基金的方法，损失发生后用基金弥补。在建设工程固定价格合同中考虑一定比例的风险金，以前通常称为不可预见费，就是对合同中明确的潜在风险的处理基金。风险基金的比例取决于合同风险范围和对风险分析的结果。一旦出现风险，发生经济损失，由风险基金支付。

8.2.3 风险的控制与管理

1. 风险的控制

风险控制是指使风险发生的概率以及风险导致的损失降到最低程度。控制工程项目风险的主要措施有以下几种。

(1) 熟悉和掌握有关工程施工阶段的法律法规。承发包双方只有熟悉和掌握这些法律法规，才能依据法律法规办事。政府主管建设的行政部门和相关中的中介机构应不断地向工程承发包双方宣传、讲解有关法律法规，提高承发包双方用法律保护自己利益的意识，才能有效地依法控制工程风险。

(2) 深入研究和全面分析招标文件。承包商取得招标文件后，应当深入研究和全面分析，正确理解招标文件，领会建设单位的意图和要求。要全面分析投标人须知，详细审查图纸，复核工程量，分析合同文本，研究投标策略，以减少合同签订后的风险。政府主管部门或中介机构要提供或及时修订招标文件范文，以规范建设单位交易行为，保证施工招标竞争的公平性，利于承发包双方控制风险。

(3) 掌握要素市场价格动态。要素市场价格变动是经常遇到的风险。在投标报价时，必须及时掌握要素市场价格，使报价准确合理，减少风险的潜在因素。但是在投标报价时往往对要素市场价格变化预测不周、考虑不足，特别是可调价格合同，要控制风险，必须随时掌握要素市场价格变化，及时按照合同约定调整合同价格。

(4) 签订完善的施工合同。承包商不能签订不利的、独立承担过多风险的合同。在工程施工过程中存在很多风险，减少或避免风险是施工合同谈判的重点。通过合同谈判，对合同条款拾遗补缺，尽量完整，防止不必要的风险；通过合同谈判，使合同能体现双方责权利关系的平衡和公平，对不可避免的风险由双方合理分担。由于合同示范文本内容完整，条款齐全，双方责权利明确、平衡，从而风险较少，对一些不可避免的风险，分担也比较公平合理。因此，使用合同示范文本签订合同是使施工合同趋于完善的有效途径。

(5) 加强分包商管理，减少风险事件发生。对分包商的过程和工作，总包商负有协调和管理的责任，并承担由此造成的损失。所以对分包商的承包工程和工作要严格管理，督促分包商认真履行分包合同，把总包、分包之间可能发生的风险减少到最低程度。

(6) 在合同履行过程中分析工程风险。虽然在合同谈判和签订过程中对工程风险已经发现，但是合同中还会存在词语模糊、约定不具体、不全面、责任不明确，甚至矛盾的条款。因此，任何建设工程施工合同履行过程中都要加强合同管理，分析不可避免的风险，如果不能及时、透彻地分析出风险，就不可能对风险有充分的准备，则在合同履行中很难进行有效的控制。特别是对风险大的工程更要强化合同分析工作，预防和减少损失的发生。

2．风险综合管理

风险综合管理是指在施工合同的实施过程中，采取技术、经济和管理的措施，以提高应变能力和对风险的抵抗能力。对风险大的工程派遣最得力的项目经理、技术人员、合同管理人员等，组成精干的项目管理小组；在技术力量、机械设备和材料供应、资金供应、劳务安排等方面予以特殊对待，全力保证合同实施；计划周密，采取有效的检查、监督和控制手段。

风险综合管理的主要防范措施要注意落实到具体的分部分项工程上，例如，土方工程风险防范措施、钢筋混凝土结构工程风险防范措施、钢结构工程风险防范措施、建筑幕墙工程风险防范措施、脚手架工程风险防范措施等。总之，在对风险进行识别分析和评价之后，承包商应根据招标文件要求和自身实际情况，决定是否参加投标。一般而言，对于风险极其严重的项目，多数承包商会主动放弃；对于潜在严重风险的项目，除非能找到有效的回避措施，应采取谨慎的态度；而对于存在一般风险的项目，承包商应从工程实施全过程全面、认真地研究风险因素和可以采取的减轻风险、转移风险、控制损失的防范对策。

小知识

施工合同风险分析如下。

(1) 自然环境和社会人文环境风险。

(2) 政策和法律风险。

(3) 经济和市场风险。

(4) 合同风险：①责任划分风险；②合同价格和支付风险；③罚款风险；④保函风险。

(5) 承包商内部风险：①融资风险；②分包风险；③采购和储运风险添加租赁设备；④人员管理风险；⑤施工过程中的意外事故和人身伤害风险。

8.3 施工合同的过程管理

8.3.1 施工合同过程管理概述

施工合同的过程管理是指各级工商行政管理机关、建设行政主管机关和金融机构，以及工程发包单位、监理单位、承包单位依据法律和行政法规、规章制度，采取法律的、行政的手段，对施工合同关系进行组织、指导、协调及监督，保护施工合同当事人的合法权益，处理施工合同纠纷，防止和制裁违法行为，保护施工合同法规的贯彻实施等一系列活动。

施工合同管理，既包括各级工商行政管理机关、建设行政机关、金融机构对施工合同的管理，也包括发包单位、监理单位、承包单位对施工合同的管理。这些管理可以划分为以下两个层次：第一层次为国家机关及金融机构对施工合同的管理；第二层次为建设工程施工合同当事人及监理单位对施工合同的管理。

各级工商行政管理机关、建设行政主管机关对合同的管理侧重于宏观的管理，而发包单位、监理单位、承包单位对施工合同的管理则是具体管理，也是合同管理的出发点和落脚点。发包单位、监理单位、承包单位对施工合同的管理体现在施工合同从订立到履行的全过程中，本节主要是介绍在合同履行过程中的一些重点和难点。

8.3.2 施工合同的履约管理

1. 合同履约概念

它是指工程建设项目的发包方和承包方根据合同规定的时间、地点、方式、内容及标准等要求，各自完成合同义务的行为。

2. 建筑工程施工合同履行原则

(1) 实际履行原则。任何一方违约时，不能以支付违约金或赔偿损失的方式来代替合同的履行，守约一方要求继续履行的，应当继续履行。

(2) 全面履行原则。当事人应当严格按合同约定的数量、质量、标准、价格、方式、地点、期限等完成合同义务。

(3) 协作履行原则。合同当事人各方在履行合同过程中，应当互谅、互助、尽可能为对方履行合同义务提供相应的便利条件。

(4) 诚实信用原则。诚实信用原则是《合同法》的基本原则。

(5) 情事变更原则。

8.3.3 合同的变更管理

1. 合同变更的原因

合同内容频繁的变更是工程施工合同的特点之一。对一个较为复杂的工程，合同实施中的变更时间可能有几百项。合同变更一般主要有以下几方面原因。

(1) 建设单位新的变更指令。例如建设单位有新的设计、变更工程内容、修改项目总计划、削减预算。

(2) 由于设计的错误，必须对设计图纸进行修改。例如施工图与现场情况不符、施工图和施工说明书不符、图纸有误或遗漏、或发生未预料到的变化。

(3) 工程环境的变化，预定的工程条件不准确。例如天灾及其他不可抗力原因造成的损失等。

(4) 由于新技术的发展，有必要改变原设计、实施方案或实施计划。

(5) 承包人提出合理延长工期的要求，或发包人需要缩短工期。

(6) 政府部门对建设项目有新的要求。如国家计划变化、环境保护要求、城市规划变动等。

2. 合同变更的影响

由于合同变更的原因，造成原"合同态度"的变化，必须对原合同规定的内容进行相应的调整。合同变更实质上是对合同的修改，是双方新的要约和承诺。

3. 合同变更的处理要求

(1) 变更尽可能及时作出。实际工作中，变更决策时间过长和变更程序太慢会造成很大的损失，常有这两种现象：施工停止，承包商等待变更指令或变更会谈决议。等待变更为建设单位责任，承包商可能索赔。未及时发出变更指令而现场继续施工，会造成更大的返工损失。

(2) 迅速、全面、系统地落实变更指令。变更指令作出后，承包商应迅速、全面、系统地落实变更指令，全面修改各种相关文件，使其不断反映和包含最新的变更。合同变更指令应立即在工程实施中贯彻并体现出来。在实际工作中，由于时间紧，难以详细地计划和分析，使责任落实不全面，计划、安排、协调方面的漏洞会造成时间和工期的损失。而这个损失往往被认为是承包商管理实务造成的，难以得到补偿。所以合同管理人员在这方面起着很大的作用。只有合同变更迅速地落实和执行，合同跟踪和监管才可能以最新的合同内容作为目标，这是合同动态管理的基本要求。

4. 合同变更的形式和程序

合同变更应有一个正规的程序，应有一整套申请、审查、变更、会议调整、批准手续。

1) 合同变更形式

合同变更的范围很广，一般在合同签订后所有工程范围、施工方案、工程质量要求。合同条款内容、合同双方责权利关系的变化等都可被视为合同变更。最常见的变更形式有两种。

(1) 合同双方经过会谈，对变更所涉及的问题，如变更措施、变更的工作安排、变更所涉及工期和费用索赔的处理等，达成一致，双方签署会议纪要、备案录、修正案等变更协议。对重大的变更一般采取这种形式。

(2) 建设单位或工程师在工程施工中行使合同赋予的权力，发出各种变更指令，最常见的是工程变更指令。实际工程中，这种变更的数量极多。

2) 合同变更程序

(1) 双方签署变更协议。在合同实施过程中，工程参加者各方定期开会，商讨研究新出现的问题，讨论对新问题的解决方法。例如，由于建设单位责任工期已经拖延，建设单位希望承包商采取加速措施，在此可以对加速所采取的措施和费用补偿等进行具体的协商和安排，合同双方达成一致。一般在会议中作出会谈记录，会后由合同管理人员或建设单位起草会谈纪要，在规定期限内送达各方签署。如果对纪要中规定的内容和决议有反驳意见，应在规定期限内提出反驳或否认，否则即被认为已认可纪要决议，则会谈纪要即成为有约束力的变更协议，成为合同的一部分。有时重大问题需要多次会议协商，通常可以直接在最后一次会议上签署变更协议。

双方签署的合同变更协议与合同一样有法律约束力，而且法律效力优先于合同文本。所以，也应与对待合同一样，进行认真研究和审查分析，及时答复。

(2) 工程变更程序。工程变更的程序一般由合同规定。最理想的变更程序是在变更执行前，合同双方已就合同变更中涉及的费用增加和工期延长的补偿达成一致。在国际工程中，施工合同通常都有赋予建设单位以直接指令变更工程的权力，承包商在接到指令后必须执行变更。而合同价格和工期的调整由工程师和承包商在建设单位协商后确定。

(3) 工程变更申请。在工程项目管理中，工程变更通常经过一定的手续，如申请、审查、批准、通知(指令)等。工程变更申请表常常可以包含这些内容。申请的格式和内容可以按具体工程需要设计。

8.4 施工合同的执行

合同的执行是招标过程中的重要组成部分。招标单位的领导干部应按照政策法规要求，坚持民主决策、科学决策，在招标投标的准备阶段、招标投标阶段、合同执行阶段均不得违规干预。

在合同执行过程中，如需修改和补充合同内容，可由双方协商，并在监督领导小组同意的情况下，另外签署书面修改补充协议作为主合同不可分割的一部分。合同执行期间，因特殊原因需变更内容的，应由招标代理机构负责提交书面申请，按合同签订程序对合同进行变更。

但是，在实践中，我国的工程项目由于从招标过程到合同执行有时很不规范，发生纠纷和打官司的屡见不鲜。因此，加强对合同的管理，规范合同的执行，对降低合同风险乃至维护招标人、中标人的信誉都具有重要意义。

8.4.1 建筑工程施工合同正常执行的管理

在合同执行过程中，招标人、中标人都要进行合同条款的跟踪管理，通过检查发现问题，并及时协调解决，提高合同履约率。合同执行检查的主要内容有检查《合同法》及有关法规的贯彻执行情况、检查合同管理办法及有关规定的贯彻执行情况、检查合同的履行情况，以减少和避免合同纠纷的发生。根据检查结果确定己方和对方是否有违反合同现象。如果是己方违反合同，要立即提出补救措施并定期纠正；如果是对方违反合同，则向对方提供合同管理的各种报告，提醒其履行合同。

招标人、投标人为保护各自的利益，除了在合同条款上应作出各自在对方不能履行或可能不履行义务时所拥有的权利和应采取的补救措施外，在实际执行合同过程中必须运用合同或法律赋予己方的权利。在实际合同管理中，一方的工程延期、质量有严重问题、拖欠付款等都可能导致另一方运用抗辩权进行自我保护。在实际工程中，大多是通过对合同的分析、对自身和对方的监督、事前控制以及提出发现问题并及时解决等方法进行履约控制的，这符合合同双方的根本利益。同时，还经常采用控制论的方法，预先分析目标偏差的可能性并采取各项预防性措施来保证合同的履行。

8.4.2　建筑工程施工合同变更执行的管理

广义上说，合同变更是指任何对原合同内容的修改和变化。频繁的变更是大型建筑工程项目合同的显著特点之一。常见的变更类型有 3 种，即费用变更、工期变更和合同条款变更。对于业主，必须尽量避免太多的变更，尤其是因为图样设计的错误等原因引起的返工、停工、窝工，原则上只补偿实际发生的直接损失而不倾向于补偿间接损失。

1. 建筑工程施工合同变更的原则

建筑工程施工合同变更必须坚持协商一致的原则、法定事由的原则和须具备法定形式的原则，禁止单方擅自或任意变更合同。当事人对合同变更的内容，应到达"约定明确"或者"裁判明确"的法定要求，否则，不发生合同变更的法律效力。合同生效后，当事人不得因其主体名称的变更或者法定代表人、负责人、承办人的变动而主张和请求合同变更。

2. 建筑工程施工合同的变更原因

建筑工程合同变更的原因是：基于法律直接规定变更合同，如债务人违约致使合同不能履行，履行合同的债务变为损害赔偿债务；在合同因重大误解而成立的情况下，当事人可诉请变更合同。因情势变更而使合同履行显示不公平的情况下，当事人可诉请变更合同；当事人各方协商同意变更合同。

3. 建筑工程施工合同变更的管理

实施阶段的合同管理，本质上是合同履行管理，是对合同当事人履行合同义务的监督和管理。要防止合同过多的变更，要始终围绕质量、工期、造价 3 项目标展开工作。在项目实施过程中，通过各方面具体的合同管理工作，对合同进行跟踪检查，使工程质量、工期、造价得以有效的控制。

在实践中，笔者发现有的建设项目签订的合同与招标文件约定的要求不一致，有的合同中部分条款自相矛盾，有的合同执行不严肃，需要变更的地方太多。

8.4.3　建筑工程施工合同索赔的执行

索赔是指由于合同一方违约而使对方遭受损失时有无违约方提出费用补偿要求。任何项目，不可预见的风险是客观存在的，外部环境也是动态变化的，因此在项目实施过程中，特别是在大型建筑工程实施过程中，索赔是不可避免的。索赔是合同文件赋予合同双方的权利，合同双方都可以通过索赔弥补己方的损失。索赔同时建立了合同双方相互制约的一种机制，促进双方提高各自的管理水平。

鉴于索赔对工程本身及合同双方的巨大影响，当事人处理索赔时应本着积极、公正、合理的原则，处理索赔事件的人员更应具备良好的职业道德、丰富的理论知识、敏锐的应变能力。招标人、中标人要分析可能发生索赔的原因，制定防范性对策，以减少对方索赔事件的发生。

尽管招标人、中标人双方对合同条款的理解和观点不一致的任何原因都可能导致争议，但是争议主要集中于招标人与中标人之间的经济利益上。变更或索赔处理不当以及双方对经济利益的处理意见不一致等都有可能发展为争议。争议的解决主要包括友好协商(双方在不借助外部力能的前提下自行解决)、调节(借助非法院或仲裁机构的专业人士，专家的调解)、仲裁(借助仲裁机构的判定，属正式法律程序)和诉讼(进入司法程序)。根据合同的不同属性选择合适的争议解决方式是快速、有效的解决争议的关键。

另外，有些招标合同的执行需要较长的时间，在合同执行过程中，当事人双方难免遇到一些纠纷，不愿意诉诸法律，希望有一个中间人从中协调解决。在实际工作中，招标代理机构组织签订合同后，可以说已完成了招标代理工作，但在执行合同过程中当双方出现矛盾时，往往需要求助与招标代理机构来解决。招标代理机构处于对双方负责和提高自身信誉的目的，要尽最大努力使矛盾得到解决。

8.4.4 建筑工程合同的违约行为和违约责任

1. 违约行为

违约行为是指违反合同债务的行为，也称为合同债务不履行。这里的合同债务，既包括当事人在合同中约定的义务，也包括法律直接规定的义务，也包括根据法律原则和精神的要求，以及当事人所必需履行的义务。表 8-1 列出了建筑工程合同违约行为的种类。

表 8-1　建筑工程合同违约行为的种类

违约行为	预期违约	明示毁约	
		默示毁约	
	实际违约	不履行	
		迟延履行	迟延给付
			迟延受领
		不完全履行	瑕疵履行
			瑕疵给付
			加害给付
			部分履行
		其他违约形态	

2. 违约责任

建筑工程合同的违约责任是指建筑工程合同当事人不履行合同义务或者履行合同义务不符合约定时，依法产生的法律责任。违约责任基本上是一种财产责任。在当事人不履行合同义务时，应当向另一方给付一定金钱或财物。承担违约责任的主要目的在于填补合同一方当事人的违约行为所遭受的损失。违约责任只能是合同一方当事人向另一方当事人承

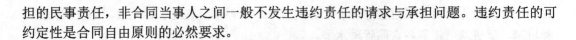

担的民事责任，非合同当事人之间一般不发生违约责任的请求与承担问题。违约责任的可约定性是合同自由原则的必然要求。

8.4.5 合同条款与招标文件条款违背时的处理办法

一般来说，合同条款是对招标文件、投标文件的确认和承诺，因此招标文件和投标文件的全部内容和全部条款，不能只确认、承诺主要条款，用词要确切，不允许有保留或留有余地。有人把招标文件比作各方遵循的"宪法"，由此可见招标文件的重要性。

通过以上分析可以知道，建筑工程施工合同要服从招标文件，但是在实际签订合同时，合同条款与招标文件条款也许不一致，那么这种情况该如何处理呢？

通过招标的建筑工程，合同可以对招标文件进行补充细化，在不影响招标投标实质性内容的情况下，双方可以协商对招标文件进行局部修改。因为签订合同的时间在编制招标文件之后，如果编制文件的时间比较提前，签订合同的时间甚至会滞后编制招标文件半年乃至一年之久，这时，社会环境、外界条件可能已发生了比较大的变化，那么签订合同时对招标文件进行局部修改，如果不影响实质性内容，就不能简单地看做合同违背了招标文件的约束。《政府采购法》第四十九条规定："政府采购合同旅行中，采购人需追加与合同标的相同的货物、工程或者服务的，在不改变合同其他条款的前提下，可以与供应商协定签订补充合同，但所有补充合同的采购金额不得超过原合同采购金额的百分之十。"也就是说，签订合同时，可以根据实际情况，在相关部门履行审批手续的前提下，是可以对招标文件进行补充的，建筑施工合同可以参照执行。

如果合同只是违背招标文件的一些无关紧要的条款，如招标文件要求验收在安装调试完成后5个正常工作日进行，而在签订合同时招标人要求10个工作日内完成，或招标文件原要求业主提供5份图样，现在要求提供8份，这些都是可以协商的，没有大的问题。总的说来，合同的修改如果是有利中标人，涉及违反公平竞争原则的肯定不行，这是对其他未中标人的不公平。例如，提高中标合同价、放宽工期要求、降低质量标准、提高预付款额，严重损害中标人的利益，这也是不行的，中标人可以与招标人协商，如果协商不行，可以提出投诉、仲裁甚至诉讼。

值得一提的是，在实践中，招标代理机构应做好招标人与中标人签订合同的协调工作。由于招标人处于主动的地位，容易将招标以外的一些条件强加给中标人，产生不平等协议。另一方面，有时中标人也找各种理由拒绝或拖延签订合同。对于上述问题，如果没有一个中间人从中协调是很难解决的。由于招标机构是招标的组织者，承担此角色最为合适。

小知识

建筑工程合同执行时的注意事项如下。

为了应对各种纠纷或者避免纠纷的发生，最好的办法就是成立合同管理机构，以尽量规范合同的执行。特别是对于大型的建筑工程来说，招标人、中标人应有专门的合同管理部门。合同管理部门应从事对供应、施工、招标投标等合同从准备标书一直到合同执行结束全过程的管理工作。根据合同性质的不同，招标人的合同管理部门应与技术部门、采购部门等各个技术部门相互协作，分别负责合同的商务和技术两大部门的管理工作；进度投资控制部门、公司审计部门、财务部门等分别根据公司程序规定的管理权限，参与标书的编写审查、潜在承包商的资料评定、招标投标、合同款支付、合同变更的确定和支付、承包商索赔处理、重大争议的处理，并分别从各自的职能角度对职同管理部门进行监督。

8.5 案例分析

 案例分析 I

1. 背景内容

某海滨城市为发展旅游业，经批准兴建一座三星级大酒店。该项目甲方于 X 年 10 月 10 日分别与某建筑工程公司 (乙方) 和某外资装饰工程公司 (丙方) 签订了主体建筑工程施工合同和装饰工程施工合同。

合同约定主体建筑工程施工于当年 11 月 10 日正式开工。合同日历工期为 2 年 5 个月。因主体工程与装饰工程分别为两个独立的合同，由两个承包商承建，为保证工期，当事人约定：主体与装饰施工采取立体交叉作业，即主体完成 3 层，装饰工程承包商立即进入装饰作业。为保证装饰工程达到三星级水平，业主委托某监理公司实施"装饰工程监理"。

在工程施工 1 年 6 个月时，甲方要求乙方将竣工日期提前 2 个月，双方协商修订施工方案后达成协议。

该工程按变更后的合同工期竣工，经验收后投入使用。

在该工程投入使用 2 年 6 个月后，乙方因甲方少付工程款起诉至法院。诉称：甲方于该工程验收合格后签发了竣工验收报告，并已开张营业。在结算工程款时，甲方本应付工程总价款 1600 万元人民币，但只付 1400 万元人民币。特请求法庭判决被告支付剩余的 200 万元及拖期的利息。

在庭审中，被告答称：原告主体建筑工程施工质量有问题，如大堂、电梯间门洞，大厅墙面、游泳池等主体施工质量不合格。因此，装修商进行返工，并提出索赔，经监理工程师签字报业主代表认可，共支付 15.2 万美元，折合人民币 125 万元。此项费用应由原告承担。另还有其他质量问题，并造成客房、机房设备、设施损害计人民币 75 万元。共计损失 200 万元人民币，应从总工程款中扣除，故支付乙方主体工程款总额为 1400 万元人民币。

原告辩称：被告称工程主体不合格不属实，并向法庭呈交了业主及有关方面签字的合格竣工验收报告及业主致乙方的感谢信等证据。

被告又辩称：竣工验收报告及感谢信，是在原告法定代表人宴请我方时，提出为了企业晋级的情况下，我方代表才签的字。此外，被告代理人又向法庭呈交业主被装饰工程公司提出的索赔 15.2 万美元 (经监理工程师和业主代表签字) 的清单 56 件。

原告再辩称：被告代表发言纯系戏言，怎能以签署竣工验收报告为儿戏，请求法庭以文字为证。又指出：如果真的存在被告所说情况，那么被告应该根据《建设工程质量管理条例》的规定，在装饰施工前通知我方修理。

原告最后请求法庭关注：从签发竣工验收报告到起诉前，乙方向甲方多次以书面方式提出结算要求。在长达 2 年多时间里，甲方未向乙方提出过工程存在质量问题。

2. 问题

(1) 原、被告之间的合同是否有效？

(2) 如果在装饰施工时，发现主体工程施工质量有问题，甲方应采取哪些正当措施？

(3) 对于乙方因工程款纠纷的起诉和甲方因工程质量问题的起诉，法院应否予以保护？

3．解答

(1) 原、被告之间合同是否有效?

答：合同双方当事人符合建设工程施工合同主体资格的要求，并且合同订立形式与内容均合法，所以原、被告之间的合同有效。

(2) 如果在装饰施工时，发现主体工程施工质量有问题，甲方应采取哪些正当措施?

答：根据《建设工程质量管理条例》之规定，主体工程保修期为设计文件规定的该工程合理使用年限。在保修期内，当发现主体工程施工质量有问题时，业主应及时通知承包商进行修理。承包商不再约定期限内派人修理，业主可以委托其他人员修理，保修费用从质量保修金内扣除。显然，如果装饰施工中发现的主体工程施工质量问题属实，应按保修处理。

(3) 对于乙方因工程款纠纷的起诉和甲方因工程质量问题的起诉，法院应否予以保护?

答：根据我国《民法通则》之规定，向人民法院请求保护民事权利的诉讼时效期为2年，从当事人知道或应当知道权利被侵害时起算。本案例中业主在直至庭审前的2年多时间里，一直未就质量问题提出异议，已超过诉讼时效，所以，不予保护。而乙方自签发竣工验收报告后，向甲方多次以书面方式提出结算要求，其诉讼权利应予保护。

▲ 本章小结

本章对建筑施工合同的签订，施工合同的管理管理与施工合同的执行执行进行了相应讲解。主要内容包括施工合同签订的条件和过程，施工合同风险识别、防范和控制，施工合同的相关管理方式，施工合同的正常执行，索赔执行和违约行为的处理方法。

本章教学目的是让学生掌握施工合同订立到执行的正确方式，以及处理各种合同相关事项的应对措施，使大家更加了解施工合同在建筑施工中的作用和应用。

习　题

一、填空题

1. _____是指工程建设项目的发包方和承包方根据合同规定的时间、地点、方式、内容及标准等要求，各自完成合同义务的行为。

2. 《建设工程施工合同(示范文本)》由_____、_____和_____ 3部分组成。

3. 工期索赔的计算方法有两种：_____和_____。其中_____是最科学的，使用该方法的工程索赔容易获得成功。

4. _____是指将各风险单位分离间隔，以避免发生连锁反应或相互牵连，这种处理可以将_____局限在一定的范围内，从而达到减少损失的目的。

5. _____是通过增加风险单位以减轻总体风险的压力，达到共同分摊集体风险的目的。

6. _____是指意思表示不真实，通过具有撤销权的当事人行使撤销权，使已经生效的合同归于消灭。

二、选择题

1. 常见的合同变更类型有( )。
   - A. 内容变更
   - B. 费用变更
   - C. 工期变更
   - D. 质量变更
   - E. 合同条款变更

2. 建设工程施工合同履行原则为( )。
   - A. 实际履行原则
   - B. 全面履行原则
   - C. 协作履行原则
   - D. 诚实信用原则
   - E. 公平原则

3. 中标通知书发出后( )天以内，应签订施工合同。
   - A. 14
   - B. 7
   - C. 30
   - D. 15

4. ( )原则是任何一方违约时，不能以支付违约金或赔偿损失的方式来代替合同的履行，守约一方要求继续履行的，应当继续履行。
   - A. 实际履行原则
   - B. 全面履行原则
   - C. 协作履行原则
   - D. 诚实信用原则

5. ( )是指当风险不能避免或因风险有可能获利时，自己承担风险的一种做法。
   - A. 分离风险
   - B. 风险转移
   - C. 风险自留
   - D. 风险消除

6. 建筑工程合同有效，必须具备以下条件( )。
   - A. 承包人具有相应的资质等级
   - B. 双方的意思表示真实
   - C. 合同不违反法律和社会公共利益
   - D. 合同标的须确定和可能

三、思考题

1. 施工合同的有效条件有哪些？
2. 简单阐述建筑施工合同的签订过程和签订原则。
3. 风险因素有哪些种类？
4. 施工合同风险防范有哪些阶段？
5. 控制工程项目风险的主要措施有哪些？
6. 建筑施工合同的履行原则有哪些？
7. 简述合同变更的原因、影响和要求。
8. 合同变更的形式和程序有哪些？
9. 列出施工合同违约行为。
10. 当合同条款与招标文件条款违背时应如何处理？

第 9 章

建筑工程施工索赔

教学目标

通过对本章的学习，应了解我国建筑工程项目在施工过程中的签证管理，工程量计量签证的管理等；熟悉我国建筑工程索赔的分类、索赔成立的条件、成立的原则等内容、掌握索赔的程序、索赔的处理原则。

学习重点

(1) 施工过程的签证管理。

(2) 我国建筑工程索赔的程序以及处理原则。

(3) 我国建筑工程索赔的应用。

学习建议

由于本章主要讲述的是建筑工程索赔的处理和实际案例的应用，因此可以在熟练掌握索赔相关概念的理论基础上，多分析索赔的综合案例，亲自动手。除此之外，由于索赔一般总是和进度、网络以及工期、费用相联系，所以课后还要加强进度部分的理论的掌握和预算费用的计价组成的知识的掌握。

引言

从国际上来看，世界各国对基础设施的建设规模日益扩大，但工程承包商的纯利润率却在逐年有所下降，而与此同时工程索赔事件每年均在增加。因此，索赔渐渐成为承包商实现利润的一种合法手段和常用方法。随着建设工程承包市场竞争的白热化，"低中标、多签证、高索赔"成为承包商获得利润的一种可行手段，重视签证与索赔问题，与承包商的可持续发展息息相关。

9.1 建筑工程签证管理

9.1.1 我国建筑工程实行签证管理概述

1．工程签证的定义

工程签证是工程承发包双方在合同履行过程中，对各种合同外费用、顺延工期、损失赔偿等事项达成的意思表示一致的协议，经双方签字盖章确认后具有法律效力。工程签证从其性质上来看，应视为是对原工程承发包合同的补充协议，是工程款结算时的合法依据。工程签证的实质是一种通过确认的索赔，是双方的行为。

2．工程签证产生的原因

建设工程承发包合同，由于履约事项繁多复杂，履约周期较长，即使在签约时考虑得再全面，在履约过程中，难免会发生变更。经常导致工程签证的原因主要有如下几个方面。

(1) 工程设计的变更。

(2) 施工条件变化(主要指施工现场的地下条件如地质、地基、地下水及土壤等)。

(3) 工程进度中发生的情况，如临时停水、停电等导致停工。

(4) 提高工程的质量等级，如将合同中约定的"合格"提高到"省优"。

(5) 其他原因，如未能预见的一些不应由承包商承担的损失。

3．工程签证的表达方式

目前建设工程中，大部分签证采用以下表达方式。

(1) 绘制施工图来说明签证内容。

(2) 用文字表达签证内容。

(3) 用施工图加文字说明。

4．工程签证有效应具备的条件

(1) 签证资料应当说明签证事件产生的原因，事件发生的时间、地点，解决时间的办法及最终处理的结果。

(2) 签证资料上要有业主或监理工程师的签字认定。必要时还需要设计方或造价工程师签字确认。

(3) 签证资料若提供的是复印件，则业主或监理工程师应对复印件重新盖章，以重新确认复印件的正确性。

(4) 签证资料阐述的事实应符合工程合同相关条款的规定。

5. 施工方加强工程施工签证的重要性

在项目管理过程中，重视工程签证和工程索赔的专业管理和法律服务，对承包商而言，能够使自身的合法利益得到有效保障，也是施工企业加强造价管理、提高经济效益最重要的工作。在建筑市场不断地发展和完善的过程中，谁掌握了签证与索赔技术，谁就能获得商机而立于不败之地。

9.1.2 工期签证

1. 工期签证

工期签证是指施工过程承发包双方对工期延长部分的签认，是索赔过程中索赔的有效证明材料。

2. 施工过程中有关工期变更的几点说明

(1) 施工方依合同约定程序申请延期，取得签证，实质是双方对合同约定工期的变更。工期变更后，对施工方竣工期的约束应当是签证约定的时间。

(2) 如果工期延长已经确认是由业主方造成的，且合同明确约定由于此原因属工期顺延情况，则施工方要求顺延时无须办理工期签证手续。

(3) 施工过程中已确认增加了工程量，但应当注意的是，这并不必然引起合同工期的变更。如果合同明确约定，由于此原因工期顺延的话则施工方无须再办理其他手续；但若是合同没有约定，而施工方又没有按程序申请签证的，应当承担延误竣工的责任。

(4) 施工过程中出现工期变更，如果施工方提过申请，而建设方未予批准签证的，属于双方对变更工期存在分歧，解决中可通过评估的方式，解决工期是否予以延长即应当给予多长期限。

3. 可以顺延工期的情况

下列情况，经发包方现场监理工程师或工程师代表签证后，工期相应顺延，并用书面形式确定顺延期限。

(1) 发包方在合同规定开工日期前一定天数，不能交付承包方施工场地、进场道路、施工用水，或电源未按规定接通，影响承包方进场施工。

(2) 明确规定由发包方负责供应的材料、设备、成品或半成品等未能按双发认定的时间进场，或进场的材料、设备、成品或半成品等向承包方交验时发现有缺陷，需要修配、改、代、换而耽误施工进度。

(3) 不属包干系数范围内的重大设计变更；提供的工程地质资料不准，使基础超深；施工方法与设计规定不符而增加工程量影响进度。

(4) 施工中停水、停电连续影响 8 小时以上。

(5) 发包方现场监理工程师或工程师代表无故拖延办理签证手续而影响下一工序施工。

(6) 未按合同规定拨付预付款、工程进度款、代购材料差价款而影响施工进度。

(7) 因遇人力不可抗拒的自然灾害(如台风、水灾、自然原因发生的火灾、地震等)而影响工程进度。

4. 工期签证的程序

(1) 承包商填报工程延期申请表。

(2) 监理工程师审查申请表。

(3) 若不同意，则承包商重新填报；若同意，则监理工程师进行签证并报送总监理工程师。

(4) 总监理工程师签发工程延期建议。

(5) 报送业主审批。

工程延期申请表和工程延期审批表见表 9-1 和表 9-2。

表 9-1　工期延期申请表

工程名称：　　　　　　　　　　　　　　　　　　　　编号：

致×××(监理单位)：

根据合同款×××条的规定，由于×××的原因，申请工程延期，请批准。

工程延期的依据及工期计算：

合同竣工日期：

申请延长竣工日期：

附：证明材料

承包单位名称：　　　　　　　　　　　　项目经理(签字)：

注：本表由承包方单位填报，监理单位、承包单位各存一份。

表 9-2　工程延期审批表

工程名称：　　　　　　　　　　　　　　　　　　　　编号：

致×××(承包单位)：

根据施工合同条款×××条的规定，我方对你方提出的第(　)号关于×××工程延期申请，要求延长工期×××日历天，经历我方审核评估：×××时起，对本工程的×××部位(工序)实施暂停施工，并按下述要求做好各项工作：

同意工期延长×××日历天。竣工日期(包括以指令延长的工期)从原来的×年×月×日延长到×年×月×日。请你方批准。

说明：

监理单位名称：　　　　　　　　　　　　总监理工程师(签字)：

注：本表由承包单位填报，监理单位、承包单位各存一份。

9.1.3　材料预算签证

材料预算签证是指承发包双方对工程中各种因素引起的材料预算价变更部分的确认。在工程项目施工工程中，变更修改是在所难免的。在每一项工程的总造价中，材料价绝对占最大比例。因此，作为承包方，一项工程的盈亏关键取决于对材料价格、数量的控制。数量上的控制比较容易，但材料市场价格比较灵活，施工方必须及时通过签证加以确认，以便作为结算工程款的依据。

1) 导致材料的预算价签证的原因

(1) 因工程量清单有错、漏，导致工程材料预算价控制不住。

(2) 因市场变化或政策调整，导致材料价格变化超出施工方风险承担范围时，可双方协议解决，各自承担部分风险，或执行国家相关政策指导。

(3) 因业主临时更换材料导致原材料预算价发生改变。

2) 材料变更时的价格确定

(1) 中标人材料价格明细表已有的材料，根据中标人材料价格明细表所列材料单价计算。

(2) 中标人材料价格明细表没有的材料，按照施工期间建设工程信息公布的材料单价与中标价降幅系数的乘积计算。

(3) 没有公布的材料，由中标人提出适当的材料价格申请，监理、业主会同造价或工程预决算审核部门审定。

9.1.4 工程量计量签证

1. 概述

在建设工程施工过程中，常常会遇到一些合同纠纷案，其中有一部分就是因当事人双方对工程量存在异议而引起的。为避免争议，承包人应该特别注意及时取得和保存施工过程中形成的签证等书面证据文件。

工程量计量是根据承包合同、设计图纸及由监理工程师签认的质量凭证，按有关工程计算规定，对承包单位上报的已完成的工程量进行核验的监理活动。所谓工程量计量签证是指在施工工程中，承发包双方对某些因素引起的工程量变更部分达成一致的书面材料和补充协议，它可以作为工程结算中增减工程造价的依据。

2. 工程量计量的一般程序

(1) 承包人按照专用合同款约定的时间向监理工程师提交已经完工的工程量报告。

(2) 监理工程师接到报告后按照设计图纸核实已经完工工程量，并在计量前通知承包人。

(3) 承包人应为计量提供便利条件并派人参加计量。

(4) 专业测量监理工程师或总监理工程师与承包人代表共同签署工程量签认证书(包括签证人单据)等书面文件。

9.1.5 设计变更与施工变更签证

1. 概述

(1) 设计变更。设计变更是指设计部门对原施工图纸和设计文件中所表达的设计标准状态的改变和修改。根据以上定义，设计变更仅包含由于设计工作本身的漏项、错误或其他原因而修改、补充原设计的技术资料。设计变更和现场签证两者的性质截然不同，凡属设计变更的范畴，必须按设计变更处理，而不能以现场签证处理。设计变更是工程变更的一部分内容，因而也关系到进度、质量和投资控制。

(2) 施工变更。施工变更签证主要是现场签证，所谓现场签证是指在施工现场由投资人代表、监理工程师、施工单位负责人共同签署的，用以证实施工活动某些特殊情况的一种书面手续。它不包括在施工合同和图纸中，也不像设计变更文件有一定的程序和正式手续。它的特点是临时发生、具体内容不同、没有规律性。现场签证不经过设计方签署也可生效。

2．设计变更产生的原因

(1) 改变工艺技术，包括设备的改变。

(2) 增减工程内容。

(3) 改变使用功能。

(4) 设计错误、遗漏。

(5) 提出合理化建议。

(6) 施工中产生错误。

(7) 使用的材料品种的改变。

(8) 工程地质勘察资料不准确引起的修改，如基础加深。

3．现场签证的内容及作用

现场签证主要有以下几方面的内容。

(1) 零星用工。施工现场发生的与主体工程施工无关的用工，如定额费用以外的搬运拆除用工等。

(2) 临时设施增补项目。临时设施增补项目应当在施工组织设计中写明，按现场实际发生的情况签证后，才能作为工程结算依据。

(3) 隐蔽工程签证。由于工程建设自身的特性，很多工序被下一道工序覆盖，因此必须办理隐蔽工程签证。

(4) 窝工、非施工单位原因停工造成的人员，机械等经济损失，如停水、停电、业主供料不足或不及时等。

(5) 工程使用材料的签证。另外，还有工期签证，包括施工进度签证、停水停电签证及非施工单位原因停工造成的工期拖延签证等。

小 知 识

现场签证有两个重要作用：一是作为工程结算的依据之一。现场签证以书面形式记录了施工现场发生的特殊费用，直接关系到投资人与施工单位的切身利益。特别是对一些投标报价打包的工程，结算时更是只对设计变更和现场签证进行调整。二是作为索赔和反索赔的依据。索赔是工程施工中经常发生的正常现象，可分为费用索赔和工期索赔两种。现场签证是记录现场情况的第一手资料，通过对现场签证的分析、审核，可为索赔提供依据，并据以准确地计算索赔费用。

4．现场签证存在的问题

就目前而言，现场签证仍存在不少问题。产生这些问题的原因，一方面是由于建筑市场的不规范，另一方面是参加建设的各方(包括投资人、监理、施工单位等)不够重视。总的来说，问题表现在以下几方面。

(1) 应当签证的未签证。有一些签证如零星工程、零星用工等，发生的时候就应当及时办理。还有不少投资人在施工过程中随意性较强，经常改动一些工程部位，既无设计变更，也不办理现场签证，到结算时往往发生补签困难，引起纠纷。

(2) 一些施工单位不清楚哪些费用需要签证，缺乏签证的意识。

(3) 不规范的签证。一般情况下现场签证需要投资人、监理、施工单位三方共同签字才能生效，缺少任何一方的签字都属于不规范的签证，不能作为结算和索赔的依据。

(4) 违反规定的签证。有些投资人没有配备专业的投资控制人员，不了解工程造价方面的有关规定，个别施工单位就采取欺骗手段，获得一些违反规定的签证。这类签证也是不被认可的。

5. 变更审批

(1) 提出变更的单位。设计院、设计单位、监理单位、施工单位可以提出变更。

(2) 批准变更的原则。所有设计变更均需要按程序办理审批后，才能实施。

(3) 设计变更的内容如下。

① 施工图纸漏项。

② 施工图纸错误。

③ 施工图纸设计不合理。

④ 地基地质情况与地质勘察报告不符。

⑤ 现场施工难度大，要修改设计，缩短工期。

⑥ 有比施工图纸更为经济合理的设计方案。

(4) 设计变更程序。

① 小的设计变更，指 3 万元以下的设计变更：由设计院、建设单位、监理单位或施工单位，向当地建设管理部门建设科提出申请变更内容和变更部分工程造价预算；经建设科与监理公司共同审查后，报局领导审批；再由建设科联系设计院，由设计院提出设计变更通知单，变更通知单经建设科签字盖章后，发给工地代表、施工单位和监理公司实施。

② 大的设计变更，指 3 万元以上的设计变更：由设计院、建设单位、监理单位或施工单位，向当地建设管理部门建设科提出申请变更内容和变更部分工程造价预算；由局领导主持召开工程例会，研究讨论，审查通过；再由建设科联系设计院，由设计院提出设计变更通知单或设计修改图纸，经建设科签字盖章后，发给工地代表、施工单位和监理公司实施。

6. 现场签证审批

1) 现场签证内容

现场签证内容是指在施工过程中，由施工单位提出的零星工程、临时工程、施工措施、技术核定、技术变更等内容。

2) 现场签证程序

(1) 现场签证原则。先办"工地洽商"，再办"现场签证"。

(2) 办理"工地洽商"。施工单位把要增加施工的内容先填好"工地洽商联系单"和"造价估价表"，交给监理公司。监理工程师对"工地洽商联系单"的内容进行认真审核，并征求建设科同意后，签署明确的审查意见。建设科审定、签字盖章后，发给监理公司和施工单位实施。

(3) 办理现场签证手续。"工地洽商联系单"的内容完工后，施工单位在 7 天内向监理公司提出"增加工程现场签证"和"工程造价预算"一式三份。监理工程师对"增加工程现场签证单"和"工程造价预算书"的内容进行严格、全面、认真的核量。建设科审定，签字盖章后发给监理公司和施工单位。

9.1.6 工程签证案例

××市龙兴花园 1 号楼施工过程中，由于材料价格变化涉及签证问题。工程材料价格申报表见表 9-3。

表9-3 工程材料价格申请表

工程名称	龙兴花园 1 号楼	施工地点	××市××路
建设单位	锦花公司	施工单位	金水公司
开工日期	××年××月	竣工单位	

施工内容：

    我公司承建的龙兴花园 1#楼工程，因材料价格 (市场价) 与信息价相差较多，我公司提出以下价格需业主签证。

    钢筋(鄂钢)   3900 元/t

    砂   45 元/t

    石子   35 元/t

    红砖   0.26 元/t

施工单位验收自评意见：	参加人员：××× ××年××月××日
建设单位验收意见：	建设单位代表：

9.2 建筑工程施工索赔

 引言

施工索赔是承包商保护自身正当权益、弥补过程损失、提高经济效益的有效手段。国内外建筑市场上许多工程项目通过成功的索赔能使工程收入提高到工程造价的 10%～20%，甚至更高，所以索赔管理越来越受到承包商的高度重视，成为工程管理的重要组成部分。

9.2.1 建筑工程施工索赔概述

1. 施工索赔的概念

1) 施工索赔

(1) 施工索赔的含义。施工索赔是指在工程合同履行过程中，当施工合同的一方当事人并非因自身因素而受到经济损失或权利损害时，依据合同和法律规定要求对方当事人给予费用或工期补偿的合同管理行为。

(2) 施工索赔的特点。归纳起来，索赔具有如下一些本质特征。

① 索赔是双向的。所谓双向是指不仅承包商可以向业主索赔，业主同样也可以向承包商索赔。但实际操作，后者发生的频率较低，而且在索赔处理中，业主始终处于主动和有利地位，往往可以通过各种直接的方式(如扣抵或没收履约保函、扣留保留金等)来实现自己的索赔要求。因此，实际工作中的施工索赔主要是指承包商向业主提出的索赔，业主向承包商提出的索赔则习惯上称为反索赔。

② 索赔是要求给予补偿(赔偿)的一种权利、主张，经济损失或权利损害是施工索赔的前提条件。在实践操作，只有实践发生了经济损失或权利损害或者两者同时存在时，承包商才能向业主索赔。这里所提到的经济损失是指因业主因素造成合同外的额外支出，如材料费、机械费等额外的费用。权利损害是指虽然没有经济上的损失，但造成了承包商权利上的损害，如政府性的拉闸停电对工程进度的不利影响，承包商有权要求延长工期等。

③ 索赔的依据是法律法规、合同文件及工程建设惯例，但主要应为合同文件。

④ 索赔是因非自身原因导致的，要求索赔一方没有过错。

⑤ 与合同相比较，已经发生了额外的经济损失或工期延误。

⑥ 索赔必须有切实有效的证据。

索赔是单方行为，双方没有达成协议，所以对对方尚未形成约束力。这种索赔要求能否得到最终实现，必须认为应当尽可能避免索赔，担心因索赔而影响履行合同的基础上争取合理的补偿，不是无中生有、无理争利。索赔本身就是市场经济中合作的一部分，同守约、合作并不矛盾。

(3) 施工索赔的法律基础。索赔是法律赋予承包商的正当权利，是保护自己的正当权益的手段。强化承包商的法律意识，不仅可以加强承包商的自我保护意识，而且还能提高承包商履约的自觉性，自觉防止自己侵害他人利益的同时也防止他人侵害自己的利益。

国内外工程实践中，施工索赔的法律依据主要有《中华人民共和国建筑法》、《中华人民共和国合同法》、FIDIC 土木工程施工合同条件以及一些地方性的、国家性的工程管理条例等法律法规。

(4) 施工索赔的现状。施工项目管理的核心是合同管理，而合同管理的关键又是索赔管理。但是由于长期以来计划经济体制的约束、法律观念和合同意识的淡薄，工程界还没有严格意义上的工程索赔。承发包双方对索赔的认识不够全面和正确，还不同程度地存在不敢索赔、不会索赔和不让索赔的现象，企业还需要在实践中不断强化合同意识、索赔意识、增强自我保护能力，以适应市场经济发展的需要。

① 索赔意识薄弱，对索赔及索赔管理的重要性没有足够认识，也没用引起足够的重视。

企业没有建立合同管理和索赔管理的机构、管理制度、管理程序，没有配备合格的索赔专门人员，还没有将索赔管理纳入和贯穿到整个工程项目管理的全工程之中。

② 对索赔普遍存在模糊认识甚至错误认识，对索赔行为讳莫如深，担心损害业主之间的关系，不敢索赔。有些业主则利用自己的主动地位，不准承包商索赔。

③ 索赔经验及索赔实例资料贫乏。由于我国工程企业对索赔的模糊认识，在过去的工程实践中丧失了很多的索赔机会，也未对索赔经验和教训进行系统总结，缺乏对典型索赔成功案例的收集、整理和分析工作，所以企业在针对具体工程索赔时，不知如何进行和运作，不会索赔。

④ 索赔专门人才缺乏。

2) 施工索赔的作用

索赔是一种经济补偿行为，工程索赔的健康开展，对培育和发展建筑市场、促进建筑业的发展、提高工程建设的效益将发挥非常主要的作用。工程索赔的作用主要表现在以下方面。

(1) 索赔是合同和法律赋予正确履行合同者免受意外损失的权利，索赔是当事人保护自己、避免损失、提高效益的一种重要手段。

(2) 索赔既是落实和调查合同双方经济责、权、利关系的手段，也是合同双方风险分担的又一次合理再分配。离开了索赔，合同责任就不能全面体现，合同双方的责、权、利关系就难以平衡。

(3) 索赔是合同实施的保证。索赔是合同法律效力的具体体现，对合同双方形成约束条件，特别是能对违约者起到警戒作用，从而使合同双方尽量减少违约行为的发生。

(4) 索赔对提高企业和工程项目管理水平起到重要的促进作用。我国施工企业在许多建设项目实施过程中无法提出索赔或索赔不成功，往往与其管理松散、计划实施不严等密切相关，因此对于承包人而言，要想有效利用索赔，就应该加强企业管理水平和项目管理水平。

(5) 索赔有助于承发包双方更快熟悉国际惯例，熟练掌握索赔和处理索赔的方法和技巧，有助于对外开放和国际工程承包的开展。

2．施工索赔的原因分析

1) 索赔的起因

施工索赔的起因很多，归纳起来主要有工程建设过程中得复杂性、业主方面的原因、合同组成和文字方面、国家政策和法律法规变等诸多原因，具体主要体现以下几个方面。

(1) 现代承包工程的特点是设计面广、综合性强、产生过程复杂。因此，只要有一个相关因素出现问题，就有可能引起其他各环节发生额外损失或额外支出，从而引发索赔事件。

(2) 业主违约或业主间接违约(如业主指定的分包商违约或业主提出更换材料、暂停施工等要求)而造成承包商额外的支出或延误工期。

(3) 合同双方对合同组成和文字的理解差异、合同文件规定自相矛盾，或合同内容遗漏、错误等而引发的索赔。

(4) 国家政策、法律法规的变更导致原合同签订的法律基础发生变化，直接影响承包商的经济效益。

上述这些原因在任何工程承包合同的实施过程中不可避免，所以索赔不可避免，承包商为取得过程经济效益，必须重视施工索赔。

2) 索赔的条件

在工程施工索赔过程中要取得成功，索赔要求必须符合下列条件。

(1) 与合同相比，已造成了实际的额外费用或工期损失。

(2) 造成费用增加或工期损失的原因不属于承包商的行为责任。

(3) 造成费用增加或工期损失不是承包商承担的风险。

(4) 承包商在事件发生后的规定时间内提交了索赔的书面意向通知和索赔报告。

3. 施工索赔的分类

施工索赔的分类方法很多，各种分类方法都是从某一个角度对施工索赔进行分类，主要有以下几种分类方法。

1) 按合同类型分类

(1) 总承包合同索赔。

(2) 分包合同索赔。

(3) 合作合同索赔。

(4) 劳务合同索赔。

(5) 其他合同索赔(如承包商与设备材料供应商、与保险公司、与银行之间的索赔等)。

2) 按索赔的依据分类

(1) 合同内索赔。合同内索赔是指索赔及内容可在合同内找到依据。

(2) 合同外索赔。合同外索赔是指索赔及内容和权利难以在合同条件中找到依据，但可以从合同引申含义和合同使用法律或政府颁发的有关法规中找到索赔的依据。

(3) 道义索赔。道义索赔是指承包商在合同内外找不到证据，而无法提出索赔的条件和理由，此时业主提出的优惠性质的补偿。如承包商投标时对标价估计不足而投低标，工程施工中发现比原先预期困难大得多，有可能无法完成合同，某些业主为保证工程顺利进行，可能会同意给予一定的补偿。

3) 按索赔目标不同分类

(1) 工期索赔。工期索赔是由非承包商自身因素而造成的工程延误(如停电、地震、业主变更材料等)，承包商要求业主延长工期，从而避免误期违约罚款等而采取的索赔。

(2) 费用索赔。费用索赔是由各种非承包商自身因素而造成的额外开支，承包商向业主提出的补偿费用损失。

4) 按索赔处理发生的不同分类

(1) 单项索赔。单项索赔是指当事人就某一单一因素的发生而及时提出的索赔。单项索赔产生的条件为：索赔原因单一、责任清楚、容易处理、涉及金额较少、业主能够接受的理由。

(2) 总索赔。总索赔是指工程竣工前后，承包商将工程实施工程中由于各种原因未能及时解决的单项索赔集中起来进行综合考虑，提出一份综合索赔报告，由合同双方在工程交付前后进行最终谈判、解决。

9.2.2　施工索赔的处理

1. 施工索赔的程序

1) 施工索赔的程序

索赔处理程序是指从索赔事件产生到最终处理全过程所包括的各个工作环节。

在建设工程中，具体工程的索赔工程程序应根据双方签订的施工合同产生，不同的施工合同可能会出现不同的索赔的工作程序。在工程实践中，索赔处理程序一般可按如下步骤进行。

(1) 提出索赔意向。在索赔事件发生后，承包商必须抓住索赔机会，在合同规定的时间内(《我国建设工程施工合同示范文本》规定为28天)及时向业主或工程师书面提出索赔意向通知。该项通知是承包商就具体的索赔事件向工程师和业主表示的索赔愿望和要求。若超过合同规定的期限，工程师和业主有权拒绝承包商的索赔要求。在国际工程中许多承包商因未能遵守这个期限而导致索赔无效的案例很多。

(2) 准备索赔资料。从提出索赔意向到提交索赔文件，是属于承包商的内部处理阶段和索赔资料准备阶段。这一阶段也为28天，包括的主要内容有以下几方面。

① 调查索赔事件产生的详细经过，寻求索赔机会。

② 损害事件的愿意分析，划清各方责任，确定由谁承担。

③ 掌握索赔依据，主要指合同文件。

④ 搜集证据，从索赔事件的产生开始至结束，全过程要保持完整的记录，是索赔能否成功的重要条件。按FIDIC条件，承包商最多只能获得有证据能够证实的那部分索赔的要求的支付。

⑤ 损失或损害的调查计算。建设工程中分析索赔事件的影响，主要表现为工期的延长和费用的增加。损失调查的重点只收集、分析、对比实际和计划的施工进度、工程成本和费用方面的资料，在此基础上计算索赔。

⑥ 起草索赔文件。起草文件是合同管理人员在其他项目管理职能人员配合和协助下起草的。索赔文件中必须要有足够的强有力证据材料，若在索赔文件中提不出证明其索赔的理由、索赔事件的影响、索赔值的计算等方面的详细资料，则索赔要求是不能成立的。所以索赔文件是索赔要求能否获得有利和合理解决的关键。

(3) 提出索赔文件。在规定的时间内，承包商必须向工程师和业主提交索赔报告。按FIDIC条件和我国建设工程施工合同条件要求，必须在索赔意向通知发出后的28天内或经工程师同意的合理时间内递交索赔报告。如索赔事件对工程影响持续时间长，承包商则应按工程师要求的合理间隔提交中间索赔报告，并在索赔事件影响结束后的28天内提交一份最终索赔报告。

(4) 审核索赔文件。工程师根据业主的委托或授权，通过分析、计算，对承包商所提出的索赔要求进行审核，重点审核索赔要求的合理性和合法性。我国《建设工程施工合同示范文本》规定，工程师收到承包商交送的索赔文件及资料后于28天内给予答复，或要求承包商进一步补充索赔理由和证据。否则视该项索赔已经认可。

(5) 处理和解决索赔。从索赔文件的递交到索赔结束是索赔的处理和解决的过程。这个阶段的重点是通过谈判、调节或仲裁，使索赔得到合理的解决。索赔程序如图9.1所示。

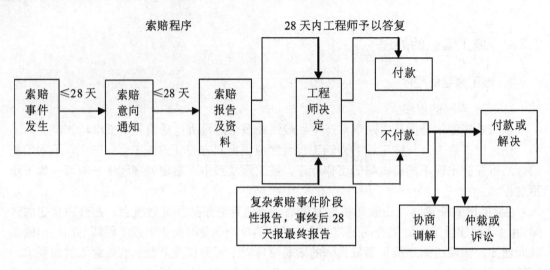

图 9.1　索赔程序

2）施工索赔的证据

索赔证据是当事人用来支持其索赔成立或和索赔有关的证明文件和材料。

工程建设中，尤其是索赔中，索赔证据准备的充分程度对索赔成功与否关系重大，强有力的证据是索赔成功的前提条件。在工程实施工程中，常见的索赔证据主要有如下几种。

(1) 各种往来信函。

(2) 气象资料。

(3) 各种工程合同文件。

(4) 施工日志。

(5) 会议纪要。

(6) 工程进度计划。

(7) 备忘录及各种签证。

(8) 工程结算资料和有关财务报告。

(9) 各种检查验收报告和技术鉴定报告。

(10) 其他资料，如订货单、投标前业主提供的参考资料和现场资料、国家法律法规，以往案例等。

3）施工索赔报告

索赔报告也称索赔文件，它是合同一方向对方提出索赔的书面文件，全面反映了一方当事人提出的索赔要求和主张，对方当事人也是通过对索赔文件的审查、分析和评价作出对索赔的认可、要求修改和拒绝。索赔文件是双方当事人进行索赔谈判的重要依据，因此索赔方必须认真编写索赔报告。

(1) 索赔报告的内容。

① 标题。索赔报告的标题应该能够简要、准确地概括索赔的中心内容。

② 事件。详细描述事件过程，主要包括索赔事件发生的工程部分、发生的时间、原因和经过、影响的范围以及承包人当时采取的防止事件扩大的措施、事件持续时间、承包人已经向业主或工程师报告的次数及日期、最终结束影响的时间、事件处置过程中有关主要人员办理的有关事项等。

③ 理由。即索赔依据，主要是依据法律和合同条件的规定。合理引用法律和合同的有关规定，建立事实与损失之间的因果关系，说明索赔的合理、合法性。

④ 结论。指出事件造成的损失或损害及其大小，主要包括要求补偿的金额及工期，这部分只需列举各项明细数字及汇总数据即可。

⑤ 详细计算书。为了证实索赔金额和工期的真实性，必须指明计算依据及计算资料的合理性，包括损失费用、工期延长的计算基础、计算方法、计算公式及详细的计算过程及计算结果。

⑥ 附件。包括索赔报告中所列举的事实、理由、影响等各种证明文件、证据和图表。

(2) 索赔文件的编写要求。索赔文件如果起草不当，会失去索赔方的有利地位和条件，导致索赔失败。因此编写索赔报告时应该注意以下事项。

① 索赔事件要真实、证据确凿。索赔的根据和数额应符合实际情况，不能虚构和扩大，更不能无中生有，这是索赔的基本要求。这既关系到索赔的成败，也关系到承包人的声誉。一个符合实际的索赔文件，可使业者或工程师往往无法拒绝其索赔要求；反之，若索赔报告缺乏依据，漏洞百出，只会导致业主或工程师的反感，即使索赔文件中存在正当的索赔理由也有可能被拒绝。

② 计算索赔值要合理、准确。索赔文件中存在正当的索赔值的详细计算资料，指明计算依据、计算原则、计算方面、计算过程及计算结果的合理性，必要的地方应进行详细说明。若索赔值被高估，会给对方留下不好的印象，影响索赔的成功。

③ 责任分析要清楚。索赔文件中责任分析应清楚、准确。一般索赔所针对的时间都是由于非承包商责任造成的，因此在索赔报告中要善于引用法律和合同中的有关条款，详细、准确地分析并明确指出对方应承担的责任，并附上有关证据材料，不可在责任分析上模棱两可、含糊不清。

④ 要强调事件的不可预见和突发性。索赔文件中应强调即使作为一个有经验的承包商也无法预计该索赔事件的发生，而且索赔事件发生后承包人采取了有效措施来防止损失和不良后果的扩大，从而使索赔更易被对方接受。

⑤ 简明扼要、用语应尽量婉转。索赔文件在内容上应组织合理、条例清楚，既能完整地反映索赔要求，又要简明扼要，使对方能很快理解索赔的性质。同时要注意用语应尽量婉转，避免使用强硬、不客气的语言。

2．施工索赔争端的解决

承包商双方解决施工索赔争端的主要方法是谈判解决、DAB 方式和仲裁。

1) 谈判解决

承包商对业主的索赔处理决定有异议时，业主和承包商可以在工程师提出的索赔处理意见的基础上，通过谈判友好解决，作出索赔的最后决定。

索赔谈判中承包商处于不利的地位，必须讲究谈判的策略和艺术，通过做好下列工作争取获得谈判成功。

(1) 选择精明强干和有丰富经验的人员组成谈判小组。小组人员不宜太多，最少两人，以便一人主谈，另一人观察谈判形势，考虑对策。

(2) 谈判前做好充分准备。准备工作包括预测谈判过程、预计对方可能提出的问题并准备对策、制定保持友好和和谐气氛的措施及争取有利时机的措施等。

(3) 谈判开始时，应从业主关心的议题入手，从业主感兴趣的问题开谈，保持友好和谐的谈判气氛。

(4) 谈判中要讲事实、重证据，既要据理力争、坚持原则，又要适当让步、机动灵活。

2) DAB 方式和仲裁

DAB 是争端裁决委员会的简称，承包商与业主 (或工程师) 将索赔争端直接提交 DAB 解决，通常称为 DAB 方式，是 FIDIC 合同条件规定的合同争议解决方式。

(1) DAB 的组成。DAB 由 3 名委员组成，他们应当懂法律，熟悉项目管理和合同管理，有技术专长和经验。开工日期后的 28 天内合同当事人双方各提出一个委员，然后共同提出第三名委员，经双方批准后组成 DAB。

(2) 合同当事人与 DAB 签订解决争端的协议。合同双方共同与 DAB 签订协议，并将协议写在合同的争端协议书中。

9.2.3 施工索赔值的计算

1. 工期索赔的计算

1) 工期索赔的概念及目的

工期索赔是指在工程施工中，常常会发生一些未能预见的干扰事件使施工不能顺利进行，使预定的施工计划受到干扰，致使工期延长而引发的索赔事件。

承包商进行工期索赔的目的通常有两个。

(1) 免去或推卸自己对已经产生的工期延长的合同责任，使自己不支付或尽可能少支付工期延长的罚款。

(2) 进行因工期延长而造成的费用损失的索赔或延长工期的索赔。

2) 工期索赔成立的条件

在建设工程实施的过程中，工期索赔成立的条件主要从以下两下方面考虑：一方面，发生了非承包商自身原因的索赔事件；另一方面，索赔事件造成了总工期的延误。

3) 关于工期延误的一般合同规定

因非承包商自身因素造成工期延误而引发承包商向业主提出工期索赔要求，这是施工合同赋予承包商的正当权利。

我国《建设工程施工合同示范文本》第十三条规定：对以下造成竣工日期延误的情况，经工程师确认，工期可以相应顺延。

(1) 发包人未能按专用条款的约定提供图纸及开工条件。

(2) 发包人未能按约定日期支付工程付款、进度付款，致使施工不能正常进行。

(3) 工程师未能按合同约定提供所需指令、批准等，使施工不能正常进行。

(4) 设计变更和工程量增加。

(5) 一周内非承包人原因停水、停电、停气等造成停工累计超过 8h。

(6) 不可抗力因素。

(7) 专用条款中约定或工程师同意工期顺延的其他情况。

若发生上述情况，承包商在事件发生后的 14 天内应以书面形式向工程师提出关于延误工期的报告。工程师收到报告后 14 天内予以确认，逾期不确认也不提出修改意见，视为同意工期顺延。

小 知 识

在 FIDIC 条款中工程延误的和审批包含两方面：一方面是承包商的通知，即承包商应在引起工程延误的事件开始发生后 28 天内通知工程师，随后，承包商应提交要求延期的详细说明。若引起工程延期的事件具有持续性的影响，不可能在申请延期的通知书发出后 28 天向工程师提交阶段性的详细说明，应在事件影响结束后的 28 天内提交最终详情说明；另一方面是工程师作出工程延期的决定，即工程师接到要求延期的通知后应进行确认，在承包商提交详细情况说明后，应进一步确认，对其中申述的情况进行研究，并在规定的时间内作出工程竣工时间是否延长的决定。

4) 工期索赔的计算方法

工期索赔的计算方法有两种：网络图分析法和比例分析法。其中网络图分析法是最科学的，使用该方法的工程索赔容易获得成功。比例计算法最大的优点就是计算简单，但比较粗略，在不能采用其他方法计算时使用。

(1) 网络图分析法解决问题的主要思路是：假设工程一直按原网络计划确定的施工顺序和时间进行施工，当一个或多个干扰事件发生后，使网络中得某个或某些活动受到干扰后的新的持续时间代入网络中，重新进行网络分析和计算，会得到一个新工期。新工期与原工期之差即为干扰事件对总工期的影响，为承包商的工期索赔值。

网络分析法适用于各种干扰事件引起的工期索赔。但对于大型、复杂的工程，手工计算比较困难，需借助计算机来完成。

具体计算一般分两种情况。

非因承包商自身的原因造成关键线路上的工序暂停施工：

$$工期索赔值=关键路上的工序暂停施工的日历天数$$

非因承包商自身因素造成非关键线路上的工序暂停施工：

$$工期索赔值=工序暂停施工日历天数-该工序的总时差天数$$

若时差为零或为负数时，工期不能索赔。

(2) 比例计算法。实际中，干扰事件常常不仅影响某些单项工程、单位工程或分部分项的工期，要分析它们对总工期的影响，若采用网络分析法必须要借助计算机，否则分析极为困难，所以可采用简单、粗略的计算方法——比例法，它是某个技术经济指标作为比较基础计算出工期索赔值。具体计算按引起误期的事件体现为：

按造价进行计算，即

$$工期索赔值=原合同工期×\frac{附加或额外工程量价格}{原合同总价}$$

按工程量进行计算，即

$$工期索赔值=原工期×\frac{额外或新增工程量}{原工程量}$$

此外，除以上两种主要方法外，还有一种直接的计算法，即当干扰事件直接发生在关键线路上或一次性地发生在一个项目上，造成总工期的延误，这时可通过查看施工日志、变更指令等资料，直接将这些资料中记载的延误时间作为工期索赔值。

2. 经济索赔计算

1) 经济索赔的概念

经济索赔(费用索赔)是指承包商在非自身因素影响下遭受经济损失时向业主提出补偿其额外费用损失的要求。

2) 经济索赔的原因

当合同环境发生变化时，就会引起工程中的经济索赔。归纳起来，经济索赔产生的原因主要有如下几个方面。

(1) 业主违约索赔。

(2) 工程变更索赔，如施工方案的变更、原材料的变更等。

(3) 业主拖延支付工程款或预付款。

(4) 工程加速而增加的额外费用损失。

(5) 业主或工程师责任造成的可补偿费用的延误。

(6) 工程中断或终止而带来的费用损失。

(7) 工程量增加。

(8) 业主指定的分包商违约。

(9) 合同缺陷。

(10) 国家政策、法律及法规变更等。

3) 经济索赔的原则

经济索赔必须按照如下几个计算原则进行。

(1) 赔偿实际损失的原则。

(2) 合同原则，即索赔值的计算必须符合合同规定的计算基础和方法。

(3) 符合规定的或通过的会计核算原则及工程惯例。

4) 经济索赔的种类

(1) 工期拖延的费用索赔。

(2) 工程变更的费用索赔。

(3) 加速施工的费用索赔。

(4) 其他情况的费用索赔，如工程中断、合同终止、特殊服务、材料和劳务价格上涨等所引发的索赔。

5) 经济索赔的计算方法

经济索赔是整个合同索赔的重点和最终目标。其具体索赔费用根据不同的索赔事件有不同的构成，详细情况可参照有关的合同条款。

常用的经济索赔计算方法有总费用法、修正总费用法、分项法。在这里不作重点要求，课后可以进行拓展学习。

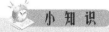

索赔技巧

索赔是一门科学，涉及工程技术、工程管理、法律、财会等众多科学知识，因此，索赔实践工程实际上是这些知识综合应用的过程。

索赔事件成功与否不仅需要有令人信服的法律依据、充分的理由和合理的计算方法，还需要一定的索赔策略和技巧。

索赔实践中，承包商要防止两种极端倾向：只讲义气、情意及关系而忽视应有的合理索赔；不顾关系，过分注重索赔，斤斤计较，缺乏长远和战略目标。

开展索赔工作应学会以下常用的索赔技巧。

(1) 正确把握提出索赔的时机。过早或过迟提出索赔都失为良策。过早可能会导致业主方施以挑剔、反驳或报复等；过迟，业主可能会按合同规定找到借口拒绝索赔。所以，承包商必须适时把握提出索赔。

(2) 索赔谈判中注意方式方法。在索赔谈判实践中，索赔方措辞应婉转，说理应透彻，以理服人，而不是得理不让人，尽量避免使用抗议提法，以做到和谐解决，达到自己的索赔要求。若索赔方一次又一次合理的索赔要求，对方采用不合作态度或置之不理，严重影响工作正常进行，索赔方可以采用较为严厉的措辞和切实可行的手段，以实现索赔的目标。

(3) 处理索赔时学会适当必要的退让。在索赔谈判和处理过程中，根据实际情况作出适当的让步是十分必要的。可以适当放弃金额小的索赔而坚持大项索赔，这样容易促成自己达到最终索赔目的。

(4) 发挥公关能力。在索赔过程中，有时还需要索赔人员的公关能力，采用合法的手段和方法，营造适合索赔争议解决的良好环境和氛围，促使索赔问题早日圆满解决。

9.2.4 施工索赔的管理

1. 工程师对施工索赔的影响

目前使用的主要施工合同文本，都实行以工程师为核心的管理模式，使工程师对整个合同的形成和履行过程，包括索赔的处理和解决过程，有着十分重要的影响。

(1) 工程师受业主委托进行工程项目管理的影响。工程师业受业主委托进行工程项目管理，对施工索赔将产生以下两方面的影响。

① 工程师的某些指令可能导致承包商提出索赔。工程师在工程项目管理中的失误，或在行使施工合同管理权利中使承包人发生额外损失时，承包人可以向业主索赔，业主应当承担合同规定的损害赔偿责任。

② 工程师的合同管理有助于减少索赔事件的发生。工程师通过对合同履行过程的监督与跟踪，及早发现干扰事件，采取措施降低干扰事件的不利影响，减少损失，避免索赔。

(2) 工程师有权处理合同当事人提出的索赔要求。工程师处理索赔事项的权限主要有如下两方面。

① 接到索赔意向通知后，工程师有权检查索赔人的原始记录。

② 对索赔报告进行审查分析。

如前所述，索赔报告由工程师评审。工程师有权反驳不合理的索赔要求，指令索赔人作进一步的解释或补充资料、提出索赔处理意见。

③ 与索赔人不能协商一致时，工程师有权单方面作出决定。

④ 对于合理的索赔要求，工程师有权将索赔款纳入工程进度中，出具付款证书，业主

应在合同规定的期限内支付。

(3) 工程师是索赔争议的调节和见证人。

① 承发包双方发生索赔争议，通常首先提请工程师调解。

② 工程师可以作为索赔争议提请仲裁或诉讼中的见证人。

承发包双方的索赔争议提请仲裁或诉讼解决时，工程师有义务作为索赔事件的见证人，提供证据，并在仲裁机构或人民法院要求时作出答辩。

2. 工程师索赔管理的任务

索赔管理是工程师进行工程项目管理的主要任务之一。其基本目标是：尽可能减少索赔事件的发生，公平合理地解决索赔问题。具体任务如下。

(1) 预测与分析导致索赔的原因和可能性，防止发生工作疏漏引起的索赔。承包人的合同管理人员是通过寻找工程师在技术、组织和管理工作中的疏漏，获得索赔机会的。工程师在工作中应能预测到自己行为的后果，预防发生疏漏，在起草文件、下达命令、作出决定、答复请示等时，都应注意到完备性和严密性；颁发图纸、编制计划和实施方案等都要考虑到正确性和周密性。

(2) 通过有效地合同管理减少索赔事件发生。

① 工程师可以促进合同顺利履行。工程师认真负责地进行工程项目管理，为承发包双方提供良好的服务，做好协调工作，缓和双方矛盾，建立良好的合作氛围，促使合同顺利履行。合同履行越顺利，索赔事件就越少，即使有索赔事件发生，也越容易解决。

② 工程师可以预防索赔事件的发生。工程师通过质量控制、进度控制、费用控制和信息管理、合同管理、消化合同履行中的风险，可以将索赔事件的发生减少到最低限度。

③ 公正地处理和解决索赔事项。工程师作为索赔争议的调解人和见证人，必须以公正地第三方的立场，处理和解决索赔事项，维护当事人双方的合法权益，促使合同顺利履行，实现当事人双方的合同目标。

小 知 识

合理地处理索赔事项，必须遵循公正原则。公正原则要求工程师从工程整体效益、工程总项目出发作出判断和索赔处理意见。

9.3 索赔案例分析

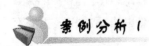
案例分析 I

1. 背景内容

为了实施某建设项目，业主与施工单位按《建设工程施工合同示范文本》签订了建设工程施工合同。在工程施工过程中，遭受特大暴风雨袭击，造成了相应的损失，施工单位及时向工程师提出补偿要求，并附有相关的详细资料和证据。

施工单位认为遭受暴风雨袭击是因不可抗力造成的损失，故应由业主承担赔偿责任，包括以下几方面。

(1) 给已建部分工程造成的破坏，损失计 18 万，应由业主承担修复的经济责任。

(2) 施工单位人员因此灾害受伤，处理医药费用和补偿金总计 3 万元，业主应予赔偿。

(3) 施工单位进场的正在使用的机械、设备受到损坏，造成损失 8 万元，同时由于现场停工造成台班费损失 4.2 万元，业主应承担赔偿和修复责任。

(4) 工人窝工费 3.8 万元。

(5) 因暴风雨造成现场停工 8 万元，要求合同工期顺延 8 天。

(6) 由于工程损害，清理现场需费用 2.4 万元，请求业主支付。

2. 问题

(1) 因不可抗力事件导致的损失与延误的工期，双方按什么原则分别承担？

(2) 作为现场的工程师，应对施工单位提出的赔偿要求如何处理？

3. 解答

【解答1】不可抗力的后果承担原则如下。

(1) 工程本身的损害、因工程损害导致第三方人员伤亡和财产损失以及运至施工现场的用于施工的材料和待安装的设备的损害，由发包人承担。

(2) 发包人和承包人人员伤亡由其所在单位负责承担相应责任。

(3) 承包人机械设备损害及停工损失，由承包人承担。

(4) 停工期间，承包人应工程师要求留在施工现场的必要管理人员及保卫人员的费用由发包人承担。

(5) 工程所需清理费用、修复费用，由发包人承担。

(6) 延误的工期相应顺延。

由合同一方拖延履行合同后发生不可抗力的，不能免除责任。

【解答2】索赔事件结果处理如下。

(1) 工程本身损失 18 万元，由业主承担。

(2) 施工单位人员的医疗费用和补偿金 3 万元，由施工单位自行承担，索赔不予支持。

(3) 施工单位的机械设备损坏和停工损失自己承担，索赔不予支持。

(4) 工人窝工费 3.8 万元由施工单位自己承担，索赔不予支持。

(5) 顺延工期 8 天可以索赔。

(6) 工程清理费用 2.4 万元索赔予以支持。

 案例分析 2

1. 背景内容

某工程由一条公路和跨越公路的人行天桥构成，合同总价 400 万元，合同工期 20 个月。施工过程中由于图纸出现错误，工程师指示一部分工程暂停，承包商只能等待图纸修改后再继续施工。后来又因高压线需要电力部门迁移后方能施工，造成工期延误 2 个月。另外又因增加额外工程 12 万元(已经得到补偿)，经工程师批准延期 1.5 个月。承包商经赶工按计划工期竣工，同时提出了费用索赔。

2. 问题

(1) 因图纸错误的延误，造成3台设备停工损失1.5个月。

汽车吊

$$45 元/台班×2 台班/天×37(工作天)=3330(元)$$

空压机

$$30 元/台班×2 台班/天×37(工作天)=2220(元)$$

辅助设备

$$10 元/台班×2 台班/天×37(工作天)=740(天)$$

小计：6290元。

管理费分摊(12%+7%)1195.1元，利润(5%)314.5元。

该项合计：7799.6元。

(2) 高压线迁移延误2个月的管理费和利润。

$$每月现场管理费=400 万元×12\%/20 月=24000(元/月)$$

$$现场管理费增加=24000 元/月×2 月=48000(元)$$

$$公司管理费和利润=48000 元×(7\%+5\%)=5760(元)$$

该项合计：53760元。

(3) 新增额外工程使工期延长1.5个月，要求补偿现场管理费。

$$24000 元/月×1.5 月=36000(元)$$

承包方的费用索赔总计：7799.6元+53760元+36000元=97559.6元。

以上的费用索赔是否合理，并说明原因。

3.解答

【解答1】因图纸错误造成的工期延误给承包商造成的部分设备损失是正确的，但不应该按台班费计算，而应按停置台班或租赁费用计算，且闲置一天计一个台班，故该项费用经核减为3930元。

【解答2】因高压线迁移导致工期延误损失中，工程师认为每月现场管理费的计算是错误的，不能按合同总价计算，而只能按直接费计算，即

$$扣除利润后的合同总价=400 万元/(1+5\%)=380.9524(万元)$$

$$扣除公司管理费后的总成本=380.9524 万元/(1+7\%)=356.03(万元)$$

$$扣除现场管理费后的直接成本=356.03 万元×(1+12\%)=317.88(万元)$$

$$则每月的现场管理费=317.88 万元×12\%/20 月=19073(元)$$

延误2个月的现场管理费=38146元。

因工程按原计划竣工，公司管理费与利润的索赔不予支持。

【解答3】对于新增额外工程，工程师认为施工工期与原合同中相应工程量和工期相比应为0.6个月(12万元/400万元×20月=0.6月)，实际工期为1.5个月；而新增工程量的12万元已经包括了现场管理费、公司管理费和利润，即0.6个月中的上述3项费用已经支付给承包商，因此承包商只能获得剩余0.9个月的附加费用。即

每月现场管理费：19073元/月。

$$应补偿的现场管理费=0.9 月×19073 元/月=17165.7(元)$$

该项补偿为 17165.7 元。

最终经过工程师审核，支付给承包商的费用补偿为 3930 元+38146 元+17165.7 元=59240.7 元，核减 38318.9 元。

 索例分析 3

1. 背景内容

结合以下案例，学习施工过程中工期索赔及费用索赔报告的编写。

某工程有 A、B、C、D、E 共 5 个单项工程。合同规定由业主提供水泥。在实际施工中，业主没能按合同规定日期供应水泥，造成工程停工待料。根据现场工程资料和合同双方通信等证明，由于业主水泥提供不及时对工程施工造成如下影响：A 单项工程 500m³ 混凝土推迟 21 天，B 单项工程 850m³ 混凝土推迟 7 天，C 单项工程 225m³ 混凝土基础推迟 10 天，D 单项工程 480m³ 混凝土基础推迟 10 天，E 单项工程 120m³ 砖基础推迟 27 天。针对以上情况，承包商按合同规定期限及有关程序对业主提出工期索赔，其工期索赔报告如下。

2. 索赔报告

> 题目：关于业主水泥提供不及时造成工期延误索赔
>
> 事件：根据现场工程资料的记录（具体记录内容略）和合同双方所通信件（信函内容略），因业主水泥提供不及时对工程所造成的后果如案例中所述（此处略），根据双方签订合同中"业主提供水泥"的规定，业主行为属于违约行为。
>
> 理由：根据我国《建设工程施工合同示范文本》第十三条款的规定，承包商可向业主提供出工期的索赔。
>
> 结论：该业主的行为造成工期延误，具体延误值经计算为 20 天（按比例分析法计算）。
>
> 延期计算：按比例分析法计算，由单项工程工期拖延的平均值确定。
>
> 总延长天数：21 天+7 天+10 天+10 天+27 天=75 天。
>
> 平均延长天数：75 天/5=15 天（平均延长天数=总延长天数/单项工程总数）。
>
> 工期索赔值：15 天+5 天=20 天(加 5 天为考虑各单项工程工期延误不均匀性对总工期的影响)。
>
> 附录：列出工程现场资料（如施工日志等）证据及有关的法律、法规(略)。
>
> 另外：费用索赔报告的编写格式与工期索赔报告的格式基本相同，只是要增加损失估价，即要列出损失费用的计算方法、计算基础及其具体数值的大小。

 索例分析 4

1.背景内容

某国际大酒店工程属于外资贷款项目，业主与承包商按照 FIDIC《土木工程施工合同条件》签订了施工合同。施工合同《专用条件》规定：钢材、木材、水泥由业主供货到现场仓库，其他材料由承包商自行采购。在工程进行过程中出现了以下事件。

事件一：当工程施工至第五层框架柱钢筋绑扎时，因业主提供的钢筋未到货，使该项作业从7月3日至7月16日停工(该项作业的总时差为零)。

事件二：7月7日至7月9日因现场停水、停电使第三层的砌砖停工(该项作业的总时差为4天)。

事件三：7月14日至7月17日因砂浆搅拌机发生故障使第一层抹灰开工推迟(该项作业的总时差为4天)。

承包商针对以上事件于7月20日向工程师提交了一份索赔意向书，并于7月25日提交了一份工期、费用索赔计算书和索赔依据的详细资料。其计算书如下。

1) 工期索赔

(1) 框架柱绑扎14天(7月3日—16日)。

(2) 砌砖。3天(7月7日—9日)。

(3) 抹灰。4天(7月14日—17日)。工期索赔共计21天。

2) 费用索赔

(1) 窝工人工费用。

① 钢筋绑扎。45人×20.15元/工日×14天=12694.5(元)。

② 砌砖。40人×20.15元/工日×3天=2418(元)。

③ 抹灰。45人×20.15元/工日×4天=3627(元)。

(2) 窝工机械费用。

① 塔吊一台。600元/天×14天=8400(元)。

② 混凝土搅拌机一台。65元/天×14天=910(元)。

③ 砂浆搅拌机一台。35元/天×(3+4)天=245(元)。

(3) 保函费延期补偿。

$$(2000万元×10\%×6‰/365天)×21天=690.41(元)。$$

(4) 增加管理费。

$$(12694.5+2418+3627+8400+910+245+690.41)元×15\%=4373.74(元)$$

(5) 增加利润。

$$(12694.5+2418+3627+8400+910+245+690.41+4373.74)元×7\%=2335.11(元)$$

费用索赔总计：12694.5+2418+3627+8400+910+245+690.41+4373.74+2335.11=35693.76(元)。

2. 问题

(1) 承包商提出的工期索赔是否正确？应予批准的工期索赔为多少天？

(2) 假定双方协商一致，窝工机械设备费用索赔按台班单价的65%计取；考虑对窝工工人应该合理安排从事其他作业后的降效损失，窝工人工费用索赔按10元/工日计取，保函费用计算方式合理；管理费用和利润不补偿。请计算费用索赔额。

3. 解答

【解答1】

对于承包商提出的工期索赔第一条正确；第二、三条不正确。

(1) 框架柱绑扎停工的计算日期为：7月3日—16日。共计14天。因为是由于业主提供的钢筋没有到货造成的；而且该项作业的总时差为0天，说明该作业在关键线路上。因此应该给予14天的工期补偿。

(2) 砌砖停工的计算日期为7月7日—9日。共计3天。因为虽然此项作业是由于业主的原因造成的，但该项作业的总时差为 4 天，停工 3 天并没有超出总时差。因此不应该给予工期补偿。

(3) 抹灰停工的计算日期为 7 月 14 日—17 日。共计 4 天。因为是由于承包商自身原因造成的。因此不应该给予工期补偿。

综上可知，应该批准的工期索赔为 14 天。

【解答2】

费用索赔额计算如下。

(1) 窝工人工费用。

① 钢筋绑扎。此事件是由于业主原因造成的，但是窝工工人已安排从事其他作业，所以只考虑降效损失，题目已经给出人工索赔按 10 元/工日计取。

$$45 人 \times 10 元/工日 \times 14 天 = 6300(元)$$

② 砌砖。此事件是由于业主原因造成的，但是窝工工人已安排从事其他作业，所以只考虑降效损失，题目已经给出人工索赔按 10 元/工日计取。

$$40 人 \times 10 元/工日 \times 3 天 = 1200(元)$$

③ 抹灰。此事件是承包商自身原因造成的，所以不给予任何补偿。

(2) 机械费用。

① 塔吊一台。按照惯例闲置机械只计取折旧费用。

$$600 元/天 \times 14 天 \times 65\% = 5460(元)$$

② 混凝土搅拌机一台。按照惯例闲置机械只计取折旧费用。

$$65 元/天 \times 14 天 \times 65\% = 591.5(元)$$

③ 砂浆搅拌机一台。按照惯例闲置机械只计取折旧费用。

$$35 元/天 \times (3+4)天 \times 65\% = 159.25(元)$$

(3) 保函费延期补偿。

$$(2000 万元 \times 10\% \times 6‰/305 天) \times 14 天 = 460.27(元)$$

(4) 管理费与利润不计取。

则费用索赔总计：6300+1200+5460+591.5+159.25+460.27=14171.02(元)。

本章小结

本章主要讲述的是建筑工程索赔的签证管理以及索赔报告的编制、索赔的程序处理和实际案例的运用。详细介绍了工期签证和材料预算价签证、工程量计算签证、设计变更与施工变更签证等，并重点介绍了建筑工程施工索赔概述，施工索赔的处理，施工索赔值的计算以及如何通过综合知识来解决实际的问题。使我们在了解索赔的程序以及条件的基础上，能够达到实际的操作和运用。

习　题

一、填空题

1. _____是指承包商在非自身因素影响下遭受经济损失时向业主提出补偿其额外费用损失的要求。

2. 《建设工程施工合同(示范文本)》由_____、_____和_____ 3 部分组成。

3. _____是根据承包合同、设计图纸及由监理工程师签认的质量凭证，按有关工程计算规定，对承包单位上报的已完成的工程量进行核验的监理活动。

4. 工期索赔的计算方法有两种：_____和_____。其中_____法是最科学的，使用该方法的工程索赔容易获得成功。

5. 业主向承包商提出的索赔则习惯上称为_____。

6. _____是指施工过程承发包双方对工期延长部分的签认，是索赔过程中索赔的有效证明材料。

7. 现场签证的原则是：先办"_____"，再办"_____"。

8. _____是指承发包双方对工程中各种因素引起的材料预算价变更部分的确认。

二、选择题

1. 索赔按照目的可以分为(   )。

 A. 工期索赔　　　　　　B. 总索赔

 C. 费用索赔　　　　　　D. 反索赔

 E. 承包方索赔

2. 常用的经济索赔计算方法有(   )。

 A. 清单计价法　　　　　B. 总费用法

 C. 修正总费用法　　　　D. 分项法

 E. 分类法

3. 承包人在索赔事项发生后的(   )天以内，应向工程师正式提出索赔意向通知。

 A. 1　　　　　　　　　　　　　　　　B. 7

 C. 28　　　　　　　　　　　　　　　　D. 21

4. 下列关于建设工程索赔的说法，正确的是(   )。

 A. 承包人可以向发包人索赔，发包人不可以向承包人索赔

 B. 索赔按处理方式的不同分为工期索赔和费用索赔

 C. 工程师在收到承包人送交的索赔报告的有关资料后 28 天未予答复或未对承包人作进一步要求，视为该项索赔已经认可

 D. 索赔意向通知发出后的 14 天内，承包人必须向工程师提交索赔报告及有关资料

5. 索赔是指在合同的实施过程中，(   )因对方不履行或未能正确履行合同所规定的义务或未能保证承诺的合同条件实现而遭受损失后，向对方提出的补偿要求。

 A. 业主方　　　　　　　　　　　　　　B. 第三方

 C. 承包商　　　　　　　　　　　　　　D. 合同中的一方

6. 在施工过程中，由于发包人或工程师指令修改设计、修改实施计划、变更施工顺序，造成工期延长和费用损失，承包商可提出索赔。这种索赔属于(   )引起的索赔。

 A. 地质条件的变化　　　　　　　　　　B. 不可抗力

 C. 工程变更　　　　　　　　　　　　　D. 业主风险

7. 组成施工合同文件的几部分可以互为解释，互为说明。当出现含糊不清或矛盾时，具有第一优先解释顺序的文件是(　　　　)。

A. 合同专用条件　　　　　　　　　　　B. 投标书

C. 合同协议书　　　　　　　　　　　　D. 合同通用条件

三、思考题

1. 简述索赔的概念和含义。

2. 简述索赔的程序。

3. 简述索赔成立的条件。

4. 简述费用索赔的计算方法。

5. 根据身边的案例，编制索赔报告。

6. 简述索赔的常用技巧。

7. 简述索赔产生的原因。

四、案例分析题

1. 某建筑公司(乙方)于某年4月20日与某厂(甲方)签订了修建建筑面积为3000m²工业厂房(带地下室)的施工合同。乙方编制的施工方案和进度计划已获监理工程师批准。该工程的基础施工方案规定：土方工程采用租赁一台斗容量为1m³的反铲挖掘机施工。甲、乙双方合同约定5月11日开工，5月20日完工。在实际施工中发生如下几项事件。

事件一：因租赁的挖掘机大修，晚开工2天，造成人员窝工10个工日。

事件二：基坑开挖后，因遇软土层，接到监理工程师5月15日停工的指令，进行地质复查，配合用工15个工日。

事件三：5月19日接到监理工程师于5月20日复工令，5月20日—22日，因下罕见的大雨迫使基坑开挖暂停，造成人员窝工10个工日。

事件四：5月23日用30个工日修复冲坏的永久道路，5月24日恢复正常挖掘工作，最终基坑于5月30日挖坑完毕。

问题：

(1) 承包商的索赔要求成立的条件有哪些？

(2) 建筑公司对上述哪些事件可以向厂方要求索赔，哪些事件不可以要求索赔，并说明原因。

(3) 每项事件工期索赔各是多少天？总计工期索赔是多少天？

2. 某建设单位与某施工单位按照《建设工程施工合同(示范文本)》签订了某宾馆大楼的装饰装修施工合同。合同价款为1600万元，合同工期为130天。在合同中，建设单位与施工单位约定，每提前或延误工期一天，按合同价款的万分之二进行奖罚。石材由业主提供，其他材料由承包方采购。施工进行到22天时，由于设计变更，造成工程停工9天，施工方8天内提出了索赔意向通知；施工进行到36天时，因业主方挑选确定石材，使部分工程停工累计达16天(均位于关键线路上)，施工方10天内提出了索赔意向通知；施工进行到73天时，该地遭受罕见暴风雨袭击，施工无法进行，延误工期2天，施工方5天内提出了索赔意向通知；施工进行到135天时，施工方因人员调配原因，延误工期3天；最后，工程在150天后竣工。工程结算时，施工方向业主要求索赔，提出了索赔报告并附索赔有关的材料和证据。

问题：

(1) 以上哪些索赔要求能够成立？哪些不能成立？

(2) 上述工期延误索赔中，哪些应由业主方承担？哪些应由施工方承担？

(3) 施工方应获得的工期补偿和工期奖励各是多少？

参 考 文 献

[1] 卢谦. 建设工程招标投标与合同管理[M]. 2版. 北京：中国水利水电出版社，2005.

[2] 宁素莹. 建设工程招标投标与合同管理[M]. 2版. 北京：中国建材工业出版社，2003.

[3] 李春亭. 工程招投标与合同管理[M]. 2版. 北京：中国建筑工业出版社，2004.

[4] 全国建设工程招标投标从业人员培训教材编写委员会. 建设工程招标实务[M]. 北京. 中国计划出版社，2002.

[5] 刘诗白. 社会主义市场经济理论[M]. 2版. 成都：西南财经大学出版社，2005.

[6] 董洪日. 社会主义市场经济概论[M]. 2版. 济南：山东大学出版社，2001.

[7] 金敏求. 建筑经济学[M]. 2版. 北京：中国建筑工业出版社，2003.

[8] 刘力，钱雅丽. 建设工程合同管理与索赔[M]. 2版. 北京. 机械工业出版社，2007.

[9] 林密. 工程项目招投标与合同管理[M]. 2版. 北京. 中国建筑工业出版社，2007.

[10] 陈正，涂群岚. 建筑工程招投标与合同管理实务[M]. 2版. 北京：电子工业出版社，2006.

[11] 史商于，陈茂明. 工程招投标与合同管理[M]. 2版. 北京：科学出版社，2004.

[12] 王俊安. 招标投标案例分析[M]. 北京：中国建材工业出版社，2006.

北京大学出版社高职高专土建系列教材书目

序号	书　名	书　号	编著者	定价	出版时间	配套情况
	"互联网+"创新规划教材					
1	建筑构造(第二版)	978-7-301-26480-5	肖　芳	42.00	2016.1	ppt/APP/二维码
2	建筑装饰构造(第二版)	978-7-301-26572-7	赵志文等	39.50	2016.1	ppt/二维码
3	建筑工程概论	978-7-301-25934-4	申淑荣等	40.00	2015.8	ppt/二维码
4	市政管道工程施工	978-7-301-26629-8	雷彩虹	46.00	2016.5	ppt/二维码
5	市政道路工程施工	978-7-301-26632-8	张雪丽	49.00	2016.5	ppt/二维码
6	建筑三维平法结构图集(第二版)	978-7-301-29049-1	傅华夏	68.00	2018.1	APP
7	建筑三维平法结构识图教程(第二版)	978-7-301-29121-4	傅华夏	68.00	2018.1	APP/ppt
8	建筑工程制图与识图(第2版)	978-7-301-24408-1	白丽红	34.00	2016.8	APP/二维码
9	建筑设备基础知识与识图(第2版)	978-7-301-24586-6	靳慧征等	47.00	2016.8	二维码
10	建筑结构基础与识图	978-7-301-27215-2	周　晖	58.00	2016.9	APP/二维码
11	建筑构造与识图	978-7-301-27838-3	孙　伟	40.00	2017.1	APP/二维码
12	建筑工程施工技术(第二版)	978-7-301-27675-4	钟汉华等	66.00	2016.11	APP/二维码
13	工程建设监理案例分析教程(第二版)	978-7-301-27864-2	刘志麟等	50.00	2017.1	ppt/二维码
14	建筑工程质量与安全管理(第二版)	978-7-301-27219-0	郑　伟	55.00	2016.8	ppt/二维码
15	建筑工程计量与计价——透过案例学造价(第2版)	978-7-301-23852-3	张　强	59.00	2014.4	ppt/二维码
16	城乡规划原理与设计(原城市规划原理与设计)	978-7-301-27771-3	谭婧婧等	43.00	2017.1	ppt/素材/二维码
17	建筑工程计量与计价	978-7-301-27866-6	吴育萍等	49.00	2017.1	ppt/二维码
18	建筑工程计量与计价(第3版)	978-7-301-25344-1	肖明和等	65.00	2017.1	APP/二维码
19	市政工程计量与计价(第三版)	978-7-301-27983-0	郭良娟等	59.00	2017.2	ppt/二维码
20	高层建筑施工	978-7-301-28232-8	吴俊臣	65.00	2017.4	ppt/答案
21	建筑施工机械(第二版)	978-7-301-28247-2	吴志强等	35.00	2017.5	ppt/答案
22	市政工程概论	978-7-301-28260-1	郭　福等	46.00	2017.5	ppt/二维码
23	建筑工程测量(第二版)	978-7-301-28296-0	石　东等	51.00	2017.5	ppt/二维码
24	工程项目招投标与合同管理(第三版)	978-7-301-28439-1	周艳冬	44.00	2017.7	ppt/二维码
25	建筑制图(第三版)	978-7-301-28411-7	高丽荣	38.00	2017.7	ppt/APP/二维码
26	建筑制图习题集(第三版)	978-7-301-27897-0	高丽荣	35.00	2017.7	APP
27	建筑力学(第三版)	978-7-301-28600-5	刘明晖	55.00	2017.8	ppt/二维码
28	中外建筑史(第三版)	978-7-301-28689-0	袁新华等	42.00	2017.9	ppt/二维码
29	建筑施工技术(第三版)	978-7-301-28575-5	陈雄辉	54.00	2018.1	ppt/二维码
30	建筑工程经济(第三版)	978-7-301-28723-1	张宁宁等	36.00	2017.9	ppt/答案/二维码
31	建筑材料与检测	978-7-301-28809-2	陈玉萍	44.00	2017.10	ppt/二维码
32	建筑识图与构造	978-7-301-28876-4	林秋怡等	46.00	2017.11	ppt/二维码
32	建筑工程材料	978-7-301-28982-2	向积波等	42.00	2018.1	ppt/二维码
33	建筑力学与结构(少学时版)(第二版)	978-7-301-29022-4	吴承霞等	46.00	2017.12	ppt/答案
34	建筑工程测量(第三版)	978-7-301-29113-9	张敬伟等	49.00	2018.1	ppt/答案/二维码
35	建筑工程测量实验与实训指导(第三版)	978-7-301-29112-2	张敬伟等	29.00	2018.1	答案/二维码
36	安装工程计量与计价(第四版)	978-7-301-16737-3	冯钢	59.00	2018.1	ppt/答案/二维码
37	建筑工程施工组织设计(第二版)	978-7-301-29103-0	鄢维峰等	37.00	2018.1	ppt/答案/二维码
38	建筑工程测量	978-7-301-28757-6	赵　昕	42.00	2018.1	ppt/二维码
39	建筑材料与检测(第2版)	978-7-301-25347-2	梅　杨等	35.00	2015.2	ppt/答案/二维码
40	建设工程监理概论（第三版）	978-7-301-28832-0	徐锡权等	44.00	2018.2	ppt/答案/二维码
41	建筑供配电与照明工程	978-7-301-29227-3	羊　梅	38.00	2018.2	ppt/答案/二维码
42	建筑工程资料管理(第二版)	978-7-301-29210-5	孙　刚等	47.00	2018.3	ppt/二维码
	"十二五"职业教育国家规划教材					
1	★建筑工程应用文写作(第2版)	978-7-301-24480-7	赵立等	50.00	2014.8	ppt
2	★土木工程实用力学(第2版)	978-7-301-24681-8	马景善	47.00	2015.7	ppt
3	★建设工程监理(第2版)	978-7-301-24490-6	斯　庆	35.00	2015.1	ppt/答案
4	★建筑节能工程与施工	978-7-301-24274-2	吴明军等	35.00	2015.5	ppt
5	★建筑工程经济(第2版)	978-7-301-24492-0	胡六星等	41.00	2014.9	ppt/答案
6	★建设工程招投标与合同管理(第3版)	978-7-301-24483-8	宋春岩	40.00	2014.9	ppt/答案/试题/教案
7	★工程造价概论	978-7-301-24696-2	周艳冬	31.00	2015.1	ppt/答案
8	★建筑工程计量与计价(第3版)	978-7-301-25344-1	肖明和等	65.00	2017.1	APP/二维码
9	★建筑工程计量与计价实训(第3版)	978-7-301-25345-8	肖明和等	29.00	2015.7	
10	★建筑装饰施工技术(第2版)	978-7-301-24482-1	王　军	37.00	2014.7	ppt
11	★工程地质与土力学(第2版)	978-7-301-24479-1	杨仲元	41.00	2014.7	ppt
	基础课程					
1	建设法规及相关知识	978-7-301-22748-0	唐茂华等	34.00	2013.9	ppt

序号	书 名	书 号	编著者	定价	出版时间	配套情况
2	建设工程法规(第2版)	978-7-301-24493-7	皇甫婧琪	40.50	2014.8	ppt/答案/素材
3	建筑工程法规实务(第2版)	978-7-301-26188-0	杨陈慧等	49.50	2017.6	ppt
4	建筑法规	978-7-301-19371-6	董伟等	39.00	2011.9	ppt
5	建设工程法规	978-7-301-20912-7	王先恕	32.00	2012.7	ppt
6	AutoCAD 建筑制图教程(第2版)	978-7-301-21095-6	郭 慧	38.00	2013.3	ppt/素材
7	AutoCAD 建筑绘图教程(第2版)	978-7-301-24540-8	唐英敏等	44.00	2014.7	ppt
8	建筑 CAD 项目教程(2010 版)	978-7-301-20979-0	郭 慧	38.00	2012.9	素材
9	建筑工程专业英语(第二版)	978-7-301-26597-0	吴承霞	24.00	2016.2	ppt
10	建筑工程专业英语	978-7-301-20003-2	韩薇等	24.00	2012.2	ppt
11	建筑识图与构造(第2版)	978-7-301-23774-8	郑贵超	40.00	2014.2	ppt/答案
12	房屋建筑构造	978-7-301-19883-4	李少红	26.00	2012.1	ppt
13	建筑识图	978-7-301-21893-8	邓志勇等	35.00	2013.1	ppt
14	建筑识图与房屋构造	978-7-301-22860-9	贠禄等	54.00	2013.9	ppt/答案
15	建筑构造与设计	978-7-301-23506-5	陈玉萍	38.00	2014.1	ppt/答案
16	房屋建筑构造	978-7-301-23588-1	李元玲等	45.00	2014.1	ppt
17	房屋建筑构造习题集	978-7-301-26005-0	李元玲	26.00	2015.8	ppt/答案
18	建筑构造与施工图识读	978-7-301-24470-8	南学平	52.00	2014.8	ppt
19	建筑工程识图实训教程	978-7-301-26057-9	孙 伟	32.00	2015.12	ppt
20	建筑工程制图与识图(第2版)	978-7-301-24408-1	白丽红	34.00	2016.8	APP/二维码
21	建筑制图习题集(第2版)	978-7-301-24571-2	白丽红	25.00	2014.8	
22	◎建筑工程制图(第2版)(附习题册)	978-7-301-21120-5	肖明和	48.00	2012.8	ppt
23	建筑制图与识图(第2版)	978-7-301-24386-2	曹雪梅	38.00	2015.8	ppt
24	建筑制图与识图习题册	978-7-301-18652-7	曹雪梅等	30.00	2011.4	
25	建筑制图与识图(第二版)	978-7-301-25834-7	李元玲	32.00	2016.9	ppt
26	建筑制图与识图习题集	978-7-301-20425-2	李元玲	24.00	2012.3	ppt
27	新编建筑工程制图	978-7-301-21140-3	方筱松	30.00	2012.8	ppt
28	新编建筑工程制图习题集	978-7-301-16834-9	方筱松	22.00	2012.8	
	建 筑 施 工 类					
1	建筑工程测量	978-7-301-19992-3	潘益民	38.00	2012.2	ppt
2	建筑工程测量	978-7-301-13578-5	王金玲等	26.00	2008.5	
3	建筑工程测量实训(第2版)	978-7-301-24833-1	杨凤华	34.00	2015.3	答案
4	建筑工程测量	978-7-301-22485-4	景 铎等	34.00	2013.6	ppt
5	建筑施工技术	978-7-301-12336-2	朱永祥等	38.00	2008.8	ppt
6	建筑施工技术	978-7-301-16726-7	叶 雯等	44.00	2010.8	ppt/素材
7	建筑施工技术	978-7-301-19499-7	董 伟等	42.00	2011.9	ppt
8	建筑施工技术	978-7-301-19997-8	苏小梅	38.00	2012.1	ppt
9	建筑施工机械	978-7-301-19365-5	吴志强	30.00	2011.10	ppt
10	基础工程施工	978-7-301-20917-2	董 伟等	35.00	2012.7	ppt
11	建筑施工技术实训(第2版)	978-7-301-24368-8	周晓龙	30.00	2014.7	
12	土木工程力学	978-7-301-16864-6	吴明军	38.00	2010.4	ppt
13	PKPM 软件的应用(第2版)	978-7-301-22625-4	王 娜等	34.00	2013.6	
14	◎建筑结构(第2版)(上册)	978-7-301-21106-9	徐锡权	41.00	2013.4	ppt/答案
15	◎建筑结构(第2版)(下册)	978-7-301-22584-4	徐锡权	42.00	2013.6	ppt/答案
16	建筑结构学习指导与技能训练(上册)	978-7-301-25929-0	徐锡权	28.00	2015.8	ppt
17	建筑结构学习指导与技能训练(下册)	978-7-301-25933-7	徐锡权	28.00	2015.8	ppt
18	建筑结构	978-7-301-19171-2	唐春平等	41.00	2011.8	ppt
19	建筑结构基础	978-7-301-21125-0	王中发	36.00	2012.8	ppt
20	建筑结构原理及应用	978-7-301-18732-6	史美东	45.00	2012.8	ppt
21	建筑结构与识图	978-7-301-26935-0	相秉志	37.00	2016.2	
22	建筑力学与结构(第2版)	978-7-301-22148-8	吴承霞等	49.00	2013.4	ppt/答案
23	建筑力学与结构	978-7-301-20988-2	陈水广	32.00	2012.8	ppt
24	建筑力学与结构	978-7-301-23348-1	杨丽君等	44.00	2014.1	ppt
25	建筑结构与施工图	978-7-301-22188-4	朱希文等	35.00	2013.3	ppt
26	生态建筑材料	978-7-301-19588-2	陈剑峰等	38.00	2011.10	ppt
27	建筑材料(第2版)	978-7-301-24633-7	林祖宏	35.00	2014.8	ppt
28	建筑材料检测试验指导	978-7-301-16729-8	王美芬等	18.00	2010.10	
29	建筑材料与检测(第二版)	978-7-301-26550-5	王 辉	40.00	2016.1	ppt
30	建筑材料与检测试验指导(第二版)	978-7-301-28471-1	王 辉	23.00	2017.7	ppt
31	建筑材料选择与应用	978-7-301-21948-5	申淑荣等	39.00	2013.3	ppt
32	建筑材料检测实训	978-7-301-22317-8	申淑荣等	24.00	2013.4	
33	建筑材料	978-7-301-24208-7	任晓菲	40.00	2014.7	ppt/答案
34	建筑材料检测试验指导	978-7-301-24782-2	陈东佐等	20.00	2014.9	ppt
35	◎建设工程监理概论(第2版)	978-7-301-20854-0	徐锡权等	43.00	2012.8	ppt/答案
36	建设工程监理概论	978-7-301-15518-9	曾庆军等	24.00	2009.9	ppt
37	◎地基与基础(第2版)	978-7-301-23304-7	肖明和等	42.00	2013.11	ppt/答案

序号	书 名	书 号	编著者	定价	出版时间	配套情况
38	地基与基础	978-7-301-16130-2	孙平平等	26.00	2010.10	ppt
39	地基与基础实训	978-7-301-23174-6	肖明和等	25.00	2013.10	ppt
40	土力学与地基基础	978-7-301-23675-8	叶火炎等	35.00	2014.1	ppt
41	土力学与基础工程	978-7-301-23590-4	宁培淋等	32.00	2014.1	ppt
42	土力学与地基基础	978-7-301-25525-4	陈东佐	45.00	2015.2	ppt/答案
43	建筑工程质量事故分析(第2版)	978-7-301-22467-0	郑文新	32.00	2013.9	ppt
44	建筑工程施工组织设计	978-7-301-18512-4	李源清	26.00	2011.2	ppt
45	建筑工程施工组织实训	978-7-301-18961-0	李源清	40.00	2011.6	ppt
46	建筑施工组织与进度控制	978-7-301-21223-3	张廷瑞	36.00	2012.9	ppt
47	建筑施工组织项目式教程	978-7-301-19901-5	杨红玉	44.00	2012.1	ppt/答案
48	钢筋混凝土工程施工与组织	978-7-301-19587-1	高雁	32.00	2012.5	ppt
49	钢筋混凝土工程施工与组织实训指导(学生工作页)	978-7-301-21208-0	高雁	20.00	2012.9	ppt
50	建筑施工工艺	978-7-301-24687-0	李源清等	49.50	2015.1	ppt/答案
		工 程 管 理 类				
1	建筑工程经济	978-7-301-24346-6	刘晓丽等	38.00	2014.7	ppt/答案
2	施工企业会计(第2版)	978-7-301-24434-0	辛艳红等	36.00	2014.7	ppt/答案
3	建筑工程项目管理(第2版)	978-7-301-26944-2	范红岩等	42.00	2016.3	ppt
4	建设工程项目管理(第二版)	978-7-301-24683-2	王 辉	36.00	2014.9	ppt/答案
5	建设工程项目管理(第2版)	978-7-301-28235-9	冯松山等	45.00	2017.6	ppt
6	建筑施工组织与管理(第2版)	978-7-301-22149-5	翟丽旻等	43.00	2013.4	ppt/答案
7	建设工程合同管理	978-7-301-22612-4	刘庭江	46.00	2013.6	ppt/答案
8	建筑工程招投标与合同管理	978-7-301-16802-8	程超胜	30.00	2012.9	ppt
9	工程招投标与合同管理实务	978-7-301-19035-7	杨甲奇等	48.00	2011.8	ppt
10	工程招投标与合同管理实务	978-7-301-19290-0	郑文新等	43.00	2011.8	ppt
11	建设工程招投标与合同管理实务	978-7-301-20404-7	杨云会等	42.00	2012.4	ppt/答案/习题
12	工程招投标与合同管理	978-7-301-17455-5	文新平	37.00	2012.9	ppt
13	工程项目招投标与合同管理(第2版)	978-7-301-24554-5	李洪军等	42.00	2014.8	ppt/答案
14	建筑工程商务标编制实训	978-7-301-20804-5	钟振宇	35.00	2012.7	ppt
15	建筑工程安全管理(第2版)	978-7-301-25480-6	宋 健等	42.00	2015.8	ppt/答案
17	施工项目质量与安全管理	978-7-301-21275-2	钟汉华	45.00	2012.10	ppt/答案
18	工程造价控制(第2版)	978-7-301-24594-1	斯 庆	32.00	2014.8	ppt/答案
19	工程造价管理(第二版)	978-7-301-27050-9	徐锡权等	44.00	2016.5	ppt
20	工程造价控制与管理	978-7-301-19366-2	胡新萍等	30.00	2011.11	ppt
21	建筑工程造价管理	978-7-301-20360-6	柴 琦等	27.00	2012.3	ppt
22	建筑工程造价管理	978-7-301-15517-2	李茂英等	24.00	2009.9	
23	工程造价案例分析	978-7-301-22985-9	甄 凤	30.00	2013.8	ppt
24	建设工程造价控制与管理	978-7-301-24273-5	胡芳珍等	38.00	2014.6	ppt/答案
25	◎建筑工程造价	978-7-301-21892-1	孙咏梅	40.00	2013.2	ppt
26	建筑工程计量与计价	978-7-301-26570-3	杨建林	46.00	2016.1	ppt
27	建筑工程计量与计价综合实训	978-7-301-23568-3	龚小兰	28.00	2014.1	
28	建筑工程估价	978-7-301-22802-9	张 英	43.00	2013.8	ppt
29	安装工程计量与计价(第3版)	978-7-301-24539-2	冯 钢等	54.00	2014.8	ppt
30	安装工程计量与计价综合实训	978-7-301-23294-1	成春燕	49.00	2013.10	素材
31	建筑安装工程计量与计价	978-7-301-26004-3	景巧玲等	56.00	2016.1	ppt
32	建筑安装工程计量与计价实训(第2版)	978-7-301-25683-1	景巧玲等	36.00	2015.7	
33	建筑水电安装工程计量与计价(第二版)	978-7-301-26329-7	陈连姝	51.00	2016.1	ppt
34	建筑与装饰装修工程工程量清单(第2版)	978-7-301-25753-1	翟丽旻等	36.00	2015.5	ppt
35	建筑工程清单编制	978-7-301-19387-7	叶晓容	24.00	2011.8	ppt
36	建设项目评估(第二版)	978-7-301-28708-8	高志云等	38.00	2017.9	ppt
37	钢筋工程清单编制	978-7-301-20114-5	贾莲英	36.00	2012.2	ppt
38	混凝土工程清单编制	978-7-301-20384-2	顾 娟	28.00	2012.5	ppt
39	建筑装饰工程预算(第2版)	978-7-301-25801-9	范菊雨	44.00	2015.7	ppt
40	建筑装饰工程计量与计价	978-7-301-20055-1	李茂英	42.00	2012.2	ppt
41	建设工程安全监理	978-7-301-20802-1	沈万岳	28.00	2012.7	ppt
42	建筑工程安全技术与管理实务	978-7-301-21187-8	沈万岳	48.00	2012.9	ppt
43	工程造价管理(第2版)	978-7-301-28269-4	曾 浩等	38.00	2017.5	ppt/答案
		建 筑 设 计 类				
1	◎建筑室内空间历程	978-7-301-19338-9	张伟孝	53.00	2011.8	
2	建筑装饰CAD项目教程	978-7-301-20950-9	郭 慧	35.00	2013.1	ppt/素材
3	建筑设计基础	978-7-301-25961-0	周圆圆	42.00	2015.7	
4	室内设计基础	978-7-301-15613-1	李书青	32.00	2009.8	ppt
5	建筑装饰材料(第2版)	978-7-301-22356-7	焦 涛等	34.00	2013.5	ppt
6	设计构成	978-7-301-15504-2	戴碧锋	30.00	2009.8	ppt

序号	书 名	书 号	编著者	定价	出版时间	配套情况
7	基础色彩	978-7-301-16072-5	张 军	42.00	2010.4	
8	设计色彩	978-7-301-21211-0	龙黎黎	46.00	2012.9	ppt
9	设计素描	978-7-301-22391-8	司马金桃	29.00	2013.4	ppt
10	建筑素描表现与创意	978-7-301-15541-7	于修国	25.00	2009.8	
11	3ds Max 效果图制作	978-7-301-22870-8	刘 晗等	45.00	2013.7	ppt
12	3ds max 室内设计表现方法	978-7-301-17762-4	徐海军	32.00	2010.9	
13	Photoshop 效果图后期制作	978-7-301-16073-2	脱忠伟等	52.00	2011.1	素材
14	3ds Max & V-Ray 建筑设计表现案例教程	978-7-301-25093-8	郑恩峰	40.00	2014.12	ppt
15	建筑表现技法	978-7-301-19216-0	张 峰	32.00	2011.8	ppt
16	建筑速写	978-7-301-20441-2	张 峰	30.00	2012.4	
17	建筑装饰设计	978-7-301-20022-3	杨丽君	36.00	2012.2	ppt/素材
18	装饰施工读图与识图	978-7-301-19991-6	杨丽君	33.00	2012.5	ppt
	规 划 园 林 类					
1	居住区景观设计	978-7-301-20587-7	张群成	47.00	2012.5	ppt
2	居住区规划设计	978-7-301-21031-4	张 燕	48.00	2012.8	ppt
3	园林植物识别与应用	978-7-301-17485-2	潘利等	34.00	2012.9	ppt
4	园林工程施工组织管理	978-7-301-22364-2	潘利等	35.00	2013.4	ppt
5	园林景观计算机辅助设计	978-7-301-24500-2	于化强等	48.00	2014.8	ppt
6	建筑·园林·装饰设计初步	978-7-301-24575-0	王金贵	38.00	2014.10	ppt
	房 地 产 类					
1	房地产开发与经营(第2版)	978-7-301-23084-8	张建中等	33.00	2013.9	ppt/答案
2	房地产估价(第2版)	978-7-301-22945-3	张 勇等	35.00	2013.9	ppt/答案
3	房地产估价理论与实务	978-7-301-19327-3	褚菁晶	35.00	2011.8	ppt/答案
4	物业管理理论与实务	978-7-301-19354-9	裴艳慧	52.00	2011.9	ppt
5	房地产测绘	978-7-301-22747-3	唐春平	29.00	2013.7	ppt
6	房地产营销与策划	978-7-301-18731-9	应佐萍	42.00	2012.8	ppt
7	房地产投资分析与实务	978-7-301-24832-4	高志云	35.00	2014.9	ppt
8	物业管理实务	978-7-301-27163-6	胡大见	44.00	2016.6	
9	房地产投资分析	978-7-301-27529-0	刘永胜	47.00	2016.9	ppt
	市 政 与 路 桥					
1	市政工程施工图案例图集	978-7-301-24824-9	陈亿琳	43.00	2015.3	pdf
2	市政工程计价	978-7-301-22117-4	彭以舟等	39.00	2013.3	ppt
3	市政桥梁工程	978-7-301-16688-8	刘 江等	42.00	2010.8	ppt/素材
4	市政工程材料	978-7-301-22452-6	郑晓国	37.00	2013.5	ppt
5	道桥工程材料	978-7-301-21170-0	刘水林等	43.00	2012.9	ppt
6	路基路面工程	978-7-301-19299-3	偶昌宝等	34.00	2011.8	ppt/素材
7	道路工程技术	978-7-301-19363-1	刘 雨等	33.00	2011.12	ppt
8	城市道路设计与施工	978-7-301-21947-8	吴颖峰	39.00	2013.1	ppt
9	建筑给排水工程技术	978-7-301-25224-6	刘 芳等	46.00	2014.12	ppt
10	建筑给水排水工程	978-7-301-20047-6	叶巧云	38.00	2012.2	ppt
11	市政工程测量(含技能训练手册)	978-7-301-20474-0	刘宗波等	41.00	2012.5	ppt
12	公路工程任务承揽与合同管理	978-7-301-21133-5	邱 兰等	30.00	2012.9	ppt/答案
13	数字测图技术应用教程	978-7-301-20334-7	刘宗波	36.00	2012.8	ppt
14	数字测图技术	978-7-301-22656-8	赵 红	36.00	2013.6	ppt
15	数字测图技术实训指导	978-7-301-22679-7	赵 红	27.00	2013.6	ppt
16	水泵与水泵站技术	978-7-301-22510-3	刘振华	40.00	2013.5	ppt
17	道路工程测量(含技能训练手册)	978-7-301-21967-6	田树涛等	45.00	2013.2	ppt
18	道路工程识图与 AutoCAD	978-7-301-26210-8	王容玲等	35.00	2016.1	ppt
	交 通 运 输 类					
1	桥梁施工与维护	978-7-301-23834-9	梁 斌	50.00	2014.2	ppt
2	铁路轨道施工与维护	978-7-301-23524-9	梁 斌	36.00	2014.1	ppt
3	铁路轨道构造	978-7-301-23153-1	梁 斌	32.00	2013.10	ppt
4	城市公共交通运营管理	978-7-301-24108-0	张洪满	40.00	2014.5	ppt
5	城市轨道交通车站行车工作	978-7-301-24210-0	操 杰	31.00	2014.7	ppt
6	公路运输计划与调度实训教程	978-7-301-24503-3	高福军	31.00	2014.7	ppt/答案
	建 筑 设 备 类					
1	建筑设备识图与施工工艺(第2版)(新规范)	978-7-301-25254-3	周业梅	44.00	2015.12	ppt
2	建筑施工机械	978-7-301-19365-5	吴志强	30.00	2011.10	ppt
3	智能建筑环境设备自动化	978-7-301-21090-1	余志强	40.00	2012.8	ppt
4	流体力学及泵与风机	978-7-301-25279-6	王 宁等	35.00	2015.1	ppt/答案

注:📱为"互联网+"创新规划教材;★为"十二五"职业教育国家规划教材;◎为国家级、省级精品课程配套教材,省重点教材。相关教学资源如电子课件、习题答案、样书等可通过以下方式联系我们。

联系方式:010-62756290,010-62750667,85107933@qq.com,pup_6@163.com,欢迎来电咨询。